新工科人才培养电子信息类系列教材

安防视频监控工程师培养用书

★本书获中国通信工业协会2020年“优秀教材”奖

视讯技术

——中小型视频监控系统

张　杰　尹翰坤
王璐烽　冉　婧　编著

西安电子科技大学出版社

内 容 简 介

本书共分为 5 章理论知识和 3 个课程实验，深入浅出地介绍了视讯技术的基本概念和原理。第 1 章视频监控系统的基础知识主要介绍了视频监控系统的基本概念、常用的术语、涉及的主要技术及发展趋势。第 2 章摄像机原理及实训主要介绍了摄像机的基本概念、常用的术语、摄像机的分类、配置及维护。第 3 章 NVR 原理及实训主要介绍了 NVR 的基本概念、原理、业务配置与管理、常见故障定位与排除。第 4 章商业解决方案主要介绍了商业监控系统的概念、原理、常见平台功能的配置。第 5 章监控设备的硬件安装与维护主要介绍了硬件安装前的准备工作，NVR、IPC 等硬件设备安装的注意事项及维护。

为提升学生的动手能力，加深对理论知识的理解，本书还附有 3 个课程实验，分别是：摄像机操作及维护实验、NVR 操作及维护实验、EZStation 操作及维护实验。

本书的读者对象为物联网工程、网络工程、计算机科学与技术、计算机网络技术等专业的学生及视频监控行业的从业者和爱好者。

图书在版编目(CIP)数据

视讯技术：中小型视频监控系统 / 张杰等编著. —西安：西安电子科技大学出版社，2018.8(2021.8 重印)
ISBN 978-7-5606-4971-9

Ⅰ.① 视…　Ⅱ.① 张…　Ⅲ.① 视频系统—监控系统　Ⅳ.① TN948.65

中国版本图书馆 CIP 数据核字(2018)第 156077 号

策　　划　李惠萍
责任编辑　盛晴琴　阎　彬
出版发行　西安电子科技大学出版社(西安市太白南路 2 号)
电　　话　(029)88202421　88201467　　邮　　编　710071
网　　址　www.xduph.com　　电子邮箱　xdupfxb001@163.com
经　　销　新华书店
印刷单位　西安日报社印务中心
版　　次　2018 年 8 月第 1 版　2021 年 8 月第 2 次印刷
开　　本　787 毫米×1092 毫米　1/16　印　张　13
字　　数　301 千字
印　　数　2001～2800 册
定　　价　30.00 元
ISBN 978-7-5606-4971-9/TN
XDUP 5273001-2

《视讯技术——中小型视频监控系统》

编写委员会

主编 张　杰　尹翰坤　王璐烽　冉　婧

参编 邓　全　刘　均　刘顺江　李金珂　宋　苗　张仁永

张　颖　杨业令　赵宇枫　陶洪建　董　刚　谢正兰

审稿 景兴红　赵荣哲　朱浩雪

编委 (以姓氏笔画为序)

邓全　重庆工程学院信息中心教师

王璐烽　重庆工业职业技术学院信息工程学院院长

尹翰坤　重庆文理学院机电工程学院教师

冉婧　重庆工业职业技术学院信息工程学院教师

刘均　重庆工业职业技术学院信息工程学院教师

刘顺江　重庆工程学院电子与物联网学院教师

朱浩雪　重庆瑞萃德科技有限公司总经理

朱剑寒　重庆瑞萃德科技有限公司工程师

李金珂　重庆工业职业技术学院信息工程学院教师

宋苗　重庆工程学院电子与物联网学院教师

张杰　重庆工程学院电子与物联网学院教师

张仁永　重庆工程学院电子与物联网学院教师

张颖　重庆工程学院电子与物联网学院教师

杨业令　重庆工程学院电子与物联网学院教师

赵荣哲　杭州宇视科技有限公司培训部经理

赵宇枫　重庆工业职业技术学院信息工程学院教师

陶洪建　重庆工业职业技术学院信息工程学院教师

董刚　重庆工程学院电子与物联网学院教师

景兴红　重庆工程学院电子与物联网学院副院长

谢正兰　重庆工程学院电子与物联网学院教师

前　　言

视讯技术是物联网工程、网络工程等专业中安防视频监控岗位的核心课程。随着社会经济及物联网技术的发展，社会对安防视频监控工程师的需求越来越大。作者以安防行业规范为标准，与杭州宇视科技有限公司进行深度合作编写了本书。在本书中突出了教材的实用性和先进性。学习本门课程后，可以参加 UCE-CSS（UCE-Commercial Surveillance System）宇视认证商业监控系统工程师考试，通过考试的学生能够直接成为安防视频监控工程师。

作者采用“理实一体化”教学思想，按照学生的认知规律和任务的难易程度安排教学内容。将抽象的理论知识融入到具体的实验和项目中，以培养学生的职业岗位能力为目标，以工作项目为导向，以实验任务为载体，以学生为主体设计知识、理论、实践一体化的教学内容，体现工学结合的设计理念。

本书共包括 5 章基础知识和 3 个课程实验。基础知识部分主要包括视频监控系统基础知识、摄像机原理及实训、NVR 原理及实训、商业解决方案、监控设备的硬件安装与维护，其中：第 1 章主要介绍视频监控系统的基本概念、常用的术语、涉及的主要技术及发展趋势；第 2 章介绍了摄像机的基本概念、常用的术语、摄像机的分类、配置及维护；第 3 章介绍了 NVR 的基本概念、原理、业务配置与管理、常见故障定位与排除；第 4 章介绍了商业监控系统的概念、原理、常见平台功能的配置；第 5 章介绍了硬件安装前的准备工作，NVR、IPC 等硬件设备安装的注意事项及维护。3 个课程实验分别是摄像机操作及维护实验、NVR 操作及维护实验、EZStation 操作及维护实验。

本书由景兴红、赵荣哲、朱浩雪老师负责审稿；张杰、尹翰坤、朱剑寒等老师负责编写工作；尹翰坤、刘顺江老师负责编写第 1 章；王璐烽、李金珂、刘均老师负责编写第 2 章；张杰、邓全老师负责编写第 3 章；冉婧、赵宇枫、陶洪建老师负责编写第 4 章；谢正兰、张仁永老师负责编写第 5 章；董刚、宋苗老师负责编写摄像机操作及维护实验和 NVR 操作及维护实验；杨业令、张颖老师负责编写 EZStation 操作及维护实验。

在本书的编写过程中，杭州宇视科技有限公司培训部经理赵荣哲、重庆瑞萃德科技有限公司总经理朱浩雪提供了很多实用的意见与建议，在这里表示由衷的感谢。

由于编者水平有限，书中错误、疏漏之处在所难免，敬请读者批评指正。

张　杰

2018 年 4 月

于重庆工程学院

目　　录

第1章 视频监控系统基础知识

学习目标

- 了解安防系统的基本概念;
- 了解视频监控系统的组成和特点;
- 了解视频监控系统的主要技术;
- 了解小型监控系统的发展趋势。

随着社会经济的不断发展，城市建设速度的加快和建设规模的逐渐扩大，人们对园区监控、楼宇监控及家庭监控等视频监控的应用需求越来越大，视频监控应用将深入到各个行业，涉及每个人的工作和生活。

本章首先对安防系统作了简单介绍，然后对视频监控系统的组成及基本技术进行了相关讲解，最后描述了小型监控系统的发展趋势。

1.1　安防系统的基本概念

安防系统(Security & Protection System，SPS)是指用安全防范产品和其他相关产品所构成的入侵报警系统、视频安防监控系统、出入口控制系统、防爆安全检查等系统；或指以这些系统为子系统组合或集成的电子系统或网络，如图 1.1 所示。安全防范是以安全防范技术为先导，以人防为基础，以技防和物防为手段所建立的一种具有探测、延迟和响应功能的安全防范服务保障体系。

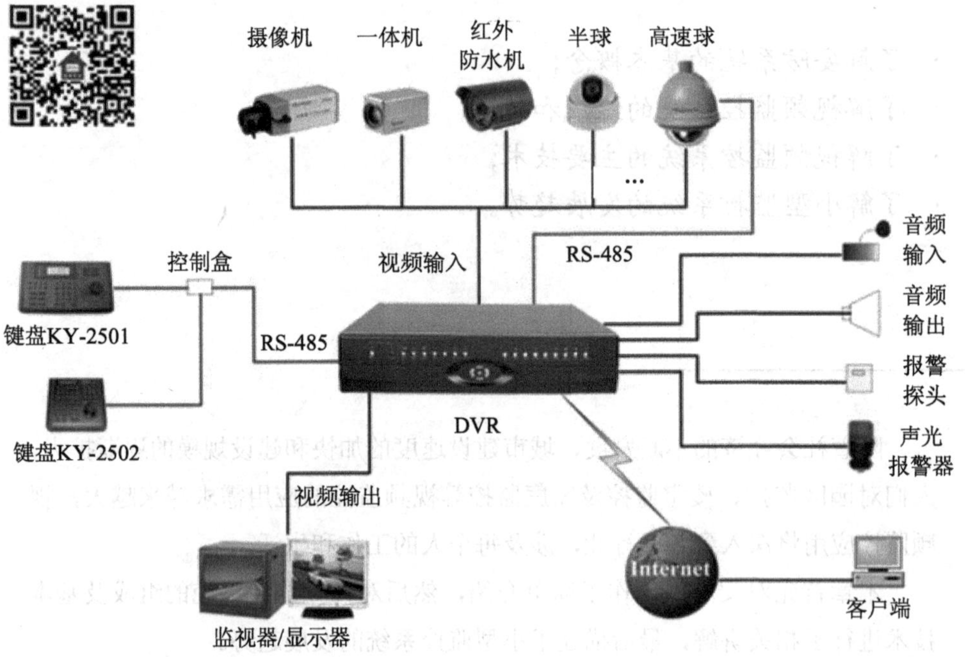

图 1.1　安防系统

安全防范系统的全称为公共安全防范系统，以保护人身财产安全、信息与通讯安全，达到损失预防与犯罪预防的目的。损失预防是安防产业的任务，犯罪预防是警察执法部门的职责。因此，在国外更多地称安全防范系统为损失预防与犯罪预防(Loss prevention & Crime prevention)系统。

安全防范的基本手段包括人力防范、实物(体)防范和技术防范三种。下面分别加以介绍。

1. 人力防范

人力防范简称人防，是指执行安全防范任务的人员或群体组织的行为，包括人员的组织和管理等。

基础的人力防范指利用人们自身的传感器(眼、手、耳等)进行探测，在发现危害或破坏安全的目标后，做出反应，并利用声音警告、恐吓、设障、武器还击等手段来延迟或阻止危险的发生。在自身力量不足时还可发出求援信号，以做出进一步的反应，制止危险的发生或处理已发生的危险。

在现代社会中，具体的人力防范业务是指保安服务公司根据与客户签订的保安合同，派出保安人员为客户提供人力安全防范的服务业务。从类型上来分，主要包括保安门卫、守护、巡逻、随身防护等业务。人防涉及的场合主要有机关单位、厂矿企业、金融系统、车站码头、公共娱乐场所、旅馆饭店、住宅小区、旅游景点等。就目前而言，人力防范业务仍然是我国保安服务的基本形式，各地保安服务公司的经济效益也主要来源于此。人力防范主要受到人力的制约，特别是保安人员素质的高低将直接影响保安业务的服务质量。因此，加强对人力防范业务的管理，对进一步提高保安业务水平具有重要意义。

保安人员是人力防范工作的核心，是依法从事社会安全防范工作，并为客户提供各种安全服务的专业人员。他们依据保安服务公司与客户签订的保安服务合同的具体内容、要求和约定，对所服务的对象和目标负有特定的法律责任。保安人员是协助公安机关维护社会治安秩序的主力军，他们配合公安机关从事预防犯罪、预防治安灾害事故并进行社会化的安全防范工作，积极地为公安机关提供犯罪线索，化解各种危机和矛盾，在维护社会稳定、保障他人生命和财产安全方面发挥着越来越重要的作用。

2. 实物防范

实物防范简称物防，是指利用实际物体来进行安全防范。实物防范的主要作用在于推迟危险的发生，为“响应”提供足够的时间。

现代的实物防范已经不再是单纯的纯物质屏障的被动防范，而是越来越多地采用高科技的手段，一方面使实体屏障被破坏的可能性变小，增长延迟时间；另一方面也增加了实体屏障本身的探测和反应功能。

3. 技术防范

技术防范是指将科学技术用于安全防范领域并在逐渐形成一种独立防范手段的过程中所产生的一种新的防范概念，也是指利用各种电子信息设备组成系统和/或网络以提高探测、延迟、响应能力和防护功能的安全防范手段。

技术防范手段可以说是人力防范手段和实物防范手段功能的延伸和加强，也是对人力防范和实物防范在技术手段上的补充和加强。技术防范手段要融入人力防范和实物防范之中，使人力防范和实物防范在探测、延迟、响应三个基本要素中增加高科技含量，不断提高探测能力、延迟能力和响应能力，使防范手段真正起到作用，达到预期目的。

安全防范的三要素是探测、延迟和响应。其中探测是指感知显性和隐性风险事件的发生并发出报警；延迟是指延长和推延风险事件发生的进程；响应是指为制止风险事件的发生所采取的快速行动。

虽然这三种防范手段在实施防范的过程中所起的作用有所不同，但探测、延迟和响应三个基本要素之间是相互联系、缺一不可的。一方面，探测要准确无误，延迟时间长短要合适，响应要迅速；另一方面，响应的总时间应小于等于探测加延迟的总时间，即：$T_{响应} \leqslant T_{探测} + T_{延迟}$。

1.2　视频监控系统基础知识

1.2.1　监控系统简介

视频监控是指利用视频技术探测、监视设防区域并实时显示、记录现场图像的电子系统。

视频监控系统由实时控制系统、监视系统及管理信息系统组成。实时控制系统可对数据进行实时采集、处理、存储和反馈；监视系统可对各个监控点进行全天候的监视，并能在多操作控制点上切换多路图像；管理信息系统可对各类所需信息进行采集、接收、传输、加工和处理，是整个系统的控制核心。

视频监控系统是安全防范系统的组成部分，是一种防范能力较强的综合系统，因直观、方便、信息量大而广泛应用于许多场合。

虽然视频监控系统从问世到现在只有短短二十几年时间，但从20世纪80年代的第一代模拟监控(CCTV)到第二代基于“PC＋多媒体卡”的数字视频监控(DVR)再到今天第三代完全基于IP的网络视频监控系统(IPVS)，视频监控已经发生了翻天覆地的变化。

视频监控的主要功能是为关键敏感场所提供实时视频监控和录像，通过实时监控及时发现或阻止危险、违法、犯罪事件的发生。视频监控中心的录像数据是企业、公安、司法事后取证的重要依据。

视频监控技术可在各种人流密集及重要场所(如加油站、便利店、连锁店、家庭、小区、企业园区等)进行视频实时监控、实时运动检测告警和告警输入联动输出等操作。

1.2.2　视频监控系统的组成

一个完整的视频监控系统也许形态各异，但是都可以按照功能划分为前端系统、传输系统、管理和控制系统、显示系统、存储系统等五个组成部分，如图1.2所示。

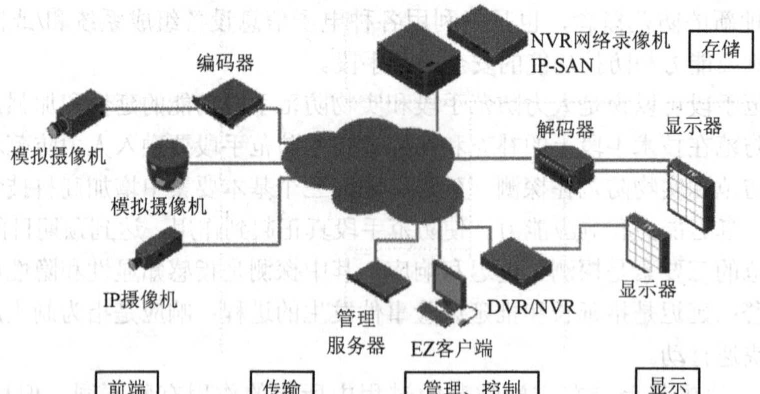

图1.2　视频监控系统的组成

1. 前端系统

前端系统即视音频采集系统，负责视频图像和音频信号的采集，它负责把视频图像从光信号转换成电信号，把声音从声波转换成电信号。在早期的视频监控系统中，这种电信号是模拟电信号，随着数字和网络视频监控系统的出现，前端系统还需要把模拟电信号转换成数字电信号，然后再进行传输。视音频采集系统的常见设备有摄像机、云台、视频编码器等。

常见的前端系统设备如图 1.3 所示。

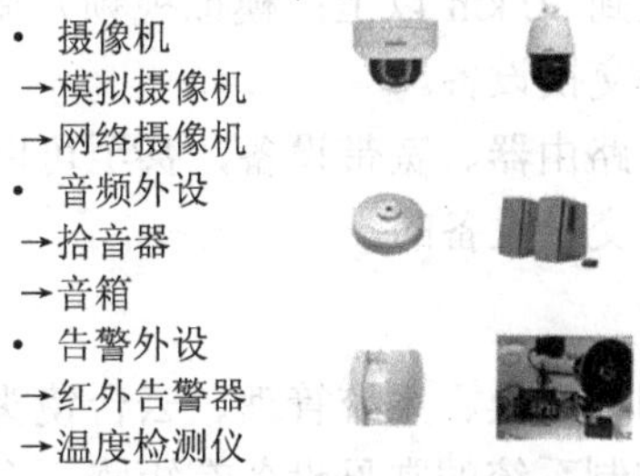

图 1.3　前端设备

前端是相对于管理服务器和存储设备来讲的，一般指视音频或者各种信号采集设备。

视频采集设备分为模拟摄像机和网络摄像机。模拟摄像机用于把物体的图像从光信号转换成电信号，然后经内部电路处理后输出模拟视频信号。网络摄像机自带编码板，通过网口直接输出编码后的数字信号。

音频设备分为音频采集设备和音频输出设备，例如拾音器和音箱。拾音器用于对现场声音进行音频采集，然后经摄像机音频编码后再进行存储或者传输；音箱是用来解析音频信号的设备。

告警设备分为告警输入设备和告警输出设备。告警输入设备是用来检测环境、触发特定条件、产生告警信号的设备。告警输出设备是用来响应告警联动、执行特定操作的设备。

2. 传输系统

传输系统负责视音频信号、云台/镜头控制信号的传输。在短距离传输的情况下，信号传输只需采用电缆即可满足需要；但在长距离(比如 30 km)传输的情况下，就需要采用专门的传输设备。传输系统的常见设备有视频光端机、介质转换器、网络设备(如交换机、路由器、防火墙)、宽带接入设备等。

常见的传输系统设备如图 1.4 所示。

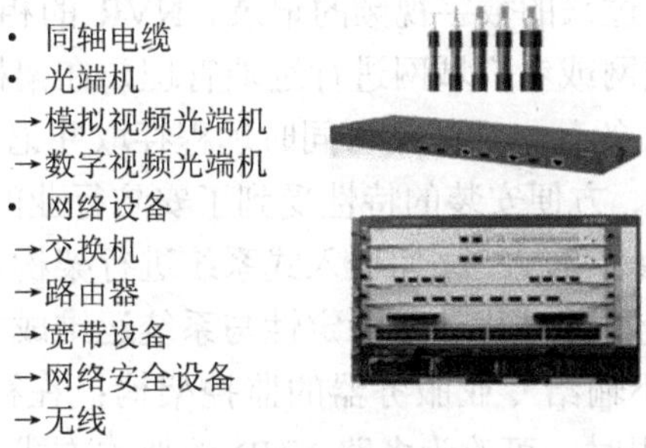

图 1.4　传输设备

常见的视频传输设备/部件有同轴电缆、光端机和网络设备。短距离传输可以直接采用同轴视频电缆(同轴电缆对信号不做放大补偿，在要求信号传输衰减不超过 3 dB 的情况下，SYV-75-5 线缆传输距离不超过 150 m，SYV-75-7 不超过 230 m)；当距离超过允许的范围不多时，可以采用信号放大器解决信号衰减的问题；当进行远距离视频传输时，如传输距离为 5 km 时，就需要采用视频光端机或者网络传输设备。

视频光端机分为模拟视频光端机和数字视频光端机。数字视频光端机可以对视频图像进行长距离传输，一般可以达到 30 km 以上；模拟视频光端机目前已被淘汰。从数据传输的角度看，视频光端机是电路交换设备。

网络设备可以是交换机、路由器、宽带设备，甚至可以是网络安全设备。从数据传输的角度看，网络设备都是包括交换设备的。

3. 管理控制系统

管理控制系统负责完成图像切换、系统管理、云台镜头控制、告警联动等功能，它是视频监控系统的核心。管理控制系统的常见设备有矩阵、多画面分割器、云台解码器、码分配器、控制键盘、视频管理服务器、存储管理服务器等。

常见的管理控制系统设备如图 1.5 所示。

图 1.5　管理控制设备

矩阵分为音频矩阵和视频矩阵，是模拟监控系统的核心部件，包括矩阵切换箱和 CPU(控制处理器)。

NVR 又叫网络视频录像机，是一类视频录像设备，可与网络摄像机或视频编码器配套使用，实现对通过网络传送过来的数字视频的记录。NVR 的相关功能运行全部基于 IP 架构。因此，它可以通过局域网或者广域网进行远端管理，在架构网络视频监控系统方面具有相当强的灵活性，且 NVR 的基本功能是可同时远程存取并记录 IP 摄像头或 DVS 所拍摄的视频码流。这种操作简单、方便安装的特性受到了安防行业的广泛青睐。相较于采用 PC 服务器 + IP-SAN 的解决方案，NVR 采用嵌入式系统进行架构，在系统运维稳定性方面继承了 Linux 或者嵌入式系统的绝佳优势；稳定性与系统运维成本表现更佳，可用简单的架构与低廉的设备成本打造不输给专业服务器的监控架构；在视频路数限制方面，当一组 NVR 所支持的视频路数受限时，可改为多路 NVR 的架构方式，达到网络视频监控系统所需的系统服务能量。

视频管理服务器是基于网络的监控系统的核心部件，其上安装了视频监控系统的管理软件，可以对系统进行管理。EZStation 是宇视科技有限公司根据不同客户需求开发出来的一款小型设备管理软件，操作简单，界面图形化。

4. 显示系统

显示系统负责视频图像的显示。视频显示系统的常见设备有监视器、电视机、显示器、大屏幕、解码器和 PC 等。

常见的显示系统设备如图 1.6 所示。

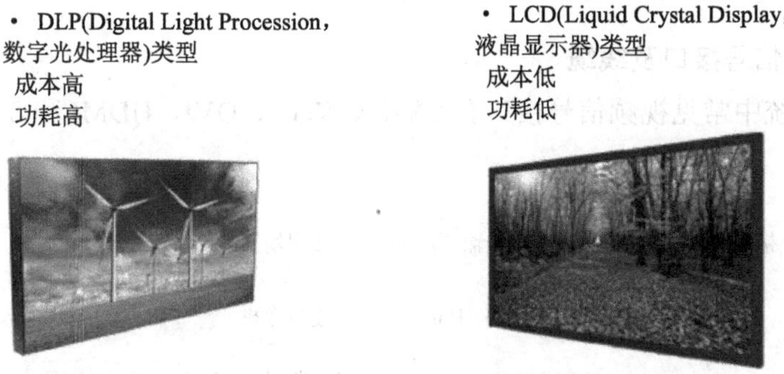

图 1.6　视频显示系统设备

从原理上分类，显示设备大致可以分为 LCD、DLP 等几类。

LCD 显示设备采用点阵驱动的方式(也称数字驱动方式)实现信息显示，具有以下两个特点：

一是必须将液晶灌入两个列有细槽的平面之间才能正常工作，且这两个平面上的槽互相垂直。也就是说，若一个平面上的分子南北向排列，另一个平面上的分子东西向排列，而位于两个平面之间的分子则被强迫进入一种 90° 扭转的状态。由于光线是顺着分子的排列方向传播的，所以光线经过液晶时会被扭转 90°。但是，当在液晶上加上一个电压后，分子便会重新垂直排列，使光线能直射出去，而不发生任何扭转。

二是它依赖极化滤光片和光线本身。自然光线是朝四面八方随机发散的；而极化滤光片实际上是一系列越来越细的平行线，这些线形成一张网，阻断不与这些线平行的所有光线。穿入第二个极化滤光片的光线正好与穿出第一个极化滤光片的光线垂直，所以能完全阻断那些已经极化的光线。只有两个滤光片的线完全平行，或者光线本身已扭转到与第二个极化滤光片相匹配时，光线才能够穿透过去。

LCD 正是由这样两个相互垂直的极化滤光片构成的，所以在正常情况下应该阻断所有试图穿越的光线。但是，由于两个滤光片之间充满了扭曲液晶，当光线穿出第一个滤光片后，会被液晶分子扭转 90°，然后从第二个滤光片中穿出。另一方面，若为液晶加一个电压，分子又会重新排列并完全平行，使光线不再扭转，所以正好被第二个滤光片挡住。总之，加电可将光线阻断，不加电则可使光线射出。当然，也可以改变 LCD 中的液晶排列，使光线在加电时射出，而不加电时被阻断。

DLP 技术以数字微镜装置或一种名为 DMD 芯片的光学半导体为基础构成。根据反射镜片的数量，DMD 投影机可以分为单片式、双片式和三片式。以单片式为例，单片 DLP 投影机只有一个 DMD 成像部件，DMD 上有与屏幕图像像素点一一对应的反射微镜。来自光源的光经分色轮分色后分时到达 DMD，根据像素点的颜色控制 DMD 上微镜的旋转，使三色光分时到达屏幕并生成图像。由于三色光使用同一个微镜，因此不存在三色会聚问题。

5. 存储系统

存储系统负责视音频信号的存储，以作为事后取证的重要依据。存储系统的常见设备有数字视频录像机、网络视频录像机、IP SAN 等。

1.2.3　视频监控常见接口及线缆

1. 常见视频信号接口及线缆

视频监控系统中常见视频信号接口有 CVBS、VGA、DVI、HDMI 和 SDI 等，如图 1.7 所示。

接口类型	传输信号	传输距离/m	应用场景	图片
CVBS	模拟信号	100	模拟像机	
VGA	模拟信号	20	NVR人机显示解码器解码输出到显示器显示	
DVI	数字信号	30	解码器解码输出到显示器显示	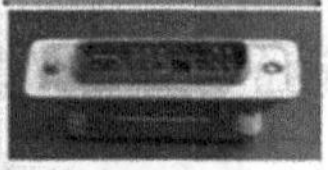
HDMI	数字信号	30	NVR人机显示	
SDI	数字信号	100	解码器解码显示到显示器	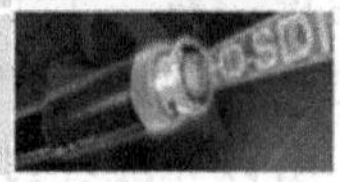

图 1.7　常见视频信号接口

(1) CVBS。CVBS 是 Composite Video Baseband Signal 的缩写，称为复合视频信号接口，因可在同一信道中同时传输亮度和色度信号“复合视频”而得名。因为亮度和色度信号在接口链路上没有实现分离，所以需要后续进一步解码分离，而且这个处理过程会因为亮色串扰问题而导致图像质量下降，故 CVBS 信号的图像保真度一般。CVBS 接口在物理上通常采用 BNC 或 RCA 接口进行连接。需要注意的是，CVBS 不能同时传输视频和音频信号，且其图像品质受线材影响大，所以对线材的要求较高。

(2) VGA。VGA 是 Video Graphics Array 的缩写，称为视频图形阵列，也称为 D-Sub 接口。VGA 接口主要用于计算机的输出显示，是计算机显卡上应用最广泛的接口类型。

VGA 接口有 15 个针脚，可实现 RGB 信号的分离传送。因此，不存在亮色串扰问题，视频图像的质量较高。VGA 接口传输的信号是模拟信号，主要应用在计算机的图形显示领域。

VGA 接口目前支持多种图像分辨率标准(非完整的分辨率)，如下所示：

- VGA 标准(分辨率 640 × 480)；
- SVGA 标准(分辨率 800 × 600)；

- XGA 标准(分辨率 1024 × 768)；
- SXGA 标准(分辨率 1280 × 1024)；
- WXGA 标准(分辨率 1280 × 800)；
- UVGA 标准(分辨率 1600 × 1200)；
- WUXGA 标准(分辨率 1920 × 1200)。

(3) DVI。DVI 是 Digital Visual Interface 的缩写，称为数字视频接口。DVI 接口标准由数字显示工作组(Digital Display Working Group，DDWG)于 1999 年 4 月推出，主要用于在 PC 和 VGA 显示器间传输非压缩实时视频信号。

DVI 是基于 TMDS(Transition Minimized Differential Signaling)最小化传输差分信号技术来传输数字信号的一种技术。TMDS 是一种微分信号机制，可以将像素数据编码，并通过串行连接进行传递。显卡产生的数字信号由发送器按照 TMDS 协议编码后通过 TMDS 通道发送给接收器，再经过解码发送给数字显示设备。一个 DVI 显示系统包括一个传送器和一个接收器。传送器是信号的来源，可以内建在显卡芯片中；也可以以附加芯片的形式出现在显卡 PCB 上。而接收器则是显示器上的一块电路，它可以接收数字信号，再将其解码并传递到数字显示电路中。通过它们，显卡发出的信号就成了显示器上的图像。

目前，DVI 接口分为两种：DVI-D 接口和 DVI-I 接口。DVI-D 接口只能用于接收数字信号，不兼容模拟信号，接口只有 3 排 8 列共 24 个针脚，其中右上角的一个针脚为空。DVI-I 接口和 DVI-D 接口的区别是可以同时兼容模拟和数字信号。连接 VGA 接口设备时需要进行接口转换，一般采用这种 DVI 接口的显卡都会带有相关的转换接口。DVI 传输数字信号时，数字图像信息无需经过任何转换，就可以被直接传送到显示设备上进行显示，从而避免了繁琐的 A/D 和 D/A 转换过程。一方面大大降低了信号处理时延，加快了传输速度，接口最大速率可达 1.65 GHz；另一方面避免了 A/D 和 D/A 转换过程带来的信号衰减和信号损失。所以，可以有效消除模糊、拖影、重影等现象，使图像的色彩更纯净、更逼真，清晰度和细节表现力都得到了极大的提高。

和 CVBS 接口一样，DVI 接口也不支持传输音频信号，DVI 接口传输距离与线材有关，一般小于 30 m。目前，DVI 接口在高清显示设备(高清显示器、高清电视、高清投影仪等)上大量应用，尤其在 PC 显示领域，基本代替了 VGA 接口。

(4) HDMI。HDMI 是 High Definition Multimedia Interface 的缩写，称为高清多媒体接口。2002 年 4 月，日立、松下、飞利浦、索尼、汤姆逊、东芝和 Silicon Image 七家公司联合组成 HDMI 组织，并颁发了 HDMI 1.0 标准。目前 HDMI 接口已经成为消费电子领域发展最快的高清数字视频接口。

HDMI 接口是基于 DVI 标准而制定的，同样采用 TMDS 技术来传输数字信号。另外，HDMI 接口在针脚定义上可兼容 DVI 接口。

HDMI 接口传输带宽高。接口传输速率按照 HDMI 1.0 可达到 5 Gb/s，按照 HDMI1.3 可达到 10 Gb/s。

HDMI 接口在保持信号高品质的情况下能够同时传输未经压缩的高分辨率视频和多声道音频数据。

HDMI 连接器采用单线缆连接，大大降低了线缆铺设的工程难度。且接口线缆长度可达 30 m。

HDMI 规格可搭配 HDCP(High-bandwidth Digital Content Protection，高宽带数字内容保护)，以防止具有著作权的影音内容遭到未经授权的复制。

(5) SDI。SDI 是 Serial Digital Interface 的缩写，称为串行数字接口。SDI 是专业的视频传输接口，一般用于广播级视频设备中。SDI 有 SD-SDI 和 HD-SDI 两个接口标准。1994 年，ITU-R 发布了 BT.656-2 建议书，吸纳了 EBU Tech.3267 与 SMPTE 259M 标准中定义的新型串行数字接口。该接口采用 10 bit 传输与非归零反向(NRZI)编码。在传送 ITU-RBT.601(A 部分)4∶2∶2 级别信号时，其时钟频率为 270 Mb/s，这就是 SD-SDI 接口标准。

SDI 接口可以支持很高的数据传输速率，SD-SDI 接口速率为 270 Mb/s。HD-SDI 接口速率为 1485 Mb/s。SDI 接口可以通过一条电缆传输全部亮度信号、颜色信号、同步信号与时钟信息，所以能够进行较长距离传输。SD-SDI 信号通过一般的同轴电缆可传输 350 m 左右，HD-SDI 信号在一般的同轴电缆中传输距离不到 100 m，在高发泡介质同轴电缆中传输距离可达 180 m。

2. 常见音频信号接口及线缆

视频监控系统中的音频接口形式多样，常见的有凤凰头接口、MIC 接口和 RCA/BNC 接口。这些接口除了物理形态不同之外，对连接的外设要求以及支持的功能也有差异，如图 1.8 所示。

接口类型	接口特点	应用场景	图片
凤凰头	可作为音频输入输出口，结实，可靠	枪机外接拾音器，NVR上外接音频设备	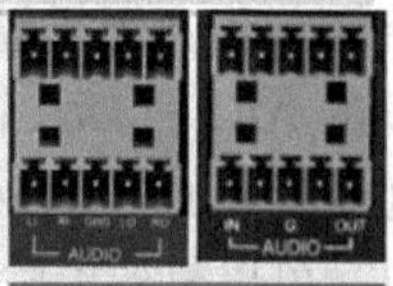
MIC	麦克风接口，音频输入	麦克风	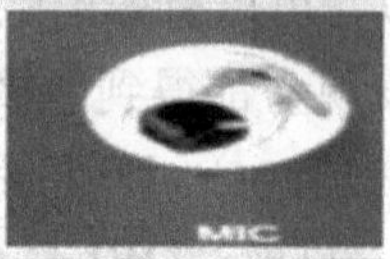
RCA/BNC	普遍使用的连接头，价格便宜，支持绝大多数产品	耳机、音响	

图 1.8　常见音频信号接口

凤凰头接口和 RCA/BNC 接口有输入和输出之分，输入接口用于连接拾音器，输出接口用于连接音箱。输入和输出接口的类型不一定相同，比如音频输入采用凤凰头接口，音频输出采用 BNC 接口。在实际的视频监控系统中凤凰头接口、RCA 接口和 BNC 接口通常和视频接口绑定成同一个通道，采集的音频信号可以以录像的形式进行存储。

MIC 接口用于连接麦克风，在视频监控系统中主要用于前端设备的音频采集。麦克风的阻抗较小，因此为了保证信号质量，麦克风线缆都比较短。另外，MIC 接口尺寸较大，所以在设备上的数量较少，一般只有一个。受限于线缆和数量因素，MIC 接口的应用场合较少，比如在 Uniview 视频监控系统中主要用于语音对讲功能。

需要注意的是，拾音器连接的语音输入接口(凤凰头接口或 BNC 接口)和 MIC 接口对外设的阻抗特性是不同的。拾音器的阻抗要比麦克风高得多，所以两种外设不能混用，如把拾音器连接到 MIC 接口是无法使用的。

3. 常见存储硬盘接口及线缆

常见的存储硬盘接口有 IDE、SATA、SCSI、SAS 等，如图 1.9 所示。

接口类型	接口特点	图片
IDE	盘体与控制器集成在一起，可靠性强，兼容性强，性价比高	
SATA	主板与大量存储设备数据传输之用，传输带宽高，潜力大	
SCSI	通用接口，可同步或异步传输数据，速率高，传输距离长	
SAS	集线技术，周围零部件的数据传输，简单，扩展能力强	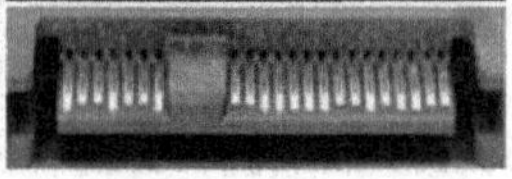

图 1.9　常见存储硬盘接口

(1) IDE。IDE(Integrated Drive Electronics)即电子集成驱动器，是硬盘的一种类型。实际的应用中，人们也习惯用 IDE 来称呼最早出现的 IDE 类型硬盘 ATA-1。这种类型的接口随着接口技术的发展已经被淘汰了，随后出现了更多类型的硬盘接口，如 ATA、Ultra ATA、DMA、Ultra DMA 等接口都属于 IDE 硬盘。

(2) SATA。SATA(Serial Advanced Technology Attachment)即串行高级技术附件，是一种基于行业标准的串行硬件驱动器接口，是由 Intel、IBM、Dell、APT、Maxtor 和 Seagate 公司共同提出的硬盘接口规范。在 IDF Fall 2001 大会上，Seagate 宣布了 Serial ATA 1.0 标准，正式宣告了 SATA 规范的确立。SATA 规范将硬盘的外部传输速率理论值提高到了 150 Mb/s，比 PATA(并行 ATA)标准 ATA/100 高出 50%，比 ATA/133 也要高出约 13%，而随着后续版本的发展，SATA 接口的速率还可扩展到 2X 和 4X(300 Mb/s 和 600 Mb/s)。

(3) SCSI。SCSI(Small Computer System Interface)即小型计算机系统接口，是一种用于计算机和智能设备之间(如硬盘、软驱、光驱、打印机、扫描仪等)系统级接口的独立处理器标准。SCSI 是一种智能的通用接口标准，是各种计算机与外部设备之间的接口标准。

(4) SAS。SAS(Serial Attached SCSI)即串行连接 SCSI，是新一代的 SCSI 技术。和 SATA 硬盘相同，都是采用串行技术以获得更高的传输速度，并通过缩短连接线改善内部空间。SAS 是并行 SCSI 接口之后开发出的全新接口。此接口的设计是为了改善存储系统的效能、可用性和扩充性，提供与 SATA 硬盘的兼容性。SAS 系统的背板既可以连接具有双端口、高性能的 SAS 驱动器，也可以连接高容量、低成本的 SATA 驱动器。因为 SAS 驱动器的端口与 SATA 驱动器的端口形状看上去类似，所以 SAS 驱动器和 SATA 驱动器可以同时存在于一个存储系统之中。但需要注意的是，SATA 系统并不兼容 SAS，所以 SAS 驱动器不能连接到 SATA 背板上。由于 SAS 系统具有兼容性，因此在扩充存储系统时拥有更多的弹性，能让存储设备发挥最大的投资效益。

目前，SAS 接口速率为 3 Gb/s，其 SAS 扩展器多为 12 端口。不久，将会有 6 Gb/s 甚至 12 Gb/s 的高速接口出现，并且会有 28 或 36 端口的 SAS 扩展器出现以适应不同的应用需求。

4. 常见控制线接口及线缆

在视频监控领域，常见的控制线接口有 RS485 和 RS422 两种，如图 1.10 所示。

接口类型	接口定义	接口特点	图片
RS485	采用差分信号负逻辑的一种传输线	传输距离与传输速率成反比，抗噪声干扰性好	
RS422	一种单机发送、多机接收的单向、平衡传输规范	单独的发送和接收通道	

图 1.10　常见的控制线接口

(1) RS485。RS485 有二线制和四线制两种模式。二线制有三个端子，分别为 A、B 和 GND，其中 A 和 B 构成一对信号线，A 为信号正极，B 为信号负极。四线制有五个端子，分别为 TX+、TX−、RX+、RX− 和 GND，其中 TX+ 和 TX− 构成一对信号线，负责发送信号；RX+ 和 RX− 构成一对信号线，负责接收信号。在实际应用中，以二线制为主。

RS485 的电气特性是：发送端 A、B 之间的电压差为 +(2～6)V 时为逻辑“1”，电压差为 −(2～6) V 时为逻辑“0”；接收端 A、B 之间的电压差大于 +200 mV 时为逻辑“1”，小于−200 mV 时为逻辑“0”。

RS485 接口采用平衡驱动器和差分接收器的组合，抗共模干扰能力强，即抗噪声干扰性好。

RS485 最大通信距离约为 1219 m，最大传输速率为 10 Mb/s，传输速率或波特率与传输距离成反比。表 1.1 为 Uniview 的编码器 RS485 接口的波特率和传输距离的对应表。如果需传输更长的距离，需要增加 RS485 中继器或其他信号增强设备。

表 1.1　Uniview 的编码器 RS485 接口的波特率和传输距离的对应表

波特率/(b/s)	RS485 串口线的最大长度/m
2400、4800、9600、19 200	2400、4800、9600、19 200
38 400	850
57 600	550
76 800	400
115 200	250

RS485 总线一般最多可支持连接 32 个收发器(即被控设备)，如果使用特制的 485 芯片，则可以连接 128 个或者 256 个收发器。RS485 接口标准普遍用于控制球机和摄像机云台。

(2) RS422。在视频监控领域，RS485 主要用于在终端设备和控制设备之间传输控制信号。而在控制设备之间则多采用 RS422 接口标准传送控制信号。

RS422 有 5 个端子，分别为 TX+、TX–、RX+、RX–、GND。TX+ 和 TX– 构成一对信号线，负责发送信号；RX+ 和 RX– 构成一对信号线，负责接收信号。

和 RS485 一样，RS422 也是差模传输，抗干扰能力强。RS422 最大的通信距离同样约为 1219 m，最大传输速率也为 10 Mb/s，传输速率或波特率与传输距离的关系也一样。

和 RS485 不同的是，RS422 通讯模式为全双工，可同时传送和接收控制信号。其多站负载能力比 RS485 弱，总线最多只能连接 10 个收发器。

5. 常见网线接口及线缆

要连接局域网，网线是必不可少的。在局域网中，常见的网线主要有双绞线、同轴电缆、光纤三种。

1) 双绞线

双绞线(Twist-Pair)是综合布线工程中最常用的一种传输介质。双绞线采用了一对互相绝缘的金属导线互相绞合的方式来抵御一部分外界电磁波的干扰。把两根绝缘的铜导线按一定密度互相绞在一起，可以降低信号干扰的程度，每一根导线在传输中辐射的电波会被另一根线上发出的电波抵消。“双绞线”的名字即由此而来。

根据频率和信噪比，双绞线可分为 5 类线、超 5 类线以及 6 类线。根据有无屏蔽层，双绞线可分为非屏蔽双绞线(Unshielded Twisted Pair，UTP)和屏蔽双绞线(Shielded Twisted Pair，STP)。屏蔽双绞线电缆的外层包裹着一层铝铂，可减小辐射，但并不能完全消除辐射。屏蔽双绞线价格相对较高。

双绞线做法有 EIA/TIA568A 和 EIA/TIA568B 两种国际标准，其连接方法也有直通线缆和交叉线缆两种。直通线缆的水晶头两端都遵循 568A 或 568B 标准，双绞线的每组线在两端是一一对应的，颜色相同的线在两端水晶头的相应槽中保持一致；而交叉线缆的水晶头一端遵循 568A 标准，另一端则采用 568B 标准。

2) 同轴电缆

同轴电缆是指由一层层的绝缘线包裹着中央铜导体的电缆线。它的特点是抗干扰能力好，传输数据稳定，价格也便宜，因此被广泛使用(如闭路电视线)等。市场上出售的同轴电缆线一般都是已和 BNC 头连接好的成品，可直接选用。

3) 光纤

在视频监控系统中，长距离传输时通常使用光纤作为介质。根据传输点模数的不同，光纤可分为单模光纤和多模光纤。所谓“模”，是指以一定角度进入光纤的一束光。

单模光纤采用固体激光器作为光源，只能允许一种模式的光传播，所以单模光纤没有模分散特性。单模光纤的纤芯直径为 8～10 μm，包层外直径为 125 μm。工作波长为 1310 nm 或 1550 nm。单模光纤的纤芯相应较细，容量大，传输距离长，但因其需要激光源，成本较高，通常在建筑物之间或地域分散的环境下使用。单模光纤的颜色为黄色。

多模光纤则采用发光二极管作为光源，允许多种模式的光在光纤中同时传播，从而形成模分散(每一个“模”的光进入光纤的角度不同，到达另一端点的时间也不同，这种特征被称为模分散)。模分散技术限制了多模光纤的带宽和距离。多模光纤的纤芯直径为 50～62.5 μm，包层外直径为 125 μm，工作波长为为 850 nm 或 1300 nm。多模光纤的芯线粗，传输速度低，距离短(一般只有几公里)，整体的传输性能差，但其成本比较低，一般用于建筑物内或地理位置相邻的环境下。多模光纤的颜色为橘红色。

1.3　视频监控系统主要技术

1.3.1　成像技术

成像技术包括亮度、对比度、锐度、背光补偿和宽动态等，下面分别进行介绍。

1. 亮度

亮度是指发光体(反光体)表面发光(反光)强弱的物理量。人眼从一个方向观察光源，在这个方向上的光强与人眼所“见到”的光源面积之比，就是该光源的单位亮度，即单位投影面积上的发光强度。IP 网络摄像机的亮度一般可在 0～255 之间进行调节，通过调节亮度值可提高或降低画面整体亮度，如图 1.11 所示。

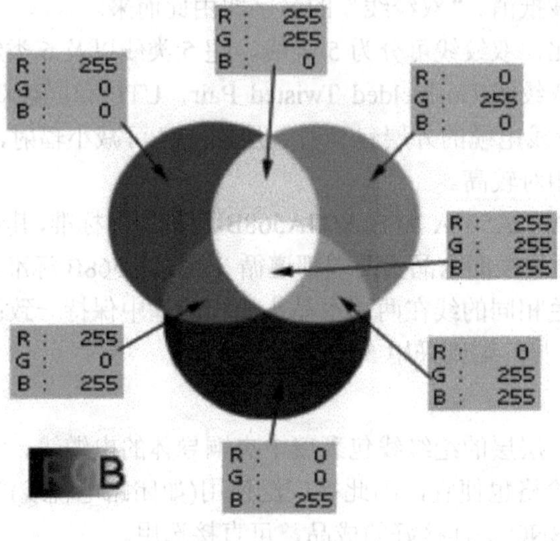

图 1.11　亮度

亮度是一个主观的量，现今尚无一套有效又公正的标准来衡量，所以最好的辨识方式还是依靠使用者的眼睛。

2. 对比度

对比度对视觉效果的影响非常关键。一般来说，对比度越大图像越清晰醒目，色彩也越鲜明艳丽；而对比度过小，则会让整个画面灰蒙蒙的。在一些黑白反差较大的文本、CAD 和黑白照片等画面中，高对比度产品在黑白反差、清晰度、完整性等方面都具有优势。而在色彩层次方面，高对比度对图像的影响并不明显。此外，对比度对动态视频的显示效果影响更大，由于动态图像中明暗转换比较快，因此对比度越高，人的眼睛就越容易分辨出这样的转换过程。

高对比度对于图像的清晰度、细节表现和灰度层次表现都有很大帮助。对于一些暗部场景中的细节表现、清晰度和高速运动物体来说，高对比度的优势更加明显，如图 1.12 所示。

图 1.12　对比度

3. 锐度

锐度有时也称为“清晰度”，是反映图像平面清晰度和图像边缘锐利程度的一个指标。锐度提高后，图像平面上的细节对比度会更高，看起来也会更清楚。比如，在高锐度的情况下，不但画面上人脸的皱纹、斑点更清楚，而且脸部肌肉的鼓起或凹下也可表现得栩栩如生。此外，垂直方向的深色或黑色线条及黑白图像突变的地方，在较高锐度的情况下，线条或黑白图像交接处的边缘也会更加锐利，整体画面显得更加清楚。因此，提高锐度，实际上就是提高了清晰度，这是人们需要的、好的一面，如图 1.13 所示。

图 1.13　锐度

但是，锐度并不是调得越高越好。如果锐度调得过高，则会在黑线两边出现白色线条的镶边，图像看起来失真而且刺眼。这种情况如果出现在块面图像上，图像就会严重失真。比如，人脸图像的锐度过高，不仅人脸的边缘会出现白色镶边，而且发际、眉毛、鼻子、嘴唇这些黑色和阴影部位边上出现白色镶边，看起来很不顺眼。可见，锐度太高虽然提高了清晰度，但也会使图像走样，这就是不好的一面。所以，为了获得相对清晰而又真实的图像，锐度也应当调得合适。

4. 背光补偿

背光补偿(也称为逆光补偿)是指把画面分成几个不同的区域，每个区域分别曝光。在某些应用场合，视场中可能包含一个很亮的区域，而被包含的主体则处于亮场的包围之中，画面一片昏暗，无层次。此时，由于 AGC 检测到的信号电平并不低，而放大器的增益很低，不能改进画面主体的明暗度。但当引入逆光补偿时，摄像机仅对整个视场的一个子区域进行检测，通过求此区域的平均信号电平来确定 AGC 电路的工作点。

当目标位于非常强的背景光线前面时，背光补偿能提供理想的曝光，无论主要的目标移到中间、上下、左右或者荧幕的任一位置。简单地说，就是在光线较弱的环境下，使背景较暗的区域也能够得到比较清晰的画面，如图 1.14 所示。

(a) 背光补偿开启　　(b) 背光补偿关闭

图 1.14　背光补偿

5. 宽动态技术

宽动态技术是在非常强烈的对比下让摄像机看到影像的特色而运用的一种技术。当在强光源(日光、灯具或反光等)照射下的高亮度区域及阴影、逆光等相对亮度较低的区域在图像中同时存在时，摄像机输出的图像会出现明亮区域因曝光过度成为白色而黑暗区域因曝光不足成为黑色的现象，严重影响图像质量。摄像机在同一场景中对最亮区域及较暗区域的表现是存在局限的，这种局限就是通常所讲的“动态范围”。

广义上的“动态范围”是指某一变化的事物可能改变的跨度，即其变化值的最低端极点到最高端极点之间的区域，此区域的描述一般为最高点与最低点之间的差值。这是一个应用非常广泛的概念。在谈及摄像机产品的拍摄图像指标时，一般的“动态范围”是指摄像机对拍摄场景中景物光照反射的适应能力，即亮度(反差)及色温(反差)的变化范围。

补光灯是对某些缺乏光照度的物体进行灯光补偿的一种灯具。常见的补光灯有白光补光灯和红外补光灯两种，如图 1.15 所示。

图 1.15　补光灯

白光补光灯是一种可见光，属于冷光源。夜晚，摄像机在白光灯的辅助照明情况下，摄取的图像是彩色的。

红外补光灯是夜晚监控红外灯的简称，是配合监控摄像头，在夜晚采集图像的补光器材。

红外灯的发光转换功率是固定的。如果想让发光的角度大，就会缩短照射距离；相反，如果保证照射距离，就会减小角度。所以选择红外灯的角度是一个十分重要的问题。

一般情况下，红外灯的角度与镜头的角度一致是最科学的。但并不是红外灯的角度越大，画面效果就越好。有时，红外灯角度过大还会影响成像。比如在走廊中拍照时，由于过于狭长，如果红外灯角度过大，近处边缘成像就会太亮，形成光幕现象；而远处中心一片发白，什么也看不到。所以，在这种情况下最适宜的做法是走廊的红外灯的角度应该比镜头的角度略窄；另外，可以利用“双灯互补”技术，采用宽角和窄角红外灯搭配，并适当调整位置，就可以达到角度和距离互补的效果。

总体来说，不同焦距的镜头应选择不同角度的红外灯。在任何环境中，红外灯的角度都不能大于镜头的角度，且在狭长环境中应该选用比镜头角度更小的红外灯。

1.3.2　视频技术术语

视频技术中用到的术语包含分辨率、码率、帧率和编解码标准等多个概念，下面分别进行介绍。

1. 分辨率

图像分辨率指画面的解析度，即图像由多少像素构成，通常以 X×Y 的形式表示，其中“X”表示屏幕上水平方向的像素数，“Y”表示垂直方向的像素数。

图像分辨率越大，细节表现就越丰富，图像也就越清晰。

多媒体领域有多种图像分辨率，如图 1.16 所示，其中 720P、1080P 两种分辨率为高清视频分辨率。

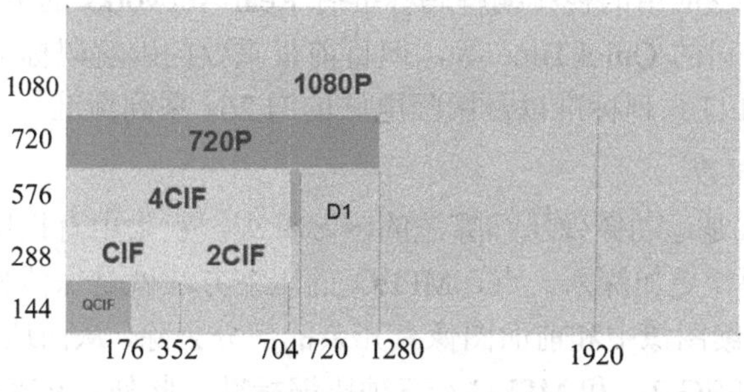

图 1.16　图像分辨率

需要注意的是，当分辨率等级低于 Full D1 时，不同制式下相同分辨率等级的“Y”参数的数值是不同的。但高清视频已经和制式脱钩，所以高清视频的分辨率没有制式的区别，其长宽比为 16∶9。

2. 码率

码率是数据传输时单位时间传送的数据位数，常用的单位是 kb/s。在多媒体系统中，码率指的是媒体流传输时单位时间传送的数据位数。

一般来说，在相同的分辨率下，清晰度要求越高，视频图像的码率要求就越大；在相同的分辨率和清晰度要求下，采用的编码协议的压缩率越高，视频图像的码率就越小，如图 1.17 所示。

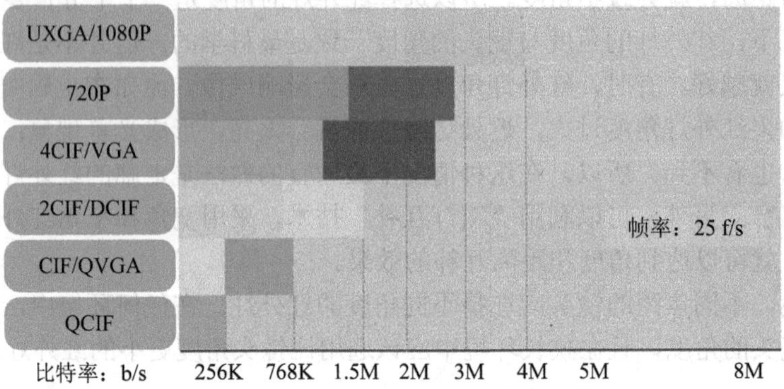

图 1.17　码率

多媒体系统中存在 CBR(Constants Bit Rate，恒定码率)和 VBR(Variable Bit Rate，可变码率)两种码率模式，其中 CBR 应用比较普遍。

3. 帧率

帧率就是每秒传输的图片的帧数或者图形处理器每秒刷新的次数。

帧率会影响画面流畅度且与画面流畅度成正比。帧率越大，画面越流畅；帧率越小，画面越有跳动感。如果码率为变量，则帧率也会影响体积。帧率越高，每秒经过的画面越多，需要的码率也越高，体积也越大。

4. 编解码标准

互联网上曾经广泛应用的视频编解码标准有 Real-Networks 的 RealVideo、微软公司的 WMV 以及 Apple 公司的 QuickTime 等，但目前最重要的编解码标准是国际标准化组织运动图像专家组的 MPEG 系列标准以及国际电联的 H.26x 系列标准。

1) MPEG 系列标准

MPEG 文件格式是运动图像压缩算法的国际标准，它采用有损压缩方法减少了运动图像中的冗余信息。说得更加深入一点，MPEG 的压缩方法就是保留相邻两幅画面绝大部分相同的部分，而把后续图像中和前面图像有冗余的部分去除，从而达到压缩的目的。MPEG 格式有 MPEG-1、MPEG-2、和 MPEG-4 三种压缩标准。此外，MPEG-7 与 MPEG-21 仍处在研发阶段。

MPEG-1：制定于 1992 年，是针对 1.5 Mb/s 以下数据传输率的数字存储媒体运动图像及其伴音编码而设计的国际标准，也就是我们通常所见到的 VCD 制作格式。这种视频格式的文件扩展名包括.mpg、.mlv、.mpe、.mpeg 及 .dat(VCD 光盘中的文件)等。

MPEG-2：制定于 1994 年，设计目标为高级工业标准的图像质量及更高的传输率。这种格式主要应用在 DVD/SVCD 的制作(压缩)方面，同时在一些 HDTV(高清晰电视广播)和一些高要求视频的编辑和处理方面也有相当广泛的应用。这种视频格式的文件扩展名包括 .mpg、.mpe、.mpeg、.m2v 及 .vob(DVD 光盘上的文件)等。

MPEG-4：制定于 1998 年，是为了播放高质量的流媒体视频而专门设计的。它可以利用很窄的带宽，通过帧重建技术压缩和传输数据，以求使用最少的数据获得最佳的图像质量。MPEG-4 最有吸引力的地方在于它能够保存接近于 DVD 画质的小体积视频文件。这种视频格式的文件扩展名包括.asf、.mov 等。

2) H.26x 系列标准

H.26x 是由 ITU-T 视频编码专家组(Video Coding Experts Group，VCEG)和 ISO/IEC 动态图像专家组(Moving Pictures Experts Group，MPEG)联合组成的联合视频组(Joint Video Team，JVT)提出的高度压缩数字视频编解码器标准，主要有 H.261、H.263、H.264 和 H.265 等。下面主要介绍 H.264 和 H.265 这两种广泛应用的标准。

H.264 标准各主要部分有 Access Unit delimiter(AUD，访问单元分割符)、Supplemental Enhancement Information(SEI，附加增强信息)、Primary Coded Picture(PCD，基本图像编码)、Redundant Coded Picture(RCD，冗余图像编码)、Instantaneous Decoding Refresh(IDR，即时解码刷新)、Hypothetical Reference Decoder(HRD，假想参考解码)和 Hypothetical Stream Scheduler(HSS，假想码流调度器)。H.264 能够在低码率情况下提供高质量的视频图像，也能在较低带宽上提供高质量的图像传输。H.264 可以工作在实时通信应用(如视频会议)低延时模式下，也可以工作在没有时延的视频存储或视频流服务器中。

H.265 是 ITU-T VCEG 继 H.264 之后所制定的新的视频编码标准。H.265 标准围绕着现有的视频编码标准 H.264，保留原来的某些技术，同时对一些相关的技术加以改进，以改善码流、编码质量、延时和算法复杂度之间的关系，来达到最优化设置。具体的改进包括提高压缩效率和错误恢复能力，减少实时的时延，减少信道获取时间和随机接入时延，降低复杂度等。H.264 由于算法优化，可以以低于 1 Mb/s 的速度实现标清数字图像传送；H.265 则可以以 1～2 Mb/s 的传输速度传送 720P(分辨率 1280 × 720)的普通高清音、视频。

H.264 和 H.265 编解码标准如图 1.18 所示。

图 1.18 H.264 和 H.265 编解码标准

1.3.3 存储技术

1. 存储技术

中小型组网中，用到的主要存储技术是 JBOD(Just a Bunch Of Disks，磁盘簇)和

RAID(Redundant Arrays of Independent Disks，冗余磁盘阵列)。

1) JBOD

JBOD是指在一个底板上安装的带有多个磁盘驱动器的存储设备，通常又称为Span。和RAID阵列不同，JBOD没有前端逻辑来管理磁盘上的数据分布，相反，每个磁盘进行单独寻址，作为分开的存储资源，或者基于主机软件的一部分，或者是RAID组的一个适配器卡。JBOD不是标准的RAID级别，它只是在近几年才被一些厂家提出，并被广泛采用。

JBOD可以在基于并行SCSI电缆的直接附加存储中使用，或在具有Fibre Channel接口的存储网络中使用。因为JBOD不够智能，而且存储网络没有独立的接口，所以单独驱动器的接口类型决定了SAN的连接类型。

磁盘驱动器插在一个内部总线上，将服务器与JBOD系统之间的外部总线电缆简化成单条电缆连接。JBOD也支持热插拔磁盘驱动器，即可以在不影响数据存储和服务器操作的同时增加或者替换磁盘。

2) RAID

RAID是指将多个独立的物理硬盘按照不同的方式组合起来，形成一个虚拟的硬盘。通过把数据放在多个硬盘上，输入输出操作能以平衡的方式交叠，从而改良存储性能。因为多个硬盘增加了平均故障的间隔时间，所以储存冗余数据也增加了容错。RAID包括RAID0、RAID1和RAID5三种，如图1.19所示。

RAID级别	级别特点
RAID0	数据条带化，无校验
RAID1	数据镜像，无校验
RAID5	数据条带化，校验信息分布式存放

图1.19　RAID

下面分别对RAID0、RAID1、RAID5进行详细的介绍。

(1) RAID0是最早出现的RAID模式，即Data Stripping数据分条技术。RAID0是组建磁盘阵列中最简单的一种形式，只需要两块以上的硬盘即可，且可以提高整个磁盘的性能和吞吐量。RAID0没有冗余或错误修复能力，成本最低。

在RAID0中，数据以条带形式均匀分布在各个硬盘中，把连续的数据分散到多个磁盘上存取，系统有数据请求就可以被多个磁盘并行地执行，每个磁盘执行属于它自己的那部分数据请求。这种数据上的并行操作可以充分利用总线的带宽，显著提高磁盘整体存取性能。

RAID0最简单的实现方式就是把N块同样的硬盘用硬件的形式，通过智能磁盘控制器或用操作系统中的磁盘驱动程序，以软件的方式串联在一起，创建一个大的卷集。在使用过程中，电脑数据依次写入到各块硬盘中。它的最大优点就是可以成倍地提高硬盘的容量。如果使用三块80 GB的硬盘组建成RAID0模式，那么磁盘容量就是240 GB。在速度方面，各块硬盘的速度完全相同。其最大的缺点在于任何一块硬盘出现故障，整个系统将会受到破坏，可靠性仅为单独一块硬盘的 1/N。RAID0 的特点如图 1.20 所示。

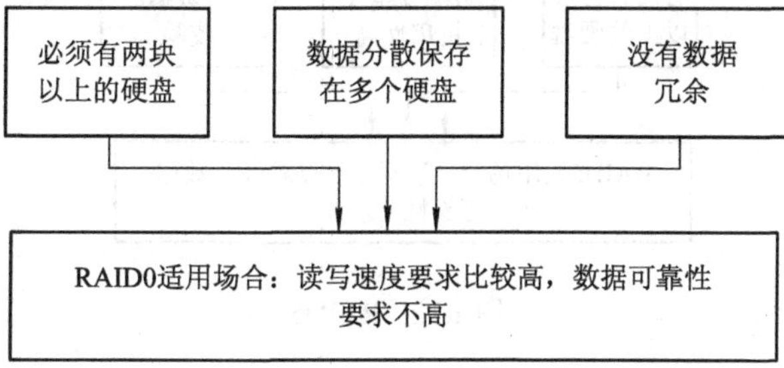

图 1.20　RAID0

(2) RAID1 称为磁盘镜像，原理是把一个磁盘的数据镜像到另一个磁盘上。也就是说，数据在写入一块磁盘的同时，会在另一块闲置的磁盘上生成镜像文件，在不影响性能的情况下最大限度地保证系统的可靠性和可修复性。只要系统中任何一对镜像盘中至少有一块磁盘可以使用，甚至可以在一半数量的硬盘出现问题时，系统都可以正常运行。当一块硬盘失效时，系统会忽略该硬盘，转而使用剩余的镜像盘读写数据，具备很好的磁盘冗余能力。

RAID1 通过磁盘数据镜像实现数据冗余，在成对的独立磁盘上产生互为备份的数据。当原始数据繁忙时，可直接从镜像拷贝中读取数据。因此，RAID1 可以提高磁盘的读取性能。RAID1 是磁盘阵列中单位成本最高的，但数据安全性和可用性也比较高。当一个磁盘失效时，系统可以自动切换到镜像磁盘上读写，而不需要重组失效的数据。RAID1 的特点如图 1.21 所示。

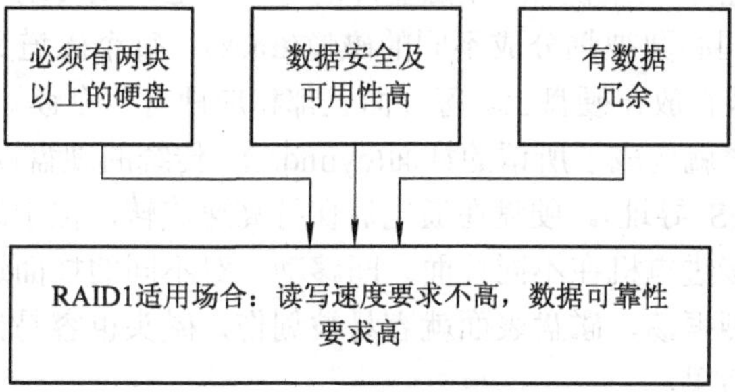

图 1.21　RAID1

(3) RAID5 是分布式奇偶校验的独立磁盘结构，奇偶校验码存在于所有磁盘上。RAID5 的读出效率很高，写入效率一般，块式集体访问效率良好。因为奇偶校验码分布在不同的磁盘上，所以提高了可靠性。但是它对数据传输的并行性解决差强人意，而且控制器的设计也相当困难。

RAID5 把数据和相对应的奇偶校验信息存储到组成 RAID5 的各个磁盘上，并且把奇偶校验信息和相对应的数据分别存储于不同的磁盘上，其中任意 N−1 块磁盘上都存储完整的数据。也就是说，有相当于一块磁盘容量的空间用于存储奇偶校验信息。因此，当 RAID5 的一个磁盘发生损坏，不会影响数据的完整性，从而保证了数据安全。当损坏的磁盘被替换后，RAID5 还会自动利用剩下的奇偶校验信息去重建此磁盘上的数据，故数据的可靠性很高。RAID5 的特点如图 1.22 所示。

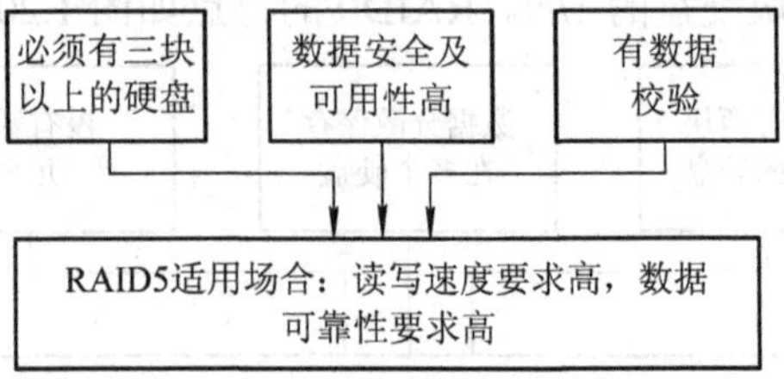

图 1.22　RAID5

2．存储设备和存储设备中存储容量的计算

存储设备和存储设备中存储容量的计算，对于我们进行设备选型具有重要的参考价值。

(1) 硬盘是目前最主要的数据存储设备，组成部分如图 1.23 所示。硬盘内部通常由多片磁盘盘片构成，其工作原理是利用磁粒子的极性来记录数据(磁性的两种状态代表数据的 0 和 1)。

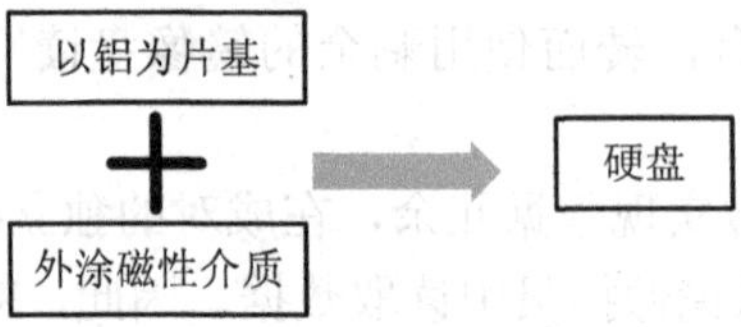

图 1.23　硬盘的构成

在硬盘中，数据存储在密封洁净的硬盘驱动器内腔的若干个磁盘片上。这些盘片一般是在片基表面涂上磁性介质所形成。在磁盘片的每一面上，以转动轴为轴心、以一定的磁密度为间隔的若干个同心圆被划分成不同的磁道(track)，每个磁道又被划分为若干个扇区(sector)，数据就按扇区存放在硬盘上。每一面上都相应地有一个读写磁头(head)，不同磁头的所有相同位置的磁道就构成了所谓的柱面(cylinder)。传统的硬盘读写都是以柱面、磁头、扇区为寻址方式的(CHS 寻址)。硬盘在通电后保持高速旋转，位于磁头臂上的磁头悬浮在磁盘表面，可以通过步进电机在不同柱面之间移动，对不同的柱面进行读写。所以在通电期间如果硬盘受到剧烈振荡，磁盘表面就容易被划伤，磁头也容易损坏，这会给盘上存储的数据带来灾难性的后果。

硬盘的第一个扇区(0 道 0 头 1 扇区)被保留为主引导扇区。在主引导区内主要有主引导记录和硬盘分区表两项内容。主引导记录是一段程序代码，其作用主要是对硬盘上安装的操作系统进行引导；硬盘分区表则存储了硬盘的分区信息。计算机启动时将读取该扇区的数据，并对其合法性进行判断(扇区最后两个字节是否为 0x55AA 或 0xAA55)，如合法则跳转执行该扇区的第一条指令。所以，硬盘的主引导区往往成为病毒攻击的对象，从而被篡改甚至被破坏。

硬盘采用 S.M.A.R.T.(Self Monitoring Analysis and Reporting Technology，自动检测分析及报告技术)监测系统对数据进行监测和保护，S.M.A.R.T.监测如图 1.24 所示。在硬盘工作的时候监测系统对电机、电路、磁盘、磁头的状态进行分析。

S.M.A.R.T.能对硬盘的磁头单元、硬盘温度、盘片表面介质材料、马达及其驱动系统、硬盘内部电路等进行监测，及时分析并预报硬盘可能发生的问题。在主板 CMOS 的硬盘设置中，我们可以看到并打开这项功能，不过这项功能只能在每次开机时检测，而非实时监测。

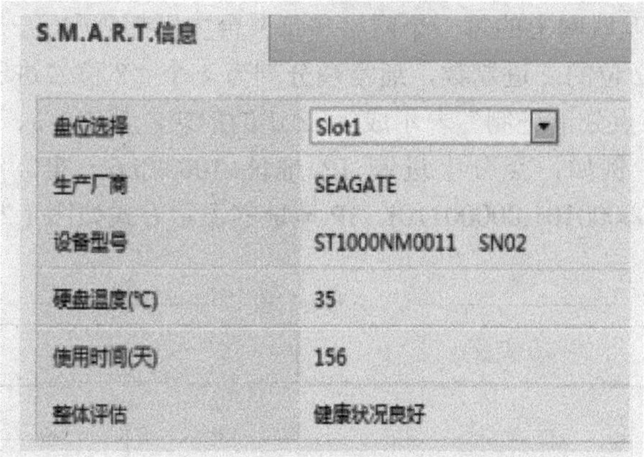

图 1.24　S.M.A.R.T.监测

(2) 全网视频所需存储容量为各单路视频所需存储容量之和。

单路视频所需存储容量(GB) = 该视频流码率(Mb/s) × 3600 × 存储计划时长(小时) × CBR 系数/(8 × 1024)，这里的存储计划时长为录像保存期内的录像总时长(即录像保存期内每天的录像时长总和)，单位为小时；CBR 系数取值 1.08；3600 是每小时的秒数；8 是 bit 和 byte 的转换系数；1024 为 M 和 G 的转换系数，所以计算公式如图 1.25 所示。

- 存储设备有效容量计算公式

存储容量(GB) = 有效磁盘数 × 单磁盘有效容量(GB)

RAID等级	有效磁盘数	RAID等级	有效磁盘数
JBOD	物理磁盘数(不计热备盘)	RAID1	物理磁盘数 × 0.5(不计热备盘)
RAID0	物理磁盘数(不计热备盘)	RAID5	物理磁盘数－1(不计热备盘)

磁盘类型	有效容量/GB
1TB SATA	930
2TB SATA	1860
3TB SATA	2790

图 1.25　存储设备有效存储容量计算

如一台 IP SAN 阵列，磁盘满配(16 块)，采用 RAID5 等级，规划热备盘一块，磁盘类型为 1TB，则 IP SAN 阵列的有效容量计算如下：

IP SAN 阵列有效容量 = 14 × 930/1024 = 12.715 TB。

1.3.4　网络技术

视讯技术中用到的网络技术主要有 IP 地址、DHCP 协议、DNS 协议、DDNS 协议、UPnP 协议、UDP 协议、TCP 协议等，下面分别加以介绍。

1. IP地址

IP 地址是指互联网协议地址(Internet Protocol Address)。IP 地址是 IP 协议提供的一种统一的地址格式，它为互联网上的每一个网络和每一台主机都分配了一个逻辑地址。

IP 地址是一个 32 位的二进制数，通常被分割为 4 个“8 位二进制数”，也就是 4 个字节。IP 地址通常用“点分十进制”表示成(a.b.c.d)的形式，其中，a、b、c、d 都是 0～255 之间的十进制整数。例如，点分十进制 IP 地址 100.4.5.6，实际上是 32 位二进制数(01100100.00000100.00000101.00000110)。IP 地址的表示方式如图 1.26 所示。

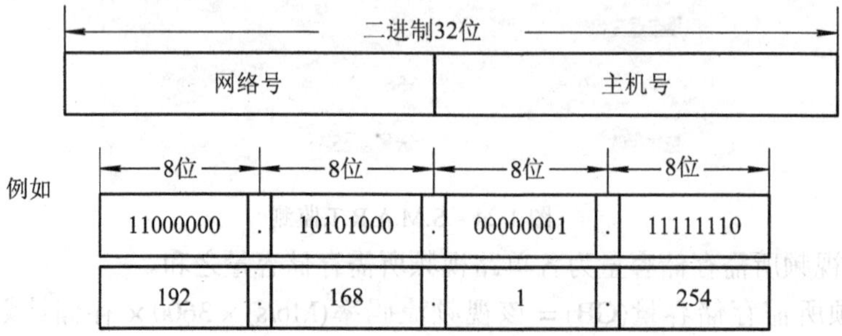

图 1.26　IP 地址的表示方式

最初设计互联网络时，为了便于寻址以及层次化构造网络，每个 IP 地址包括两个标识码(ID)，即网络 ID 和主机 ID。同一个物理网络上的所有主机都使用同一个网络 ID，网络上的一个主机(包括网络上工作站、服务器和路由器等)有一个主机 ID 与其对应。Internet 委员会定义了 5 种 IP 地址类型以适合不同容量的网络，即 A 类～E 类。其中 A、B、C 是基本类，D、E 类作为多播和保留使用，下面分别加以介绍。IP 地址的分类如图 1.27 所示。

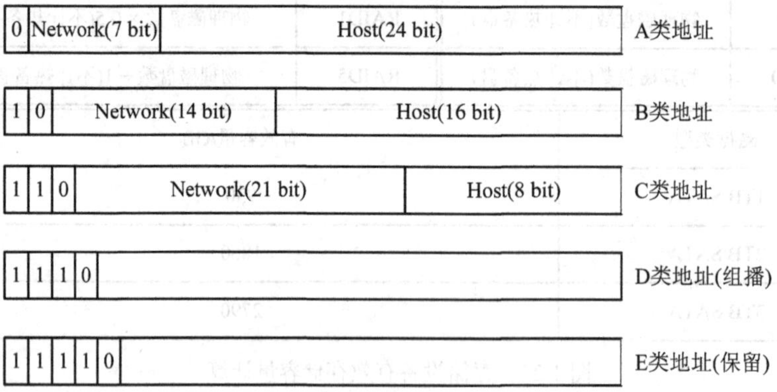

图 1.27　IP 地址的分类

(1) A 类 IP 地址是指在 IP 地址的四段号码中，第一段号码为网络号码，剩下的三段号码为本地主机的号码。如果用二进制表示 IP 地址的话，A 类 IP 地址就由 1 字节的网络地址和 3 字节主机地址组成，网络地址的最高位必须是“0”。A 类 IP 地址中网络的标识长度为 8 位，主机标识的长度为 24 位，A 类网络地址数量较少，有 126 个网络，每个网络可以容纳主机数达 1600 多万台。

A 类 IP 地址的地址范围从 1.0.0.0 到 127.255.255.255(二进制表示为：00000001 00000000

00000000 00000000～01111110 11111111 11111111 11111111)，最后一个是广播地址。

A 类 IP 地址的子网掩码为 255.0.0.0，每个网络支持的最大主机数为 $256^3 - 2$，即 16 777 214 台。

(2) B 类 IP 地址是指在 IP 地址的四段号码中，前两段号码为网络号码，剩下的两段号码为本地主机的号码。如果用二进制表示 IP 地址的话，B 类 IP 地址就由 2 字节的网络地址和 2 字节主机地址组成，网络地址的最高位必须是“10”。B 类 IP 地址中网络的标识长度为 16 位，主机标识的长度为 16 位，B 类网络地址适用于中等规模的网络，有 16 384 个网络，每个网络能容纳的计算机数为 6 万多台。

B 类 IP 地址的地址范围从 128.0.0.0 到 191.255.255.255(二进制表示为：10000000 00000000 00000000 00000000～10111111 11111111 11111111 11111111)，最后一个是广播地址。

B 类 IP 地址的子网掩码为 255.255.0.0，每个网络支持的最大主机数为 $256^2 - 2$，即 65 534 台。

(3) C 类 IP 地址是指在 IP 地址的四段号码中，前三段号码为网络号码，剩下的一段号码为本地主机的号码。如果用二进制表示 IP 地址的话，C 类 IP 地址就由 3 字节的网络地址和 1 字节主机地址组成，网络地址的最高位必须是“110”。C 类 IP 地址中网络的标识长度为 24 位，主机标识的长度为 8 位，C 类网络地址数量较多，有 209 万余个网络。适用于小规模的局域网络，每个网络最多只能包含 254 台计算机。

C 类 IP 地址范围从 192.0.0.0 到 223.255.255.255(二进制表示为：11000000 00000000 00000000 00000000～11011111 11111111 11111111 11111111)，最后一个是广播地址。

C 类 IP 地址的子网掩码为 255.255.255.0，每个网络支持的最大主机数为 256 − 2 = 254 台。

(4) D 类 IP 地址被叫做多播地址(multicast address)，即组播地址。在以太网中，多播地址命名了一组应该在这个网络中应用接收到一个分组的站点。多播地址的最高位必须是“1110”，范围从 224.0.0.0 到 239.255.255.255。

E 类地址为保留地址，目前在网络中应用较少，故这里不作描述。

2．DHCP 协议

DHCP(Dynamic Host Configuration Protocol，动态主机配置协议)是一个局域网网络协议，由 UDP 协议提供服务，主要用途有两个：一个是给内部网络或网络服务供应商自动分配 IP 地址；另一个是作为用户或者内部网络管理员对所有计算机进行中央管理的手段。DHCP 有两个端口，UDP 67 和 UDP 68 分别作为 DHCP Server 和 DHCP Client 的服务端口。

DHCP 协议采用客户端/服务器模型，主机地址的动态分配任务由网络主机驱动，如图 1.28 所示。当 DHCP 服务器接收到来自网络主机申请地址的信息时，会向网络主机发送相关的地址配置等信息，实现网络主机地址信息的动态配置。

图 1.28　DHCP 协议

DHCP 具有以下功能：

(1) 保证任何 IP 地址在同一时刻只能由一台 DHCP 客户机使用。

(2) DHCP 可以给用户分配永久固定的 IP 地址。

(3) DHCP 可以与用其他方法获得 IP 地址的主机共存(如手动配置 IP 地址的主机)。

(4) DHCP 服务器应当向现有的 BOOTP(Bootstrap Protocol，引导协议)客户端提供服务。

DHCP 分配 IP 地址的方式有以下三种：

(1) 自动分配方式(Automatic Allocation)。DHCP 服务器可为主机指定一个永久性的 IP 地址。一旦 DHCP 客户端第一次成功从 DHCP 服务器端租用到 IP 地址后，就可以永久性的使用该地址。

(2) 动态分配方式(Dynamic Allocation)。DHCP 服务器会给主机指定一个具有时间限制的 IP 地址。时间到期或主机明确表示放弃该地址时，该地址可以被其他主机使用。

(3) 手动分配方式(Manual Allocation)。客户端的 IP 地址是由网络管理员指定的，DHCP 服务器只是将指定的 IP 地址告诉客户端主机。

在这三种地址分配方式中，只有动态分配方式可以重复使用客户端不再需要的地址。DHCP 消息的格式是基于 BOOTP 消息格式的。这就要求设备具有 BOOTP 中继代理的功能，并能够与 BOOTP 客户端和 DHCP 服务器实现交互。由于 BOOTP 具有中继代理的功能，因此没有必要在每个物理网络都设置一个 DHCP 服务器。

3. DNS 协议

DNS(Domain Name System，域名系统)，是指因特网上作为域名和 IP 地址相互映射的一个分布式数据库。它能够使用户更方便的访问互联网，而不用去记住能够被机器直接读取的 IP 数字。DNS 协议运行在 UDP 协议之上，使用端口号 53。它的运行原理如图 1.29 所示。

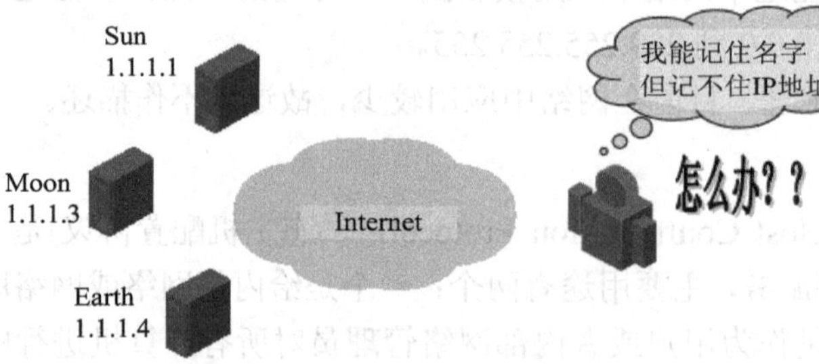

图 1.29　DNS 协议运行原理

每个 IP 地址都对应一个主机名。主机名由一个或多个字符串组成，字符串之间用小数点隔开。有了主机名，就不用去记每台设备的 IP 地址，只要记住相对直观有意义的主机名就行了。这就是 DNS 协议所要完成的功能。

主机名到 IP 地址的映射有两种方式：一种是静态映射，每台设备上都配置主机到 IP 地址的映射，各设备独立维护自己的映射表，且只供本设备使用；另一种是动态映射，建立一套域名解析系统(DNS)，只在专门的 DNS 服务器上配置主机到 IP 地址的映射，网络上需要使用主机名通信的设备，需要先到 DNS 服务器查询主机所对应的 IP 地址。

通过主机名，最终得到该主机名对应的 IP 地址的过程叫做域名解析(或主机名解析)。

在解析域名时，可以先采用静态域名解析的方法，如果静态域名解析不成功，再采用动态域名解析的方法。也可以将一些常用的域名放入静态域名解析表中，提高域名解析效率。

4. DDNS 协议

DDNS(Dynamic Domain Name Server，动态域名服务)，是将用户的动态 IP 地址映射到一个固定的域名解析服务上，用户每次连接到网络的时候，客户端程序会通过信息传递把该主机的动态 IP 地址传送给位于服务商主机上的服务器程序，服务器程序负责提供 DNS 服务并实现动态域名解析。如图 1.30 所示。

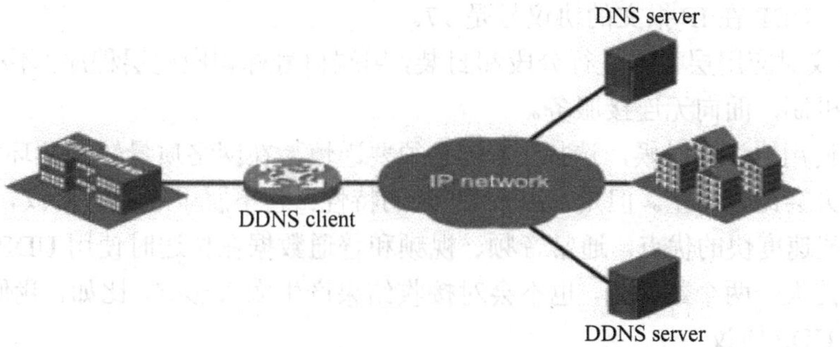

图 1.30　DDNS 协议

DDNS 捕获用户每次变化的 IP 地址，然后将其与域名相对应，这样其他上网用户就可以通过域名来进行交流。最终客户要记住的就是动态域名商给予的域名，而不用去管他们是如何实现的。动态域名服务的对象是指 IP 是动态的。普通的 DNS 都是基于静态 IP 的，有可能是一对多或多对多，IP 都是固定的一个或多个。但 DDNS 的 IP 是变动的、随机的。随着市场需求的变化，DDNS 需求功能也越来越多，越来越要求方便，市场上现在已经有了不要第三方 DDNS 支持的设备。

5. UPnP 协议

UPnP(Universal Plug and Play，通用即插即用)，是一组协议的统称，在监控系统中可以简单理解为 UPnP 就是自动端口映射。把私网设备地址和端口映射到公网，从而进行私网设备在公网中访问。如图 1.31 所示。

UPnP
开启　关闭
端口映射方式
手动
HTTP端口
55120
RTSP端口
51413
媒体流端口
57070
SDK端口
60000
协议名称　启用　外部端口　设备IP　路由器WAN IP　状态
HTTP　否　55120　172.1.4.60　127.0.0.1　未生效
RTSP　否　51413　172.1.4.60　127.0.0.1　未生效
MEDIA　否　57070　172.1.4.60　127.0.0.1　未生效
SDK　否　60000　172.1.4.60　127.0.0.1　未生效

图 1.31　UpnP 协议

如果用户在公司用上 UPnP，并在家里安装摄像头，建立好与网络的连接。那么在办公室内，启用桌面电脑的 WEBTV，连通网络后，就可以即时看到家里的一举一动。现在已经有了不要第三方DDNS支持的设备，如动态域名解析服务器设备，内置DDNS不要第三方支持，只要在里面做一下端口映射，就可以直接访问内网的DVR、视频服务器或采集卡了。类似的应用有网络摄像机、硬盘录像机(DVR)、网络硬盘录像机(NVR)等。

6. UDP 协议

UDP(User Datagram Protocol，用户数据报协议)，是 OSI(Open System Interconnection，开放式系统互联) 参考模型中一种无连接的传输层协议，提供面向事物的简单不可靠信息来传送服务。UDP 在 IP 报文的协议号是 17。

UDP 协议对应用层数据进行分段和封装，用端口号标识应用层程序，不确保可靠传输，无流量控制机制，面向无连接服务。

在选择使用协议的时候，选择 UDP 必须要谨慎。在网络质量较差的环境下，UDP 协议数据包丢失会比较严重。但是，由于 UDP 的特性：它不属于连接型协议，因此具有资源消耗小，处理速度快的优点。通常音频、视频和普通数据在传送时使用 UDP 较多，因为它们即使偶尔丢失一两个数据包，也不会对接收结果产生太大影响。比如，我们聊天用的 QQ 就是使用的 UDP 协议。

7. TCP 协议

TCP(Transmission Control Protocol，传输控制协议)，是一种面向连接的、可靠的、基于字节流的传输层通信协议。

TCP 为了保证报文传输的可靠，就给每个包一个序号。序号保证了传送到接收端实体的包按序接收。然后，接收端实体对已成功收到的字节会发回一个相应的确认(ACK)。如果发送端实体在合理的往返时延(RTT)内未收到确认，那么对应的数据(假设丢失了)将会被重新传送。

在数据正确性与合法性上，TCP 用一个校验和函数来检验数据是否有错误，在发送和接收时都要计算校验和；同时可以使用 md5 认证对数据进行加密。

在保证可靠性上，采用超时重新传送和捎带确认机制。

在流量控制上，采用滑动窗口协议，协议中规定，对于窗口内未经确认的分组需要重新传送。

在 TCP/IP 协议中，TCP 协议提供可靠的连接服务，采用三次握手建立一个连接。建立过程如图 1.32 所示。

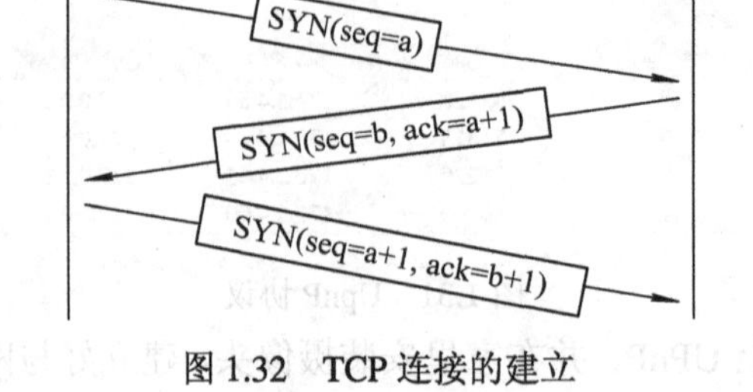

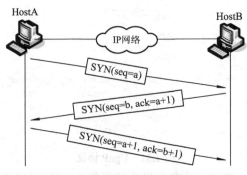

图 1.32 TCP 连接的建立

第一次握手：建立连接时，HostA 发送 SYN 包(seq = a)到服务器，并进入 SYN_SEND 状态，等待服务器确认；

第二次握手：HostB 收到 SYN 包，必须确认客户的 SYN(ack = a + 1)，同时自己也发送一个 SYN 包(seq = b)，即 SYN + ACK 包，此时服务器进入 SYN_RECV 状态；

第三次握手：HostA 收到 HostB 的 SYN + ACK 包，向 HostB 发送确认包 ACK(ack = b + 1)，此包发送完毕，客户端和服务器进入 ESTABLISHED 状态，完成三次握手。

TCP 连接建立完毕后，通信双方就可以传输数据了，如图 1.33 所示。

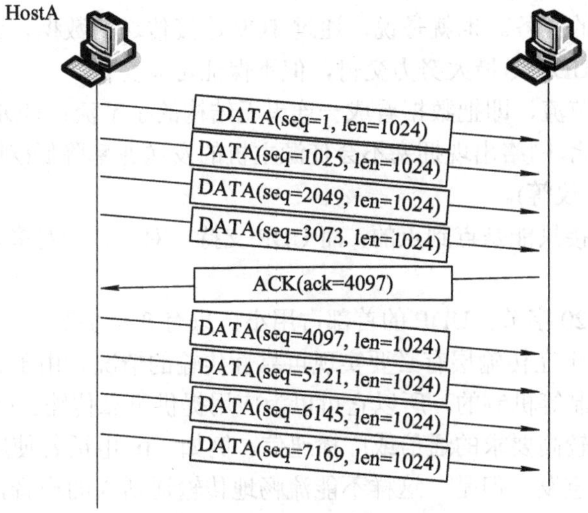

图 1.33　TCP 数据流的传输

TCP 连接在拆除时是双向的，即 HostA 到 HostB 之间断开连接，HostB 与 HostA 之间也要断开连接，如图 1.34 所示。

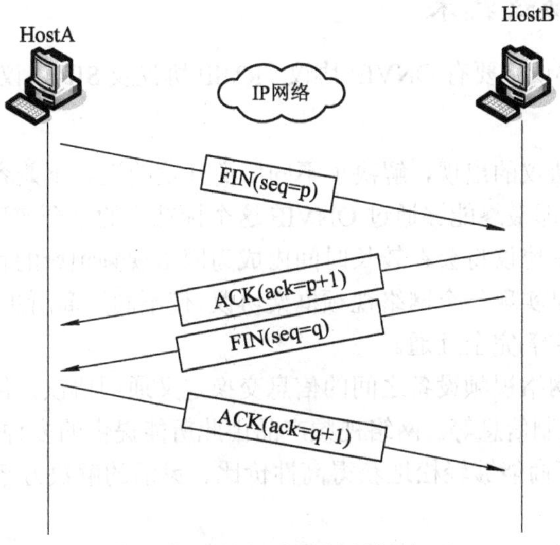

图 1.34　TCP 连接的拆除

第一步：HostA 发送 FIN 包拆除连接，携带的 seq = p。

第二步：HostB 收到 FIN 包后，向 HostA 回复 ACK，ack = p + 1，此时 HostA 到 HostB 的连接被拆除。

第三步：HostB 发送 FIN 包拆除连接，携带的 seq = q。

第四步：HostA 收到 FIN 包后，向 HostB 回复 ACK，ack = q + 1，此时 HostB 到 HostA 的连接被拆除。

TCP 与 UDP 的区别有以下几点：

(1) TCP 面向连接(如打电话要先拨号建立连接)；UDP 是无连接的，即发送数据之前不需要建立连接。

(2) TCP 提供可靠的服务。也就是说，通过 TCP 连接传送的数据，无差错，不丢失，不重复，且按序到达；UDP 尽最大努力交付，但不保证可靠交付。

(3) TCP 是面向字节流，即把数据看成一连串无结构的字节流；UDP 是面向报文的，UDP 没有拥塞控制。因此，网络出现拥塞不会使源主机的发送速率降低(对实时应用很有用，如 IP 电话、实时视频会议等)。

(4) 每一条 TCP 连接只能是点到点的；而 UDP 支持一对一，一对多，多对一和多对多的交互通信。

(5) TCP 首部占用 20 字节；UDP 的首部占用小，只有 8 个字节。

在应用上，TCP 用于在传输层有必要实现可靠性传输的情况。由于它是面向有连接并具备顺序控制、重发控制等机制的，所以它可以为应用提供可靠传输。UDP 主要用于那些对高速传输和实时性有较高要求的通信或广播通信。例如，IP 电话若使用 TCP，数据在传送途中如果丢失就会被重发，但是，这样不能流畅地传输通话人的声音，会导致无法进行正常交流。而采用 UDP，它不会进行重发处理，从而也就不会有声音大幅度延迟到达的问题，即使有部分数据丢失，也只是影响某一小部分的通话。此外，在多播与广播通信中也使用 UDP 而不是 TCP。

1.3.5　视频监控协议技术

视频监控所用的协议主要有 ONVIF 协议、RTSP 协议及 SIP 协议，下面分别加以介绍。

1. ONVIF 协议

ONVIF 网络视频协议的出现，解决了不同厂商开发的设备不兼容的难题，提供了统一的网络视频开发标准，即最终能够通过 ONVIF 这个标准化的平台实现不同产品的集成。在安防监控行业，ONVIF 协议将会在较长时间内成为网络视频领域的首选。

ONVIF 规范目标是实现一个网络视频框架协议，使不同厂商所生产的网络视频产品(包括摄录前端、录像设备等)完全互通。

ONVIF 标准将为网络视频设备之间的信息交换定义通用协议，包括装置搜寻、实时视频、音频、元数据和控制信息等。网络视频产品由此所能提供的多种可能性，使终端用户、集成商、顾问和生产厂商能够轻松地获得高性价比、灵活的解决方案、市场扩张的机会和降低风险。

ONVIF 规范的功能很多，基本都有实时音视频、设备发现管理、云台控制、录像控制、视频内容分析等。

ONVIF 的协议组件，可以简单理解为视频监控系统中涉及的设备，我们通常说的监控系统中的前端到后端在 ONVIF 中都有自己的定义，如图 1.35 所示。

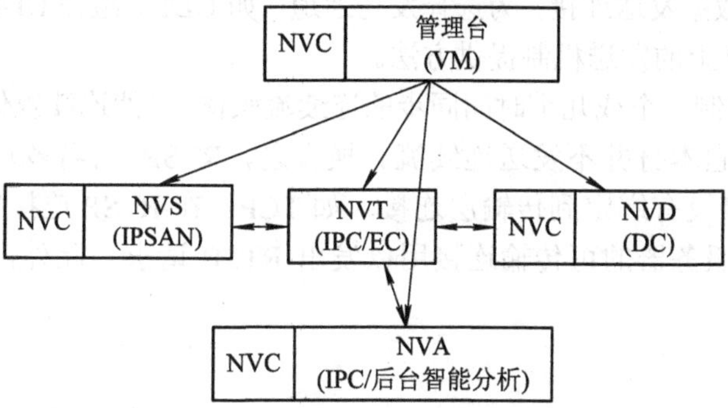

图 1.35　ONVIF 协议组件

NVT：网络视频终端，涉及的产品主要是 IPC(网络摄像机)。

NVD：网络视频解码端，涉及的产品主要是解码器和显示器。

NVS：网络视频存储，涉及的产品主要是存储设备。

NVA：网络视频分析，涉及的产品主要是智能分析服务器。

NVC：网络视频客户端，涉及的产品主要是一些管理软件。

ONVIF 协议的作用主要有协同性、灵活性和质量保证。下面分别加以介绍。

协同性：是指不同厂商所提供的产品，均可以通过统一的“语言”来进行交流。方便了系统的集成。

灵活性：是指终端用户和集成用户不被某些设备的固有解决方案所束缚。降低了开发成本。

质量保证：是指不断扩展的规范将以市场为导向，遵循规范的同时也满足主流用户的需求。

2. RTSP 协议

RTSP(实时流协议)用于 C/S 模型，是一个基于文本的协议，用于在客户端和服务器端建立和协商实时流会话。如图 1.36 所示。

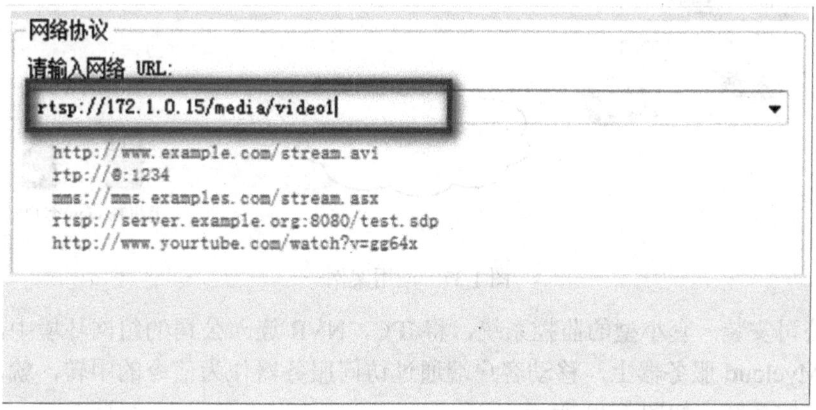

图 1.36　RTSP

RTSP 是应用级协议，控制实时数据的发送。它提供了一个可扩展框架，使实时数据，如音频与视频的受控点播成为可能。数据源包括现场数据与存储在剪辑中数据。该协议的目的在于控制多个数据发送连接，为选择发送通道，如 UDP、组播 UDP 与 TCP 提供途径，并为选择基于 RTSP 上的发送机制提供方法。

RTSP 建立并控制一个或几个时间同步的连续流媒体。虽然连续媒体流与控制流交换是可能的，但是通常它本身并不发送连续流。换言之，RTSP 充当多媒体服务器的网络远程控制。RTSP 连接没有绑定到传输层连接，如 TCP。在 RTSP 连接期间，RTSP 用户可打开或关闭多个对服务器的可传输连接用以发出 RTSP 请求。此外，可使用无连接传输协议，如 UDP。

3. SIP 协议

SIP(Session Initiation Protocol，会话初始协议)的开发目的是用来帮助提供跨越因特网的高级电话业务。因特网电话(IP 电话)正在向一种正式的商业电话模式演进，SIP 就是用来确保这种演进实现而需要的 NGN(下一代网络)系列协议中重要的一员。

SIP 被描述为用来生成、修改和终结一个或多个参与者之间的会话，这些会话包括因特网多媒体会议、因特网(或任何 IP 网络)电话呼叫和多媒体发布。会话中的成员能够通过多播或单播联系的网络来通信。SIP 支持会话描述，允许参与者在一组兼容媒体类型上达成一致，同时通过代理和重定向请求到用户当前位置来支持用户移动性。SIP 不与任何特定的会议控制协议捆绑。

1.4　小型监控系统发展趋势

小型监控系统为人们带来了极大的便利。例如，平时忙于工作，疏忽了对小孩和老人的照顾，我们可以在外面通过移动终端及时地了解家里的状况。也能通过这套系统随时了解门店的生意以及员工的工作状况，方便管理。如图 1.37 所示。

图 1.37　应用案例一

如果公司安装一套小型的监控系统，将 IPC，NVR 连入公司的组网环境中，通过路由器注册到 Mycloud 服务器上，移动客户端通过访问服务器作为信令的中转，就可以查看并控制这套监控系统。如图 1.38 所示。

图 1.38　应用案例二

相对于移动终端而言，安装了 EZStation 的小型监控系统是通过计算机上安装软件作为视频管理服务器，功能更加丰富。EZStation 特别适合应用在超市、车库、社区等视频路数较少的场合，能够实现实时浏览、录像回放、监控点管理、录像存储管理、告警、轮巡、电视墙、电子地图等丰富的视频监控业务功能，同时集成 NVR、DVR、服务器本地存储等多种存储功能。小型视频监控系统的发展趋势如图 1.39 所示。

部署场景丰富

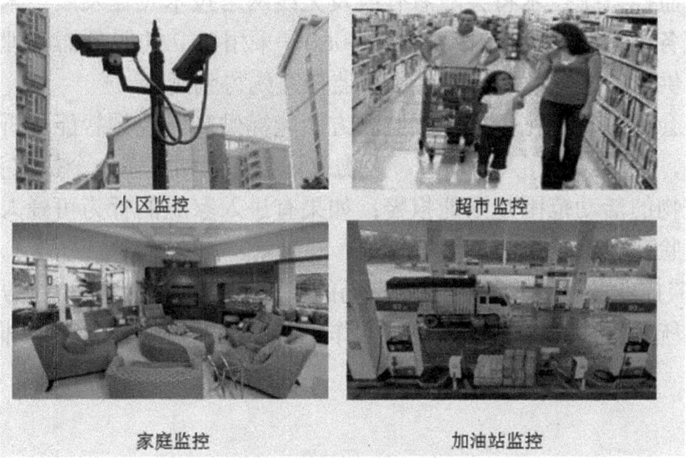

(a) 监控区域举例

经济型设置丰富

(b) 宇视提供前-后端全系列产品

随着无线技术的发展，逐渐掌上化

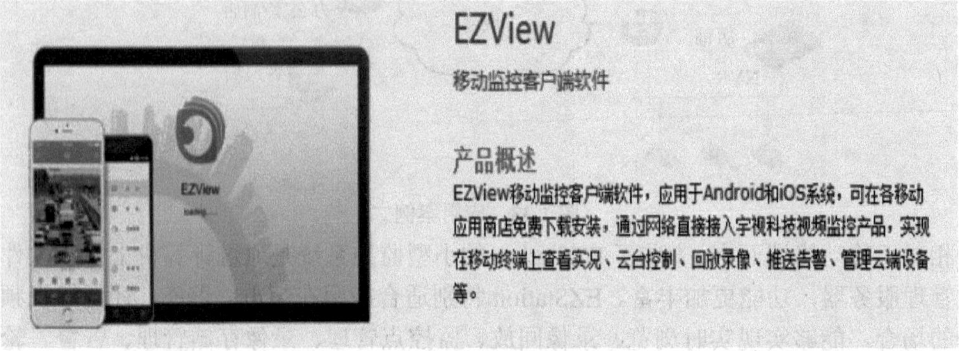

(c) EZView 软件

图 1.39　小型监控系统发展趋势

小型监控系统的监控市场虽然刚刚起步，却具有极为广阔的市场前景。业内人士指出：未来的小型视频监控系统技术将会随着有线及无线网络技术飞速发展；未来高端家居系统还会包括信息服务中心(物业或者接警服务中心)，采用独立的服务器管理家庭监控系统，服务中心配合提供对应的应急服务，使小型监控系统得到延伸。

高端系统还会更加智能化，如视频监测方面能提供高级视频智能分析功能，包括智能分析区域和边界、人像识别、人物追踪、人物统计等。例如，在一个摄像头的观察范围内，老人、小孩、宠物的活动范围超限能报警；如果有进入家庭的行为可疑人可以报警；家居区域出现陌生人脸孔会触发报警。

未来，视频监控业务在小型监控系统市场的发展潜力将可能与行业用户市场平分秋色。小型监控系统系统最大的作用是提高盗贼的作案难度，及时通知主人或邻居，并具备一定的震慑力。

本章小结

本章主要介绍了安防系统的基本概念，视频监控系统基本知识以及常用术语，视频监控系统主要技术以及小型监控系统的发展趋势。通过本章内容的学习，读者能够对小型监控系统的整体框架有一个清晰的了解，为后续章节的学习打下扎实的基础。

第 2 章　摄像机原理及实训

学习目标

· 了解摄像机的基础知识；
· 了解宇视摄像机产品、外设族谱；
· 掌握摄像机的使用和维护。

作为视频监控的最前端，监控摄像机的发展浓缩了整个视频监控行业的发展历程——从模拟到数字，从标清到高清。在整体的大安防监控解决方案中，也扮演着越来越重要的角色。例如，在关键敏感的场所提供实时优质的视频采集，可以及时发现或者阻止潜在的危险、违法及犯罪事件，保存的录像数据也可作为企事业安保、公安、司法事后取证的重要依据。

本章先对摄像机的基本原理、基本知识和摄像机相关外设配件进行了介绍，然后详细介绍了宇视科技的全系列摄像机及外设产品，最后介绍了宇视科技摄像机业务功能、基本维护方法和使用中的注意事项，可使读者全面掌握宇视科技的摄像机产品及相关知识。

2.1　摄像机基础知识

2.1.1　摄像机的分类

目前摄像机种类很多，常见的分类方法有：按分辨率划分、按形状划分和按成像类型划分。

按分辨率划分，摄像机可分为标清(CIF、D1)摄像机和高清(720P、960P、1080P、4K等)摄像机。模拟摄像机的清晰度一般用TVL(电视线)来表示。

按形状划分，摄像机可分为筒型摄像机、半球型摄像机、枪型摄像机和球型摄像机等。随着时间的推移，相信将会出现更多新形态的摄像机。

按成像类型划分，摄像机可分为模拟摄像机、数字摄像机、网络摄像机。下面对这三种摄像机加以简单的介绍。

1．模拟摄像机

模拟摄像机输出的是模拟视频信号，可以通过编码器将视频采集设备产生的模拟信号转换成数字信号，并将其储存在储存设备中，再通过常用的BNC接口输出模拟视频信号。在视频监控系统中，模拟摄像机属于前端视频采集设备。

2．数字摄像机

数字摄像机输出的是数字信号，输出接口一般是SDI、DVI、HDMI等高清接口。视频信号一般不经过压缩，所以清新度很高，需要的宽带较大。

3．网络摄像机

网络摄像机(IP Camera，IPC)由网络编码模块和模拟摄像机组合而成。网络编码模块将模拟摄像机采集到的模拟视频信号编码压缩成数字信号，从而可以直接接入网络中的交换及路由设备。网络摄像机内置一个嵌入式芯片，采用嵌入式实时操作系统。

网络摄像机是传统摄像机与网络视频技术相结合的新一代产品。摄像机传送来的视频信号数字化后由高效压缩芯片压缩，通过网络总线传送到Web服务器。网络用户可以直接用浏览器观看Web服务器上的摄像机拍摄的图像，授权用户还可以控制摄像机云台镜头的动作或对系统配置进行操作。网络摄像机能更简单地实现监控特别是远程监控，更简便地施工和维护，更好地支持音频和报警联动，更灵活地录像存储，并具有更丰富的产品选择，更高清的视频效果和更完美的监控管理功能。

2.1.2　摄像机结构及工作原理

摄像机的结构通常可分为光学系统、光电转换系统和电路系统三部分，如图2.1所示。下面分别加以介绍。

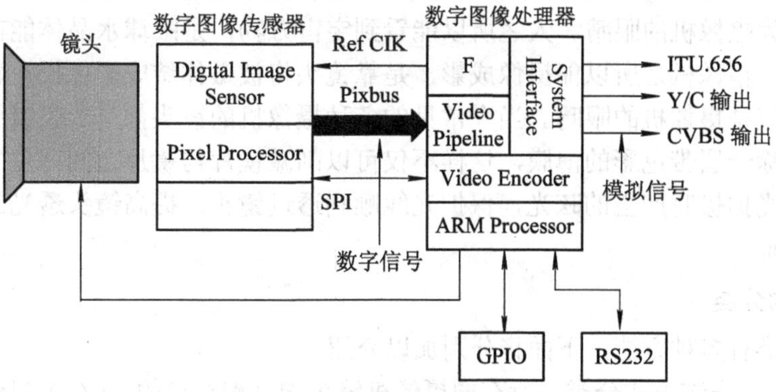

图 2.1　摄像机的结构

1. 光学系统

光学系统主要指摄像机的镜头，由一组光学镜片组成。

镜头是由透镜系统组合而成。透镜系统中包含许多片凹凸不同的透镜，其中凸透镜的中央比边缘厚，因而经透镜边缘部分的光线比中央部分的光线会发生更多的折射。当我们拍摄一个物体时，此物体上反射的光被摄像机镜头收集，使其聚焦在反光芯片的靶面上，再通过芯片把光转变成电能，即得到携带电荷的“视频信号”。这些电信号经过电路系统进一步放大，形成符合特定技术要求的图像信号，并从摄像机中输出我们需要的图像。

2. 光电转换系统

光电转换系统指 CCD(Charge Coupled Device，电荷耦合器件)芯片或 CMOS (Complementary Metal Oxide Semiconductor，互补金属氧化物)芯片，监控系统中采用的摄像机传感器 CCD 和 CMOS 均存在。

光电转换系统工作原理是：被摄物体反射光线，传到镜头，经镜头镜片组的折射后，聚焦到感光元件芯片上，芯片利用感光元件中的控制信号线路，对光电二极管产生的电流进行控制，由电流传输电路输出，感光元件会将以此成像产生的电信号收集起来，统一输出。经过放大和过滤后的电信号被送到 A/D(模/数转换器)，由 A/D 将此时的模拟信号转换成为数字信号，数值大小和电信号的强度即电压的高低成正比，最后就形成真正意义上的数字图像。

3. 电路系统

电路系统主要指视频处理电路。它接受光电转换系统的数字信号，然后对这些信号做进一步处理，并最终输出我们需要的图像信息，包括光圈控制、聚焦控制、焦距控制、Sensor 参数调节、增益控制、白平衡、色彩校正、焦距、曝光、整形处理、降噪、数据统计等功能。

总的来说，光学系统相当于摄像机的眼睛，光电转换系统相当于摄像机的核心，感光芯片便是摄像机的“心脏”，电路系统则保证了摄像机输出图像的效果。下面将会详细分析光学系统和光电转换系统这两部分。

2.1.3　摄像机镜头要素

从摄像机的结构来看，镜头是摄像机的关键部位，它的质量(指标)优劣直接影响摄像机的整机指标。因此，摄像机的镜头的选择是否恰当关系到最终的图像质量。

镜头被喻为摄像机的眼睛。人之所以能看到宇宙万物，是眼球水晶体能在视网膜上结成影像的缘故。摄像机之所以能摄像成影，是靠镜头将被摄体结成影像投在感光芯片上。因此说，镜头就是摄像机的眼睛。当今常见的各种摄像机的镜头都是加膜镜头，加膜就是在镜头表面上涂一层带色彩的薄膜，这样不仅可以削减镜片与镜片之间产生的色散现象，而且能减少逆光拍摄时产生的眩光，保护光线顺利透过镜头，提高镜头透光的能力，使所摄的画面更清晰。

1．镜头的分类

镜头的分类有多种方法，下面将分别加以介绍。

(1) 以镜头的安装方式分类。所有的摄像机镜头均是螺纹口的，CCD 摄像机的镜头安装有两种工业标准，即 C 安装座和 CS 安装座。两者螺纹部分相同，但两者从镜头到感光表面的距离不同。C 安装座：从镜头安装基准面到焦点的距离是 17.526 mm。CS 安装座：特种 C 安装，此时应将摄像机前部的垫圈取下再安装镜头，其镜头安装基准面到焦点的距离为 12.5 mm。如果要将一个 C 安装座镜头安装到一个 CS 安装座摄像机上时，则需要使用镜头转换器。

(2) 以摄像机镜头的规格分类。摄像机镜头规格应视摄像机的 CCD 尺寸而定，两者应相对应。即摄像机的 CCD 靶面大小为 1/2 英寸时，镜头应选 1/2 英寸；摄像机的 CCD 靶面大小为 1/3 英寸时，镜头应选 1/3 英寸；摄像机的 CCD 靶面大小为 1/4 英寸时，镜头应选 1/4 英寸。如果镜头尺寸与摄像机 CCD 靶面尺寸不一致时，观察角度将会不符合设计要求，或者会发生画面在焦点以外等问题。

(3) 以镜头视场角大小分类，主要分为标准镜头、广角镜头、变倍镜头和可变焦点镜头。标准镜头：视角 30°左右，在 1/2 英寸 CCD 摄像机中，标准镜头焦距定为 12 mm，在 1/3 英寸 CCD 摄像机中，标准镜头焦距定为 8 mm。广角镜头：视角 90°以上，焦距可小于几毫米，可提供较宽广的视野。远摄镜头：视角 20°以内，焦距可达几米甚至几十米，此镜头可在远距离情况下将拍摄的物体影像放大，但使观察范围变小。变倍镜头(zoom lens)：也称为伸缩镜头，有手动变倍镜头和电动变倍镜头两类。可变焦点镜头(vari-focus lens)：它介于标准镜头与广角镜头之间，焦距连续可变，即可将远距离物体放大，同时又可提供一个宽广视景，使监视范围增加。变焦镜头可通过设置自动聚焦于最小焦距和最大焦距两个位置，但是从最小焦距到最大焦距之间的聚焦，则需通过手动聚焦实现。针孔镜头：镜头直径几毫米，可隐蔽安装。

(4) 以镜头焦距分类，主要分为短焦距镜头、中焦距镜头、长焦距镜头和变焦距镜头。短焦距镜头：因入射角较宽，可提供一个较宽广的视野。中焦距镜头：标准镜头，焦距的长度视 CCD 的尺寸而定。长焦距镜头：因入射角较狭窄，故仅能提供狭窄视景，适用于长距离监视。变焦距镜头：通常为电动式，可做广角、标准或远望等镜头使用。

(5) 以应用环境光线分类，主要分为固定光圈定焦镜头、手动光圈定焦镜头和自动光圈定焦镜头，如图 2.2 所示。

① 固定光圈定焦镜头：镜头结构简单，镜头只有一个可以手动调整的对焦调整环，左右旋转该环可使成像在 CCD 靶面上的图像最清晰。因为没有光圈调整环，光圈不能调整，

进入镜头的光通量不能通过改变镜头因素而改变，所以只能通过改变视场的光照度来调整。

② 手动光圈定焦镜头：比固定光圈定焦镜头增加了光圈调整环，光圈范围一般从 F1.2 或 F1.4 到全关闭，能方便地适应被摄现场地光照度，光圈调整是通过手动人为进行的。光照度比较均匀，价格较便宜。

③ 自动光圈定焦镜头：在手动光圈定焦镜头的光圈调整环上增加一个齿轮和传动的微型电机，并从驱动电路引出 3 或 4 芯屏蔽线，接到摄像机自动光圈接口座上。当进入镜头的光通量变化时，摄像机 CCD 靶面产生的电荷发生相应的变化，从而使视频信号电平发生变化，产生一个控制信号，传给自动光圈镜头，使镜头内的电机做相应的正向或反向转动，完成调整大小的任务。

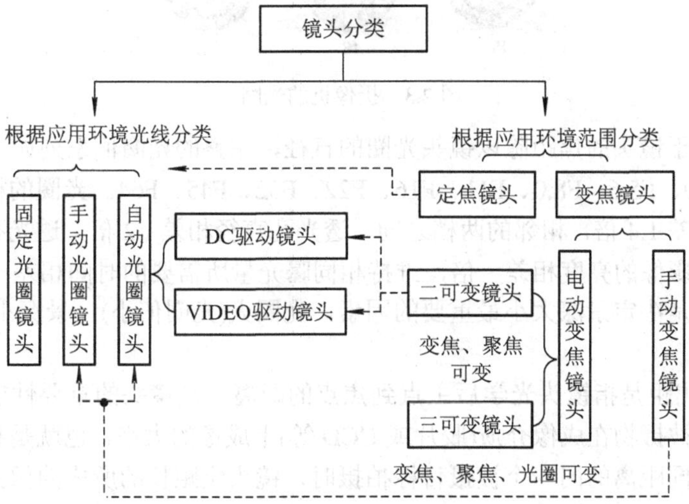

图 2.2　镜头的分类

(6) 以应用环境范围分类，可分为手动光圈定焦镜头和自动光圈变焦镜头。

① 手动光圈定焦镜头：焦距是可变的，有一个焦距调节环，可以在一定范围内调整镜头的焦距，其可变比一般为 2～3 倍，焦距一般为 3.6～8 mm。实际应用中，可通过手动调节镜头的变焦环，方便地选择被监视场所的视角，但是当摄像机安装位置固定以后，再频繁地手动调整变焦是很不方便的。因此，安装后，手动变焦镜头的焦距一般很少调整，仅起定焦镜头的作用。

② 自动光圈电动变焦镜头：与自动光圈定焦镜头相比增加了两个微型电机，其中一个电机与镜头的变焦环结合，当其转动时可以控制镜头的焦距；另一电机与镜头的对焦环结合，当其受控转动时可完成镜头的对焦。但是，由于增加了两个电机且镜片组数增多，镜头的体积也相应增大。可变镜头与自动光圈电动变焦镜头相比，只是将对光圈调整电机的控制由自动控制改为由控制器来手动控制。

2．镜头的选择

选择镜头的技术依据可以参考如下要素：光圈、焦距、视场角、景深、镜头的安装方式等。下面将分别加以介绍。

(1) 光圈。光圈是镜头内部的一个控制光线进入量的组件，光圈开启的大小是通过一个可调整的控制器实现的，通常光圈是由多个相互重叠的弧形薄金属叶片组成，叶片的离合能够改变中心圆形孔径的大小，它类似人类瞳孔的结构，可以很轻松的关闭和打开。光圈值用 F 值表示(有时也用 f 表示)，光圈的数值越小，在快门不变的情况下，光圈越大，进光量越大，画面比较亮；光圈越小画面越暗，如图 2.3 所示。

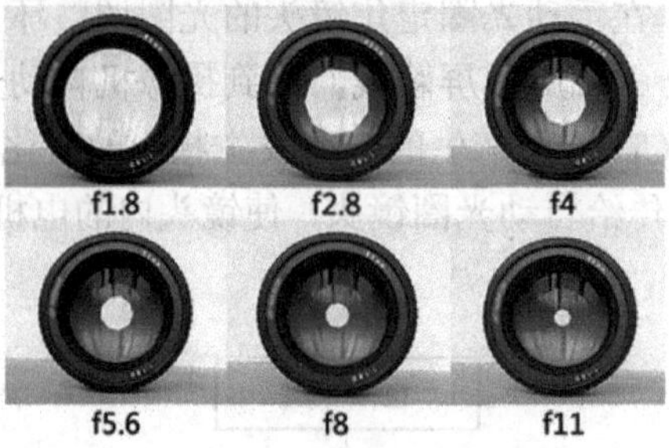

图 2.3　摄像机的光圈

光圈 F 值等于镜头的焦距除以镜头光圈的直径，完整的光圈值系列如下：F1.0、F1.4、F2.0、F2.8、F4.0、F5.6、F8.0、F11、F16、F22、F32、F45、F64。光圈的档位设计是相邻的两档的数值相差 1.4 倍，相邻的两档之间，透光孔直径相差 $\sqrt{2}$ 倍，透光孔的面积相差一倍，底片上形成影像的亮度相差一倍，维持相同曝光量所需要的时间相差一倍。

同时，光圈是决定景深大小最重要的因素，光圈大(光圈值小)，景深小；光圈小(光圈值大)，景深大。

(2) 焦距。焦距是指镜头光学后主点到焦点的距离，是镜头的重要性能指标。镜头焦距的长短决定了被摄物在成像介质(胶片或 CCD 等)上成像的大小，也就是相当于物和像的比例尺。当对相同距离的同一个被摄目标拍摄时，镜头焦距长的所成的像大，镜头焦距短的所成的像小。根据用途的不同，照相机镜头的焦距相差也非常大，有短到几毫米、十几毫米的，也有长达几米的。

一般来说，焦距就是透镜中心到焦点的距离，如图 2.4 所示。但这仅仅是单片薄透镜的情况，由于摄像机的镜头都是由许多片透镜组合而成的，焦距一般是镜头镜片中心到 CCD/COMS 等成像平面的距离，相机的镜头，是一组凸透镜，当光线穿过透镜时，会聚到一点上，这个点叫做焦点，焦点到透镜中心(即光心)的距离，就称为焦距。

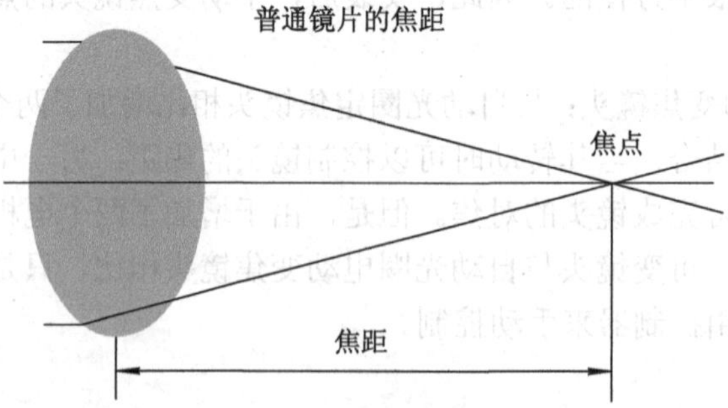

图 2.4　摄像机的焦距

变焦是拍摄时对于焦点和焦距的相应调整。对焦(聚焦)是调整焦点，使被拍摄物位于焦距内，成像清晰。失焦(虚焦)是被拍摄物偏离出焦距以外，成像模糊。

焦距固定的镜头就是定焦镜头，焦距可以调节变化的镜头就是变焦镜头。较常见的焦距分类有：8 mm、15 mm、24 mm、28 mm、35 mm、50 mm、85 mm、105 mm、135 mm、200 mm、400 mm、600 mm、1200 mm 等。

(3) 视场角。标准镜头的视角约 50°左右，这是人单眼在头和眼不转动的情况下，所能看到的视角，从标准镜头中观察的感觉，与平时所见的景物基本相同。一般情况下，视场角与焦距的关系是视场角越大，焦距越短，如图 2.5 所示。

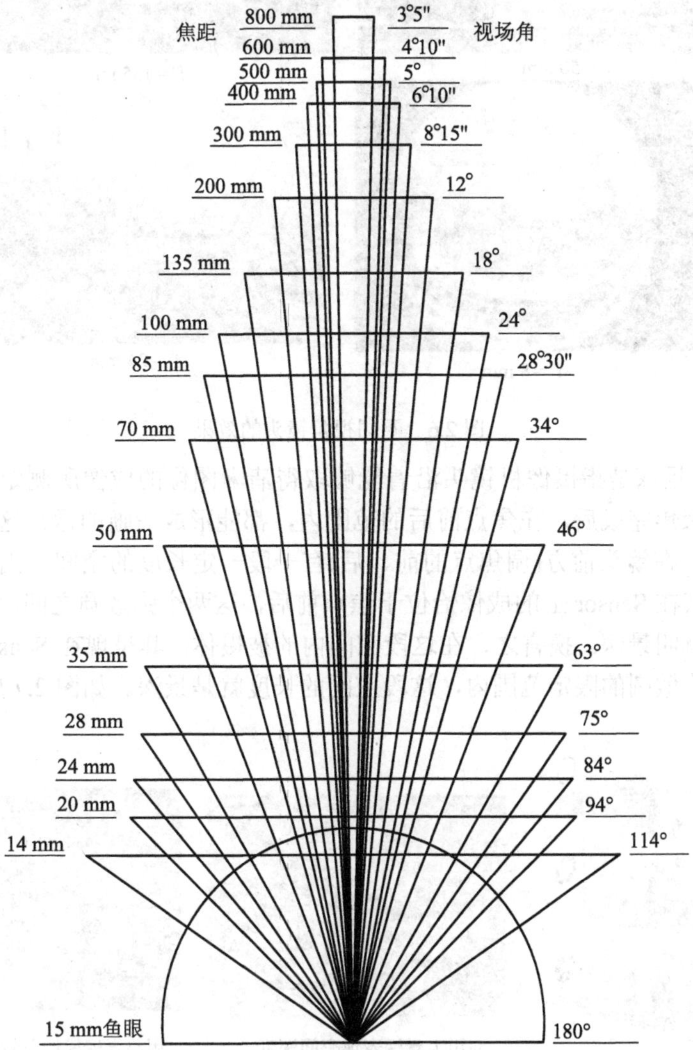

图 2.5　视场角与焦距的关系

• 长焦镜头：俗称“望远镜”，视角一般在 20°以内，长焦距镜头适于拍摄远距离景物，在一些远距离拍摄场景下，应用较广。

• 广角镜头：顾名思义就是其摄影视角比较广，适应于拍摄距离近且范围大的景物，视角一般在 90°以上，但近处图像有变形。

• 鱼眼镜头：是超广角镜头，也称作全景镜头。比广角镜头的视角范围更宽广，极限的可以接近 180°，但是需要降低图像真实度。不同视角镜头的成像效果如图 2.6 所示。

图 2.6　不同视角镜头的效果

(4) 景深。景深是指摄像机镜头沿着能够取得清晰图像的成像所测定的被摄物体前后的距离范围。聚焦完成后，在焦点前后的范围内，都能形成清晰的像，这一前一后的距离范围叫做景深。在镜头前方(调焦点的前、后)有一段一定长度的空间，当被摄物体位于这段空间内时，其在 Sensor 上的成像恰位于焦点前后，这两个弥散圆之间。被摄体所在的这段空间的长度就叫景深。换言之，在这段空间内的被摄体，其呈现在 Sensor 面的影响模糊度，都在容许弥散圆的限定范围内，这段空间的长度就是景深。如图 2.7 所示。

用大景深表现空间深度　　用小景深模糊背景，突出主体

图 2.7　景深(光圈与焦距)

光圈、镜头及拍摄物的距离是影响其景深的重要因素：

- 光圈越大(光圈值 F 越小)，景深越浅；光圈越小(光圈值 F 越大)，景深越深。
- 镜头焦距越长景深越浅，反之景深越深。
- 主体越近景深越浅，主体越远景深越深。

(5) 镜头的安装。镜头的安装方式有 C 型安装和 CS 型安装两种。在监控系统中，常用的镜头是 C 型安装镜头，这是一种国际公认的标准。这种镜头安装部位的口径是 25.4 mm，从镜头安装基准面到焦点的距离是 17.526 mm。大多数摄像机的镜头接口则做成 CS 型，因此将 C 型镜头安装到 CS 的摄像机时，需增配一个 5 mm 厚的 CS/C 接口适配器(简称 CS/C 转接环)，而将 CS 镜头安装到 CS 接口的摄像机时，就不需要接转接环，如图 2.8 所示。

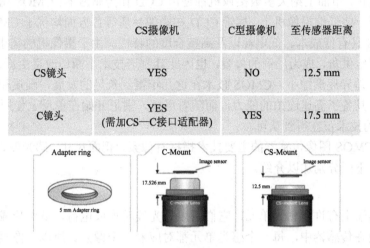

	CS摄像机	C型摄像机	至传感器距离
CS镜头	YES	NO	12.5 mm
C镜头	YES (需加CS—C接口适配器)	YES	17.5 mm

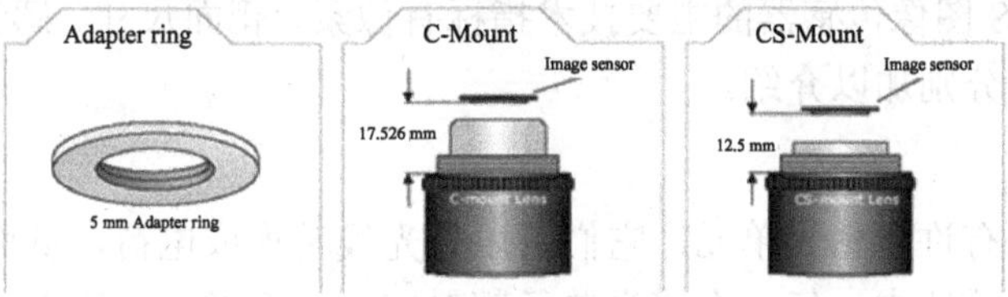

图 2.8　镜头的安装方式

在实际应用中，如果误对 CS 型镜头加装转接环后安装到 CS 接口摄像机上，会因为镜头的成像面，不能落到摄像机的传感器靶面上，而不能得到清晰的图像。而如果对 C 型镜头不加转接环就直接接到 CS 接口摄像机上，则可能使镜头的厚镜面碰到传感器的靶面，造成摄像机的损坏，这一点在使用中需特别注意。

2.1.4　光电转换系统

摄像机光电转换系统的关键作用是把光学图像信号转变为电信号，以便存储或者传输。当我们拍摄一个物体时，此物体上反射的光被摄像机镜头收集，使其聚焦在摄像器件的受光面(例如摄像管的靶面)上，再通过摄像器件把光转变为电能，即得到了“视频信号”，这时候光电信号很微弱，需通过预放电路进行放大，再经过各种电路进行处理和调整，最后得到标准信号就可以送到监视器上显示出来或存储在存储介质上。

摄像机的光电转换系统中最核心的设备是图像传感器，它是整个摄像机的重要组成部分。根据元件的不同，可分为 CCD 和 CMOS 两大类。

CCD 是一种可以记录光线变化的半导体组件，由许多感光单位组成，通常以百万像素为单位。当 CCD 表面受到光线照射时，每个感光单位会将电荷反映在组件上，所有的感光单位所产生的信号加在一起，就构成了一幅完整的画面。CMOS 和 CCD 一样都是在摄像机中可记录光线变化的半导体，CMOS 的制造技术和一般计算机芯片没什么差别，主要是利用硅和锗两种元素所做成的半导体，使其在 CMOS 上共存着带 N(带−电)和 P(带+电)级的半导体，这两个互补效应所产生的电流即可被处理芯片记录和解读成影像。

CCD 与 CMOS 孰优孰劣不能一概而论。通常使用 CCD 芯片的成像质量要好一些，因为 CCD 是集成在半导体单晶材料上，而 CMOS 是集成在被称作金属氧化物的半导体材料上。但是 CMOS 结构相对简单，与现有的大规模集成电路生产工艺相同，从而生产成本可以降低。从原理上讲，CMOS 的信号是以点为单位的电荷信号，而 CCD 是以行为单位的电流信号，前者更为敏感，速度也更快，更为省电。现在高级的 CMOS 并不比一般 CCD 差，但是 CMOS 工艺还不是十分成熟，普通的 CMOS 一般分辨率低而且成像较差。

到目前为止，市面上绝大多数摄像机都使用 CCD 作为感应器；CMOS 感应器则作为低端产品应用于一些低端摄像机上。尽管 CCD 在影像品质等各方面均优于 CMOS，但不可否认的是 CMOS 具有低成本、低电耗以及高整合度的特性。由于摄像机的需求强烈，CMOS 的低成本和稳定供货，成为厂商的最爱，也因此其制造技术不断地改良更新，使得 CCD 与 CMOS 两者的差异逐渐缩小。CMOS 技术在这几年得到长足的发展，画质和控噪得到大幅提升，同时也具备了高速连拍的能力，而随着尼康、索尼开始在单反上使用 CMOS，也说明了 CMOS 的技术正在得到认可。

CCD 和 CMOS 图像传感器的主要技术指标有像素、靶面尺寸、感光度、电子快门、帧率和信噪比。下面分别加以介绍。

1．像素

图像传感器上有许多感光单元，它们可以将光线转换成电荷，从而形成对应于景物的电子图像。而在传感器中，每一个感光单元都对应着一个像素。所以，像素越多代表着它能够感测到更多的物体细节，从而图像就越清晰。

2．帧率

帧率代表单位时间所记录或者播放的图片的数量。连续播放一系列图片就会产生动画效果，更符合人类的视觉系统。当图片的播放速度大于每秒 15 幅时，人眼就基本看不出来图片的跳跃；在达到每秒 24 幅～30 幅之间时就已经觉察不到闪烁现象了。每秒的帧数或者说帧率表示图形传感器在处理场时每秒钟能够更新的次数。更高的帧率可以得到更流畅、更逼真的视觉体验。

3．靶面尺寸

靶面尺寸也就是图像传感器感光部分的大小。一般用英寸来表示，和电视机一样，通常这个数据指的是图像的传感器的对角线的长度，常见的 1/3 英寸，靶面越大，意味着通光亮越好，而靶面越小则比较容易获得更大的景深。比如 1/2 英寸可以有比较大的通光量，而 1/4 英寸可以比较容易获得较大的景深。

4．感光度

感光度代表通过 CCD 或 CMOS 以及相关的电子线路感应入射光线的强弱。感光度越高，感光面对光的敏感度就越强，快门速度越高，这在拍摄运动车辆和夜间监控的时候就尤其重要。

5．信噪比

信噪比指的是信号电压对于噪声电压的比值，单位为 dB。一般摄像机给出的信噪比值均是 AGC 关闭时的值，因为当 AGC 接通时，会对小信号进行提升，使得噪声电平也相应提高。信噪比的典型值为 45～55 dB，若为 50 dB，则图像有少量噪声，但图像质量良好；若为 60 dB，则图像质量优良，不出现噪声，信噪比越大说明对噪声的控制越好。

6. 电子快门

电子快门是对比照相机的机械快门功能提出的一个术语。用来控制图像传感器的感光时间，由于图像传感器的感光值就是信号电荷的积累，感光越长，信号电荷积累时间也越长，输出信号电流的幅值也越大。电子快门越快，感光度越低，因此适合在强光下拍摄。

2.2 摄像机产品介绍

目前，宇视科技摄像机产品包括网络摄像机和模拟摄像机，下面分别加以介绍。

2.2.1 网络摄像机

网络摄像机的名称由产品类别和产品编号两部分组成。产品编号由四个数字、连字符号加多个可选字符等组成，即 $A_1A_2A_3A_4$-@1@2。其中，第一个数字表示产品形态；第二个数字表示产品传感器类型；第三个数字表示产品最大分辨率及帧率；第四个字符代表产品形态子类。可选字符@1 代表主要功能属性，可有多个字母或数字；可选字符@2 代表结构属性，可有多个字母或数字，如表 2.1 所示。

表 2.1　网络摄像机产品命名规范

A_1：产品形态	A_2：产品定位	A_3：图像分辨率	A_4：产品形态子类	@1：产品基本功能	@2：产品扩展功能
1：一体摄像机 2：筒型摄像机 3：半球摄像机 5：枪型摄像机 6：球型摄像机 7：云台一体摄像机 8、9 预留	1～3：经济型 4～9：中高端	1：1.3MP 2：2MP 3：3MP 5：5MP 8：8MP	M：迷你款 L：精简款 S：标准款 E：增强款 其他预留	D：宽动态 L：低照度 H：超低照度 S：塑胶外壳 X??：变倍数 IR：红外补光，包括 IR1(红外 10～20 m)、IR3(红外 30～40 m)和 IR5(红外 50～60 m)	P：带 POE F??：定焦镜头焦段，包括 F28(2.8 mm)、F36(3.6 mm)、F60(6 mm)、F80(8 mm)、F120(12 mm)和 F160(16 mm)

注：IR3 为一个红外灯，IR5 为两个红外灯。

在光学属性上，网络摄像机平台采用业界最新的背照式 CMOS 方案，配合宇视独有的 SDEA 智能曝光矫正技术，可实现 720P 和 1080P 的超低照度彩色监控。

在编码属性上，网络摄像机可提供 H.264 标准的最高档次编码，同样画质所需带宽可比传统方案节省 1/3 以上，从而降低了整个高清方案所需配套的网络部署需求和存储介质容量的需求。

在网络属性上，集成了业界最丰富的业务接口，支持组播、SNMP 统一网管、iSCSI 双直存、网络自适应等网络技术。

在品质结构上，摄像机的芯片选型、工业设计、防护设计在产品规划之初就定义了明确的专业产品定位，并严格遵循电信级产品品质的开发鉴定流程。

网络摄像机分为筒型网络摄像机、半球网络摄像机、球型网络摄像机和枪型网络摄像机等类型，有百余款摄像机产品，如图 2.9 所示。

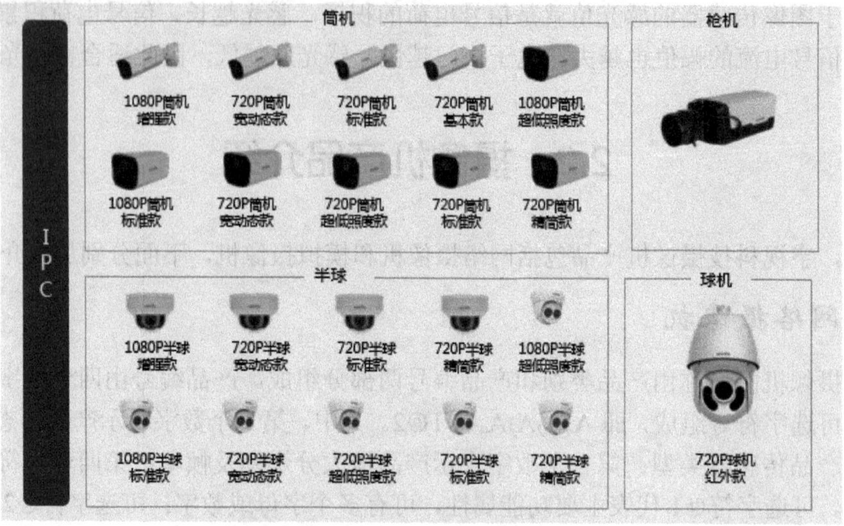

图 2.9　网络摄像机的产品

1. 筒型网络摄像机

筒型网络摄像机一般又称为一体化网络摄像机。它集成了镜头、防护罩、红外补光灯、安装座等，使安装、调试更加便捷。筒型摄像机(如图 2.10 所示)使用范围较广，能够中短距离监控和室内外安装，日夜均可使用。

IPC222E　　IPC232E　　IPC242S

图 2.10　筒型摄像机

2. 半球型网络摄像机

半球型网络摄像机，如图 2.11 所示。宇视科技拥有多款半球型网络摄像机，半球型摄像机是根据外形命名的，其原理与枪型摄像机相同。半球型网络摄像机体积小、安装方便、外形美观，广泛应用于银行、酒店、写字楼、商场、地铁、电梯轿厢等需要监控、讲究美观、注重隐蔽的场所，是室内监控的首选。

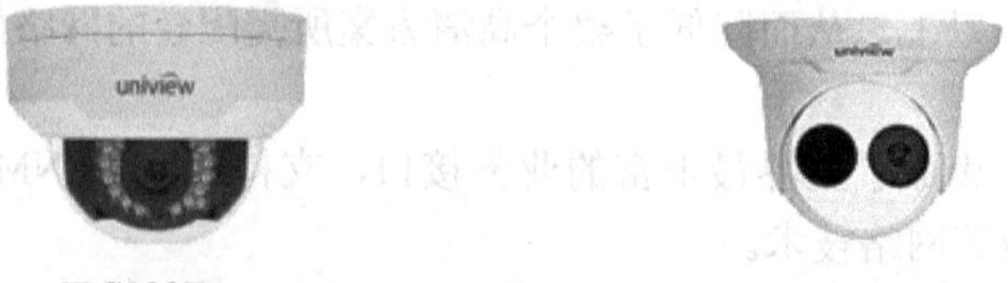

IPC322E　　IPC332S

图 2.11　半球型网络摄像机

3. 球型摄像机

球型摄像机(如图 2.12 所示(a))是监控产品的高端设备。它以云台的转速可划分为高速球机、中速球机和低速球机；以使用环境可以划分为室内球机和室外球机；以安装方式可分为吊装、壁装、角装、柱装或嵌入式安装。球机集成度很高，集成了云台、编码和摄像机系统，制造工艺复杂，价格贵，能够适应高密度和复杂的监控场合。

4. 枪型摄像机

枪型摄像机(如图 2.12(b)所示)，不含镜头，能自由搭配各种型号镜头。安装方式吊装、壁装均可，室外安装一般配置防护罩。目前这种摄像机主要用在特殊领域和高端领域，中低端领域基本被一体机和半球型所取代了。枪型主要适用于光线不充足地区及夜间无法安装照明设备的地区。在只监视景物的位置或移动监视时，可选用枪型摄像机。枪型摄像机的应用范围更广泛，根据选用镜头的不同，可以实现远距离监控或广角监控，应用的场合比半球型广，枪机的变焦范围则取决于选用的镜头，可以从几倍到几十倍不等，而且镜头的更换也比较容易。

IPC621L　　IPC542S

(a) 球型摄像机　　(b) 枪型摄像机

图 2.12　球型和枪型网络摄像机

例如 HICI5421E 是一款日夜型 1080P 高清枪型网络摄像机，主要为远程高清视频监控而设计，适用于实时监控远端图像、监听远端声音的场合，可以广泛应用于城市、道路、地铁、机场、学校、企业园区、楼宇、加油站、变电站、金融网点、监狱等需要实时高清监控的环境。

2.2.2　模拟摄像机

模拟摄像机简称 HAC/CAM，英文 analog camera。模拟摄像机主要是筒形模拟摄像机和半球型模拟摄像机。

产品编号由六组字符组成，即 $A_1A_2A_3A_4$-@1-@2。其中 A_1 为第一个数字，表示产品形态；A_2 为第二个数字，表示产品定位；A_3 为第三个数字，表示最大分辨率；A_4 为字符，表示产品形态子类；@1 为第一个可选字符，可由多个字母或数字组成，表示产品基本功能描述；@2 为第二个可选字符，可有多个字母或数字，表示扩展功能描述，如表 2.2 所示。

表 2.2　模拟摄像机的命名规范

A1：产品形态	A2：产品定位	A3：图像分辨率	A4：产品形态子类	@1：产品基本功能	@2：产品扩展功能
1：一体摄像机 2：筒型摄像机 3：半球摄像机 5：枪型摄像机 6：球型摄像机 7：云台一体摄像机 8、9 预留	1～3：经济型 4～9：中高端	6：600TVL 7：700TVL 及 750TVL 其他预留	M：迷你款 L：精简款 S：标准款 E：增强款 其他预留	D：宽动态 L：低照度 V：防暴功能 S：塑胶外壳 X??：变倍数 IR：红外补光，包括 IR1(红外 10～20 m)、IR3(红外 30～40 m)和 IR5(红外 50～60 m)	F??：定焦镜头焦段 P?：产品分辨率线数

模拟摄像机输出的是模拟视频信号，通过编码器可以将视频采集设备产生的模拟视频信号转换成数字信号，进而将其存储在计算机里。模拟摄像机捕捉到的视频信号必须经过特定的视频采集卡将模拟信号转换为数字信号，并压缩才能在计算机上运用。

宇视科技的模拟摄像机分为两大类，分别是半球摄像机和筒型摄像机，如图 2.13 所示。

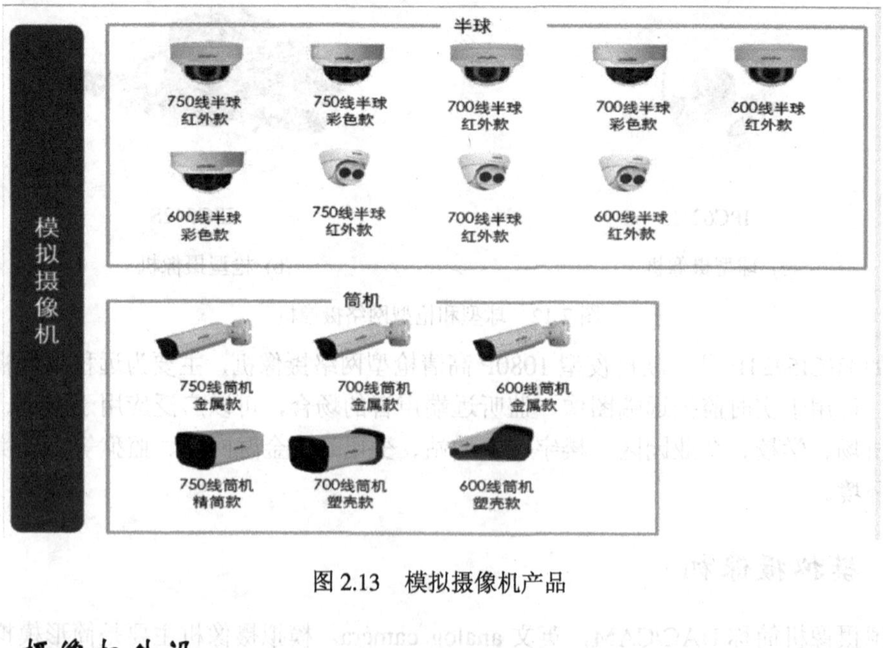

图 2.13　模拟摄像机产品

2.2.3　摄像机外设

摄像机的外设主要包括镜头、电源和支架，下面分别加以介绍。

1. 镜头

我们这里所说的镜头是指外设镜头。在前面讲述过摄像机镜头选择，它是视频监控系统项目中最关键的要素之一，它的质量优劣直接影响摄像机的整机指标以及整个工程项目的系统质量。视频监控系统设计人员要根据物距、成像大小来计算镜头焦距，施工人员需要把镜头调整到最佳状态。镜头如图 2.14 所示。

图 2.14　摄像机外设——镜头

视频监控系统摄像机外设镜头品种繁多，摄像机外设镜头的选型如表 2.3 所示。

表 2.3　摄像机外设镜头选型要素

参数	描　述	选型要求(以新枪机为例)
靶面	镜头成像圆直径	大于等于 1/3 英寸
接口类型	与摄像机的连接方式：C、CS	C、CS 都可以(C 接口镜头需加装发货自带的转接环)
像素	镜头解析力	百万像素以上
焦距范围	镜头的焦距变化范围：定焦、变焦	卡口等固定应用采用定焦镜头，对范围较大或监控目标较多的应用采用变焦镜头
变焦控制	镜头焦距的控制方式：手动、电动	室内、道路监控一般选择手动变焦镜头，大范围、多目标监控选择电动变焦镜头
最大光圈	镜头的最大光圈(F 值)，数值越小表示光圈越大	手动变焦镜头要求光圈在 F1.6 以上(如 F1.4、F1.2)，否则低照效果较差；电动镜头因焦距不同，无法统一要求
光圈控制	镜头光圈的控制方式：固定光圈、手动光圈、自动光圈(分 DC 驱动和 Video 驱动)	除非在室内有持续照明的场合，否则不推荐使用固定光圈镜头；推荐使用手动或自动光圈镜头，视宇科技公司枪机仅支持 DC 驱动光圈
日夜镜头(D&N)	将自然光、红外光聚焦在同一焦点，使白天聚焦清晰，夜晚在黑白模式下不会虚焦	推荐使用日夜镜头，对夜间提供白光补光的监控场景可以使用非日夜镜头
非球面镜头(Asp)	相比球面镜头，图像周边的清晰度更高，整体图像更均匀	推荐使用非球面镜头
预置位	支持镜头预置位的设置和调用	特殊需求时选用
透雾	利用红外光穿透力强特点成像，画面为黑白	特殊需求时选用

常见的外设镜头还有日夜型镜头，通过镜头镀膜，可以将自然光、红外光聚焦在同一焦点，使夜晚黑白模式下不会虚焦。

选用自动光圈和电动变倍镜头后，控制线需要与IPC侧面的控制接口相连，一般而言，自动光圈大的镜头使用得较多。若使用电动变倍变焦镜头，则需要根据镜头的说明书，按照镜头控制线针脚的定义，自行制作4pin的连接器。

很多监控地点(如长廊等长形的室内空间)如果以传统的4:3或者16:9的画面比例来看，在影像上会是纵长方形，而显示器屏幕一般是正方形，导致走廊画面在屏幕只能显示三分之二的空间，两旁的景深通常由物距、镜头焦距以及镜头的光圈值所决定。除了在近距离时，一般来说景深是由焦距(物体的放大率)以及透镜的光圈值决定。固定光圈值时，焦距越大(增加放大率)，不论是更靠近拍摄物或是使用长焦距的镜头，都会减少景深的距离；焦距越小(减少放大率)时，则会增加景深。如果固定放大率时，增加光圈值(缩小光圈)则会增加景深；减小光圈值(增大光圈)则会减少景深。

在摄像机前期工勘选景时，需要根据实际的监控使用需求来选择合适焦段的镜头，以便图像能达到最佳效果。如表2.4所示。

表2.4　不同焦段下的最佳物距

焦段/mm	最佳物距/m
2.8	1
3.6	1.2
6	3.2
12	13
16	23

2. 电源

常见的摄像机电源供电方式有DC12V、AC24V和POE三种，如表2.5所示。DC12V/变压器以电压安全被普遍采用但其成本略高，工程实施中变压后的电源不能长距离延长；AC24V电源适配器价格便宜，电压安装普及性更高；POE供电主要应用在网络摄像机上，网线既起了数据传输的作用又起到设备供电的作用，工程实施极为方便，但要与相应支持POE功能的交换机或POE模块配合使用。

表2.5　摄像机外设——电源

产品类型	供电设计	是否自带电源
一代筒增强款：IPC222E、IPC221E	DC12V±25%，支持POE	否
一代筒：IPC221L/S	DC12V±25%，不支持POE	否
二代筒：IPC232E/S、IPC231E/L/S	DC12V±25%，POE可选	否
一代半球增强款、标准款：IPC322E、IPC321E/S	DC12V±25%，支持POE	否
一代半球精简款：IPC321L	DC12V±25%，不支持POE	否
海螺半球：IPC332E/S、IPC331E/S/L	DC12V±25%，POE可选	否
网络球机	AC 24V±25%，不支持POE	是
网络枪机	AC24V±25%、DC12V±25%，支持POE	否
模拟摄像机	DC12V±10%	否

宇视科技摄像机根据每款摄像机的应用特点，提供了丰富实用的电源供电方式。枪型网络摄像机支持 DC12V、AC24V 和 POE，但无线枪机除外，其仅支持 DC12V 和 AC24V。半球网络摄像机支持 DC12V 和 POE。

3．支架

为了方便网络摄像机安装，宇视科技提供了各种支架，以满足各种场景下的应用。如图 2.15 所示。

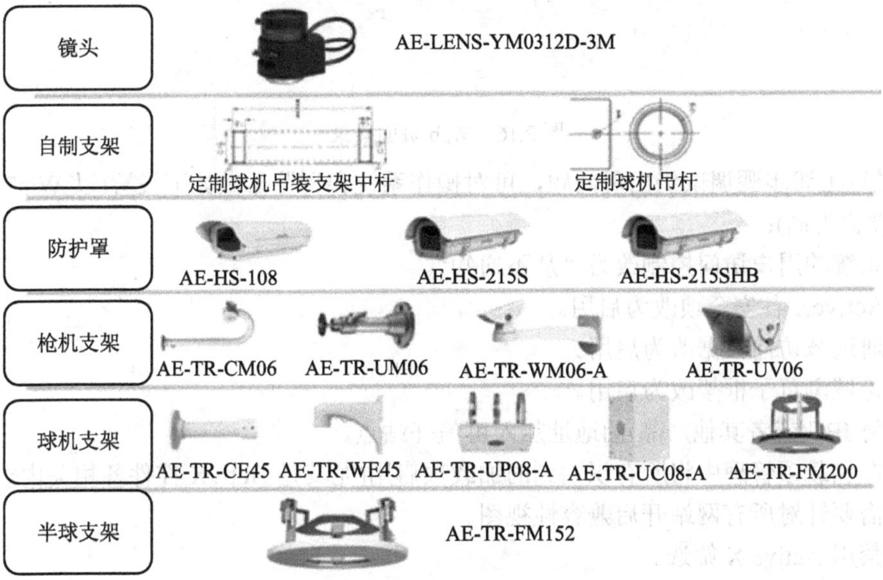

图 2.15　摄像机外设产品全集

2.3　摄像机业务介绍

2.3.1　使用入门

使用入门主要包括 Web 页面登录、实况预览和摄像机信息导航，下面分别加以介绍。

1．Web 页面登录

使用摄像机的第一步为登录摄像机的 Web 页面，它可以实现实况预览、配置等操作，也称作摄像机的 WebService 服务。一般摄像机出厂时均会在用户手册上说明其默认的 IP 地址，宇视科技摄像机产品的初始 IP 地址为 192.168.0.13，访问时需要将 PC 的 IP 地址也设置为此网段的地址。登录界面如图 2.16 所示。

在浏览器中输入 192.168.0.13，首次登录时页面顶部会出现下载控件的提示。控件为摄像机播放实况、进行配置时的插件，下载并安装即可。首次加载控件过程较慢，请耐心等待。安装控件时，应关闭所有 IE 浏览器，且安装路径中不能包含中文字符，尽量安装在默认的安装目录下。产品控件推荐安装在：Win7 系统，IE7/8/9/10 版本。

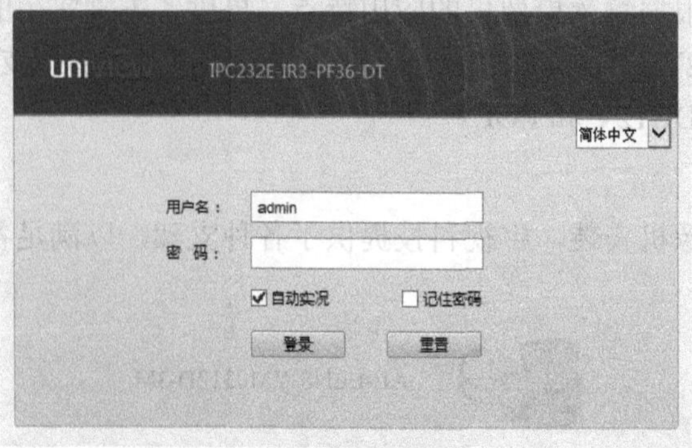

图 2.16　Web 页面登录

若经过上述步骤调试仍出现问题，可对操作系统和浏览器做如下设置(以 Win7 系统下 IE 选项设置为例)：

- 系统的用户访问控制改为“从不通知”。
- ActiveX 各安全项改为启用。
- 通过域访问数据改为启用。
- 跨域浏览子框架改为启用。
- 将 IPC(或者其他产品)的地址加入可信任站点。
- 在加载项管理中将所有识别到的加载项启用(尤其是 ActivX 控件各相关内容)。
- 需要针对所有网站开启兼容性视图。
- 禁用 Active X 筛选。
- IE 选项—》常规—》每次访问网页都检查。

以上设置不限于 IPC 产品，其他宇视科技的产品在安装控件时出现问题，也可参照设置。

2. 实况预览

网络摄像机主业务页面主要包括操作配置和实况播放。在操作栏中可以完成对视频流的选择，图像参数的设置，若是球机则可以完成云台相关的业务操作；在实况播放栏中可以实时查看摄像机图像，完成截屏、开启本地录像、开启语音对讲和调节实时音频参数等配置，如图 2.17 所示。

图 2.17　实况预览

3. 信息导航

主菜单界面中包含配置按键，进入配置页面可完成所有与摄像机相关的参数配置。

通过导航可以实时查看当前设备状态，便于快速掌握设备实时信息，提高了易维护性。导航主要包括基本信息和运行状态，如图 2.18 所示。

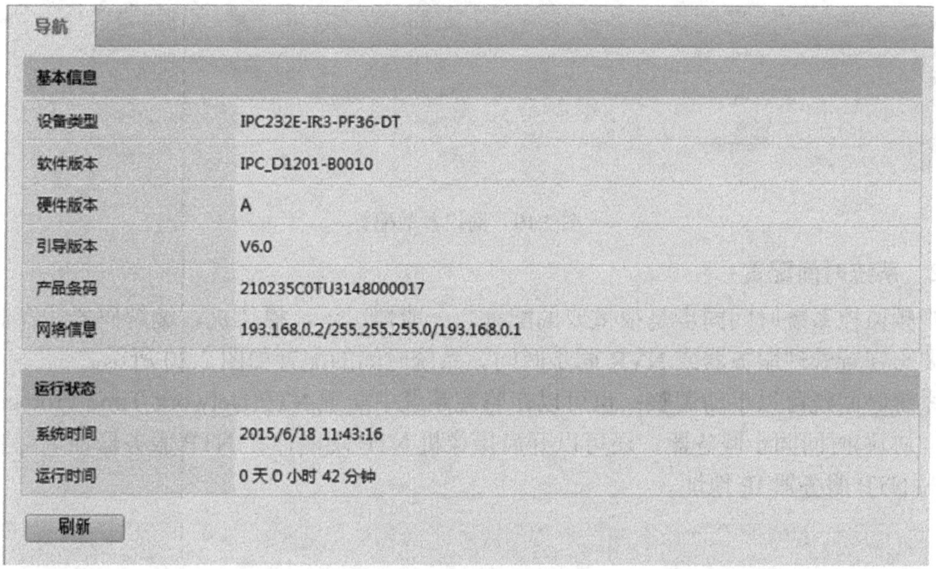

图 2.18　摄像机信息导航

- 基本信息：显示设备类型、软件版本、硬件版本、引导版本、设备序列号以及设备配置的网络参数信息，日常维护经常用到的是版本信息和设备序列号。
- 运行状态：记录设备当前系统时间和已运行时间；主板温度可实时获取设备内部温度到检测设备作用；服务器状态、地址和端口的显示为设备的维护提供了便利。

2.3.2　基本配置

摄像机的基本配置主要包括网口参数配置、系统时间配置、本地配置以及用户管理配置，下面分别加以介绍。

1. 网口参数配置

网口参数配置中，获取 IP 方式有静态地址(手动配置地址)、PPPoE 和 DHCP 三种，IPC 获取 IP 方式默认为 DHCP 方式，若网络中有 DHCP server，则 IPC 能够获得服务器分配的地址；若一定时间未获取到 IP 地址，则使用默认的 192.168.0.13；若手动配置了 IP 地址，网络中即使有 DHCP server，也会使用手动配置的 IP 地址。

MTU(Maximum Transmission Unit，网络传送数据的最大传输单元)，主要用于 IP 报文的分片和重组。默认值为 1500 字节。

网口类型用来配置设备正常通信的端口类型，如电口、光口等。

工作模式用来配置网口的速率和双工模式。

网口参数的配置如图 2.19 所示。

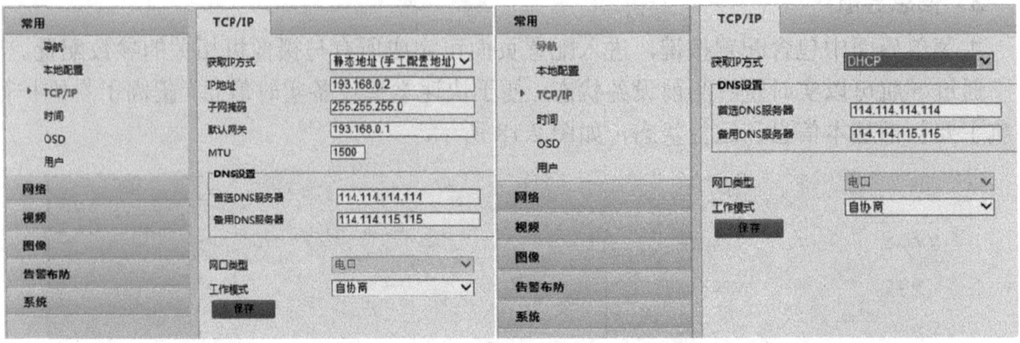

图 2.19　网口参数配置

2. 系统时间配置

视频监控系统时间同步是很重要的配置。一般情况下，摄像机、编解码器、存储设备等都要与视频管理服务器或 NVR 同步时间。系统时间的配置如图 2.20 所示。

系统时间既可以手动调整；也可以在监控系统中配置 NTP(Network Time Protocol，网络时间协议)时间同步服务器，还可以开启摄像机 NTP 功能，在 NTP 服务器地址配置中直接填写 NTP 服务器 IP 地址。

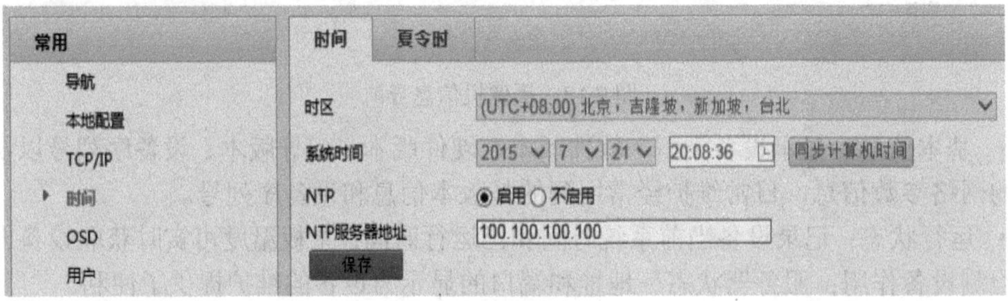

图 2.20　系统时间配置

3. 本地配置

本地配置是对实况以及本地录像的参数进行配置，也可根据实际情况进行修改配置，配置如图 2.21 所示。视频参数配置中常用以下选项：

• 显示模式：可分为高品质模式、普通品质模式、自动模式，默认为自动模式。在图像出现上升的水波纹或者其他图像问题时，可尝试修改为高品质模式。

• 处理模式：可分为实时性优先、流畅性优先和超低时延模式。这是根据监控网的网络带宽状况来设置的，时延较低就需要有足够的带宽来支持，设置为流畅性优先时，在带宽较紧张时，可能会因网络问题导致时延。

• 传输协议：UDP、TCP、IPC 向后端处理系统的传输协议。UDP 没有连接之前的握手确认、丢包重传、乱序整理等纠错方式，适合网络较好、实时性要求较高，对某一具体的帧要求不太严格的监控场景。而 TCP 方式具有丢包重传和纠错等功能，但可能会牺牲掉实时性。这里还需要和监控系统的其他设备进行配合设置。

• 录像覆盖策略：满覆盖，就是当 SD 卡无可用空间时，数据存储会从头覆盖掉原来录制好的部分，周而复始；满即停就是当 SD 卡无可用空间时，数据停止存储。

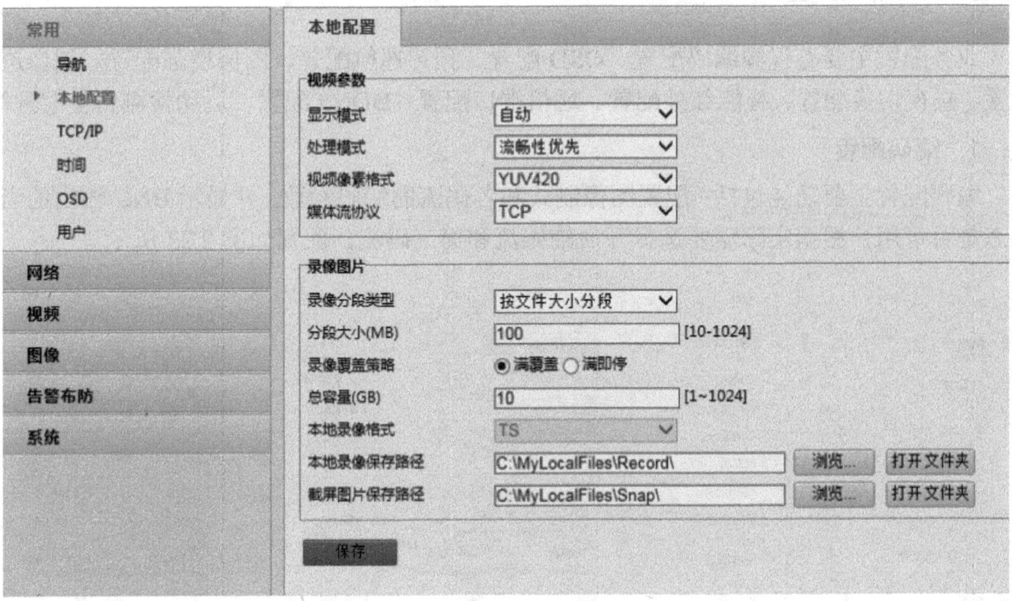

图 2.21　本地客户端参数配置

4．用户管理配置

系统除管理员 admin 用户外，还可配置多个普通权限用户，可分别对各用户密码进行设置，用户管理配置如图 2.22 所示。新密码会在下次登录系统时生效。

管理员默认为 admin(管理员名称不可修改)，拥有设备的所有管理和操作权限；其他操作员仅拥有设备的实况播放权限。

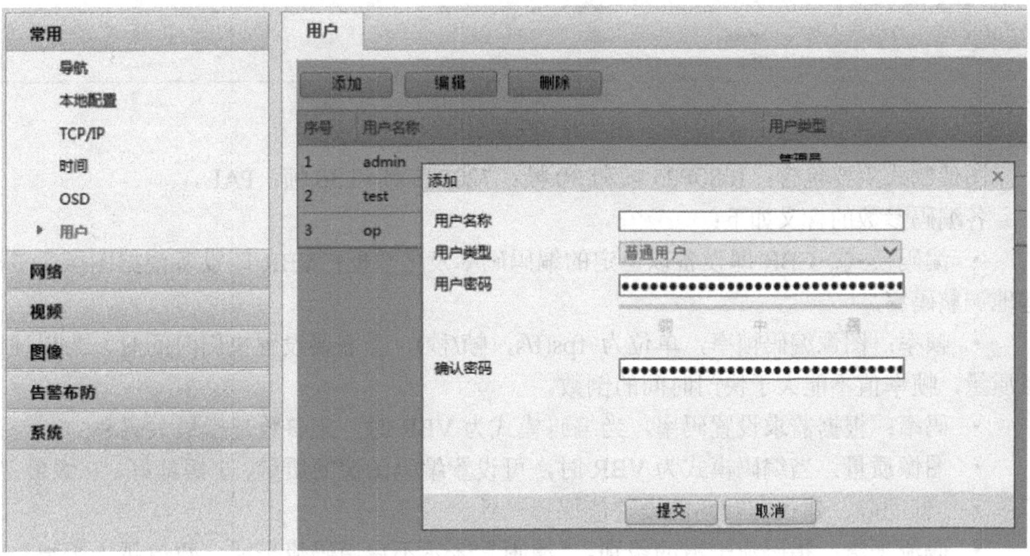

图 2.22　用户管理配置

2.3.3 业务配置

业务配置主要有视频编码配置、OSD 配置、预置巡航配置、图像增强配置、图像透雾配置、昼夜切换配置、智能红外配置、通信端口配置、DDNS 配置、运动检测告警配置等。

1. 编码配置

编码配置主要功能包括：配置图像制式和各码流的编码参数，并显示 BNC 输出的当前状态是否可用，根据实际需要选择开启辅码流和第三码流。配置如图 2.23 所示。

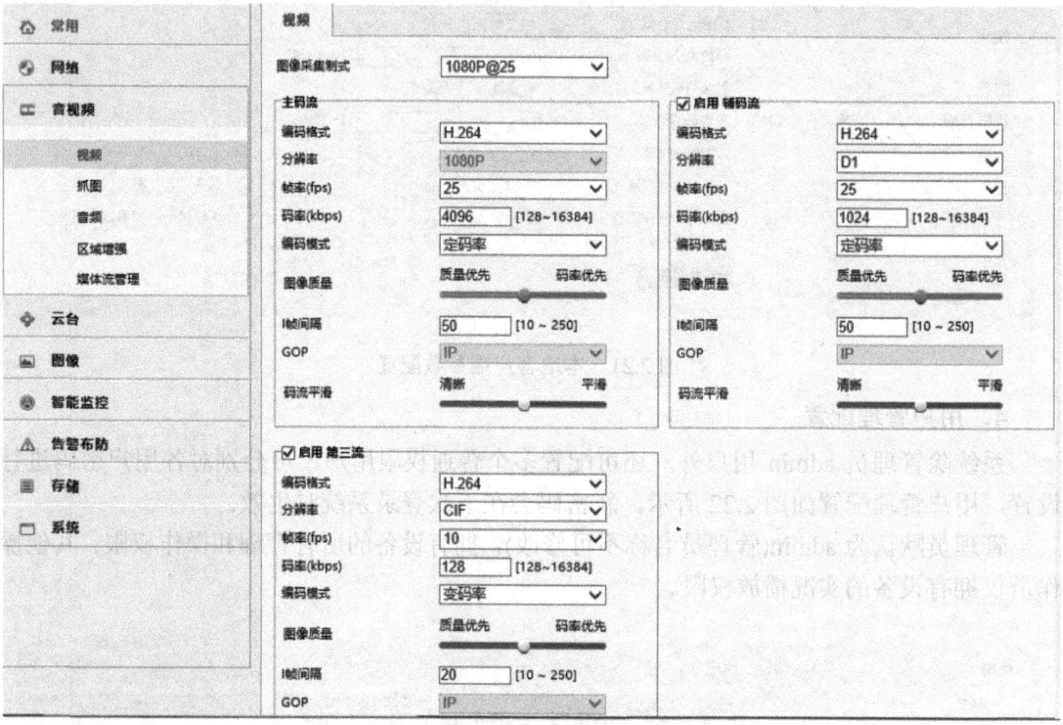

图 2.23　视频编码配置

图像制式主要包含：1080P25 帧和 30 帧；720P25 帧和 30 帧；PAL。

各编码参数的含义如下：

- 编码模式：CBR 即设备以恒定的编码码率发送数据；VBR 即设备根据图像质量动态地调整码率。
- 帧率：图像编码帧率，单位为 fps(f/s，帧/秒)，当需要设置快门时间时，为保证图像质量，帧率值不能大于快门时间的倒数。
- 码率：根据需求设置码率，当编码模式为 VBR 时，此参数是指最大码率。
- 图像质量：当编码模式为 VBR 时，可设置编码图像的质量。1 级最好，9 级最差。
- I 帧间隔：建议与帧率的设置值保持一致。
- 码流平滑：指码流平滑的级别。“清晰”表示不启用码流平滑，数值越“平滑”表示码流平滑的级别越高，但会影响图像的清晰度，网络环境较差时，启用码流平滑可以让图像更流畅。

2. OSD 配置

OSD 配置是指与视频图像同时叠加显示在屏幕上的字符信息。OSD 内容包括时间、自定义等多种信息。它的配置如图 2.24 所示。

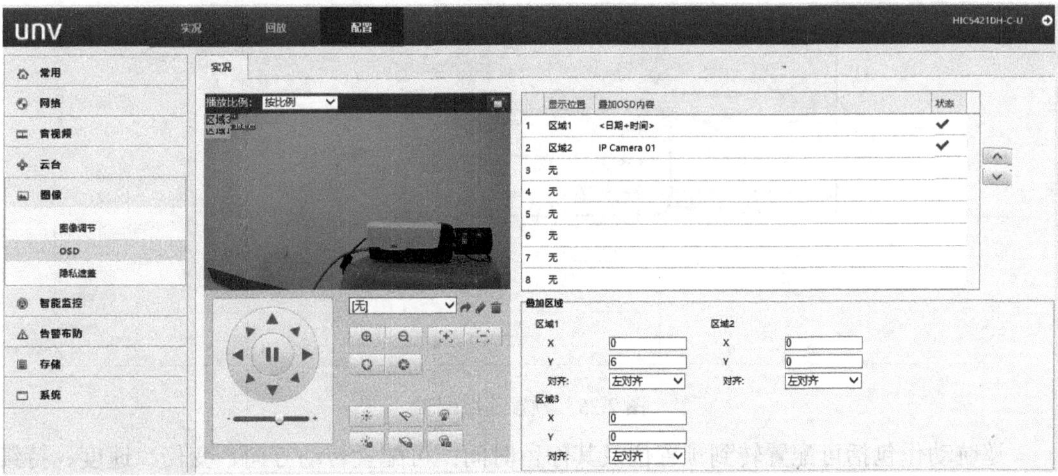

图 2.24　OSD 配置

在叠加 OSD 区域，配置显示位置、叠加 OSD 内容、叠加区域和内容样式，同一个 OSD 显示位置可以设置多行内容，并可通过按钮来调整先后顺序。

配置叠加区域时，若需大致调整 OSD 的位置，则可在预览画面中先点击对应区域的方框，鼠标指针变成可移动状态图标后，按住鼠标进行拖动即可；若您需要精确调整 OSD 的位置，可以通过配置起始 X、起始 Y 坐标值进行处理。

若需删除某个 OSD，将此 OSD 对应的叠加内容清空或配置其显示位置“无”即可。

在某些场合，需要对监控现场图像中的某些敏感或涉及隐私的区域(如银行取款柜台的密码键盘区域)进行屏蔽，此时可配置隐私遮盖。进行云台转动、变倍时，隐私遮盖也将随之移动、缩放，始终遮住所遮盖的画面。

若需配置某遮盖的位置或范围，则请先点击方框“遮盖”字样来激活该遮盖(被激活的方框将加粗)。若鼠标指针变成可移动状态图标，按住鼠标进行拖动即可调整其位置；若把鼠标移到边框拖动即可调整待遮盖的图像范围。

可以在预览画面窗格上单击右键，通过快捷菜单来进行实况全屏观看。

3. 预置巡航配置

预置巡航是指云台摄像机在其多个预置位之间转动，或者按照指定的轨迹(如向上转、向左转等)进行转动。配置如图 2.25 所示。

根据设备当前实况播放的预览画面，可以转动云台摄像机方向来配置预置位，还可对云台摄像机进行一些变倍聚焦等控制操作。

巡航路线指云台摄像机在预置位之间转动的路线，可以设置云台在每个预置位的停留时间。每一个云台摄像机可以设置多个巡航路线。

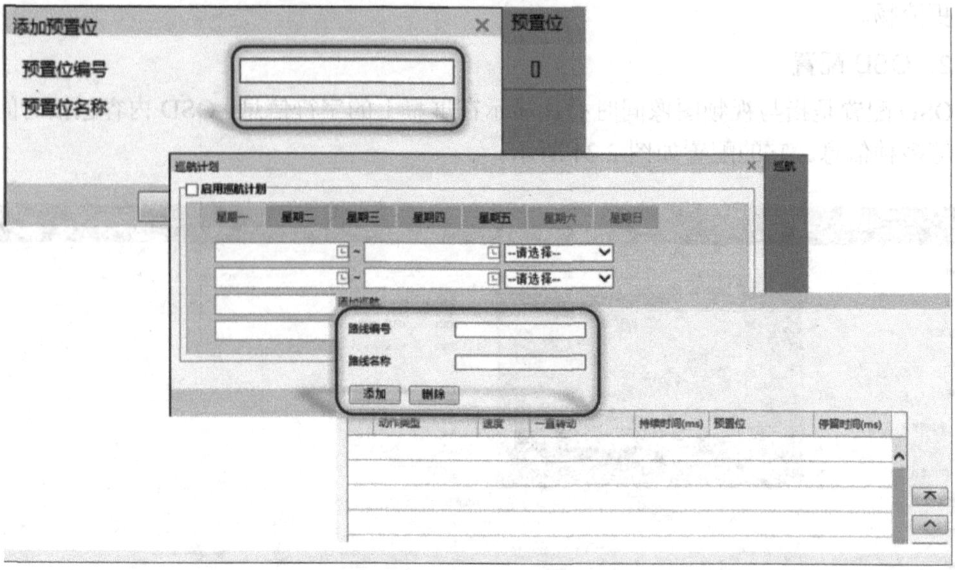

图 2.25　预置巡航配置

巡航动作包括可配置转到预置位及其停留时间；可配置转动方向、变倍、速度、持续时间和停留时间，或勾选一直转动；也可以转动云台的方向、调整镜头的变倍等，系统会记录每一个运动轨迹参数，并自动添加到动作列表中。

4．图像增强配置

不同的图像配置参数会呈现出不同的图像效果。摄像机的应用环境是多种多样的，为了在不同的环境下让摄像机图像效果达到最佳，就需要对摄像机的图像参数进行配置。默认的理想配置参数仅能满足大部分的使用环境，在一些特殊的使用场景下就需要对不同的参数进行配置。宇视科技摄像机图像配置主要包括：图像增强、曝光参数、白平衡参数、对焦参数、只能红外和其他特殊功能参数。

图像增强的主要配置有图像的亮度、饱和度、对比度、锐度、2D 降噪、3D 降噪等。不同产品型号支持的图像配置参数及取值范围可能会有所不同，以实际 Web 界面显示为准。图像增强配置如图 2.26 所示。

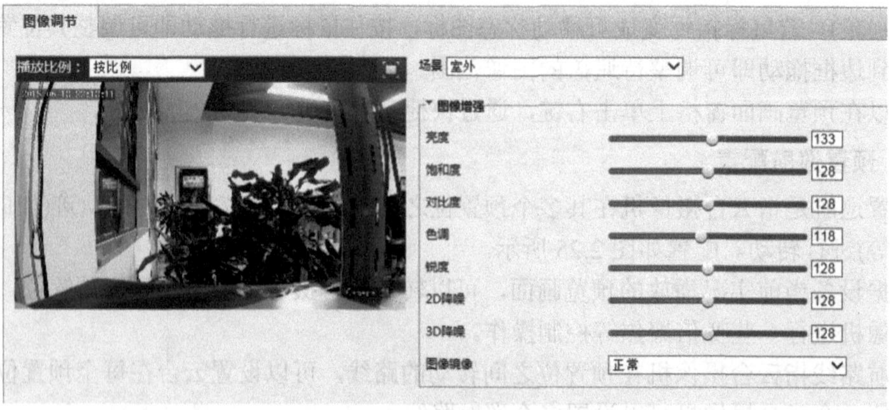

图 2.26　图像增强配置

亮度：图像的明亮程度，默认值为 128，可在 0～255 之间调节。通过调节亮度值来提高或降低画面整体亮度，当设置为自动曝光时亮度调节生效，通过调节快门和增益来调节图像画面亮度，当设置为手动曝光时该参数值调节无效；亮度的调节不会出现使得图像全黑或全白的情形，在一定的范围内调节图像画面亮度。

对比度：图像中黑与白的比值，也就是从黑到白的渐变层次，默认值为 128，可在 0～255 之间调节。

饱和度：图像中色彩的鲜艳程度，默认值为 128，可在 0～255 之间调节。

锐度：图像边缘的对比度，默认值为 128，可在 0～255 之间调节。

图像镜像：图像不同方向的翻转如垂直、水平、水平+垂直等。

2D 降噪：对图像去噪处理，会导致画面细节模糊，默认值为 128，可在 0～255 之间调节。

3D 降噪：对图像去噪处理，会导致画面中的运动物体有拖影，默认值为 128，可在 0～255 之间调节。

图像镜像：在一些特殊的安装位置，需要对摄像机的图像进行翻转，宇视科技摄像机可实现对摄像机图像的随意翻转，满足各种各样安装环境的需求，这时需要进行图像镜像配置，如图 2.27 所示。

图 2.27　图像镜像配置

正常：对图像不进行镜像处理。

垂直：对图像进行垂直方向的镜像处理。

水平：对图像进行水平方向的镜像处理。

水平+垂直：对图像同时进行垂直、水平方向的镜像处理。

向右旋转 90°：对图像进行顺时针 90°旋转，符合走廊模式要求。

5．图像透雾配置

近年来，安防厂商陆续提出基于图像增强的透雾技术，大部分采用全局直方图均衡化的方法，该方法简单，具有一定的视觉效果；也有一些厂商在此基础上提出对不同景深进行区域滤波的方法，但是这种方案需要对雾气浓度和景深进行估计，算法过于复杂，且透雾图像存在噪声和块状效应，实际效果并不理想。

宇视科技结合图像增强和图像还原技术，充分发挥全局算法和局部算法的优势，并对局部算法作了裁剪和优化，使图像还原和噪声抑制达到平衡，在保证透雾图像细节得到增强和还原的同时，有效抑制传统算法引入的画面噪声和块状效应。图像透雾配置如图 2.28 所示。

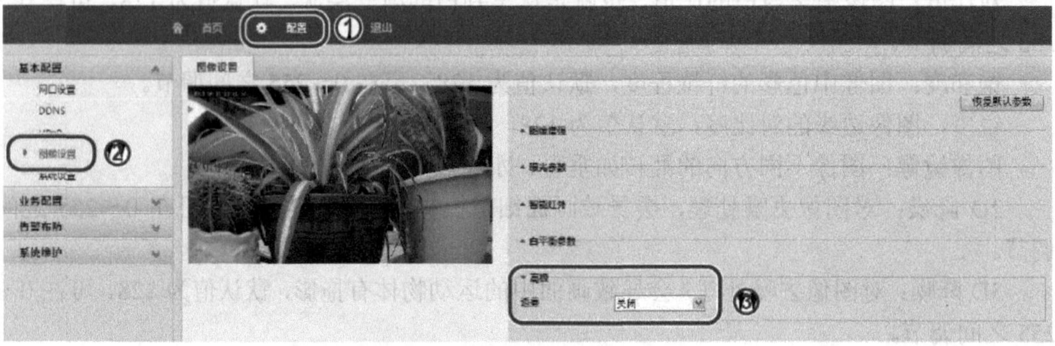

图 2.28　图像透雾配置

透雾技术分为光学透雾与数字透雾两种，因原理的不同两者各具优势。光学透雾是利用近红外光波长较长，受雾气干扰更小的原理来获得比自然光下更清晰的图像，需要镜头和摄像机同步实现，摄取的画面是黑白的；而数字透雾是基于图像复原或图像增强的后端处理技术。

光学透雾是最早应对超长距离监控下透雾需求的一种技术手段。与普通镜头相比，光学透雾镜头需要通过特殊镀膜来提高对近红外光波的透过率，光学透雾镜头还需要确保近红外光成像与自然光成像能够聚焦在同一平面上，否则在模式切换时会出现虚焦现象；另外，光学透雾还需要摄像机的配合，宇视科技网络摄像机专为配合光学透雾设置了功能项，当开启透雾后，摄像机会自动切换到黑白模式，并通过开关量控制镜头同步切换到透雾模式。

光学透雾主要集中在大变倍镜头上(焦距在 100 mm 以上)，价格昂贵，通常应用于边防、海事及森林防火。

数字透雾是基于人类视觉感知模型设计的后端图像复原技术。目前，对于雾天图像的处理方法主要分为两类：图像增强透雾技术和图像复原透雾技术。图像增强透雾技术不考虑图像降质原因，适用范围广。它能有效地提高雾天图像的对比度，突出图像的细节，改善图像的视觉效果，但会造成部分图像细节的损失。图像复原透雾技术是研究雾天图像降质的物理过程，并建立退化模型，反演退化过程，补偿退化过程造成的失真，以便获得未经干扰的无雾图像或无雾图像的最优估算值，从而改善图像质量。这种方法针对性强，得到的去雾效果自然。一般不会有信息损失，处理的关键点是模型中参数的估计。

图像增强透雾技术目前是通过增强的方式来进行透雾处理的，典型的方法有全局化增强和局部化增强两种，全局和局部图像增强算法因实现策略不同，而各有优缺点。全局算法以整幅画面的均值为评估对象，运算量小，但算法忽略了雾的浓度会随景深的增大而不断加深的事实，容易出现后景处理不足或前景过处理等现象，如果画面景深较小，则不失为一种有效的处理方法。而局部算法则考虑到画面不同区域雾的浓度不一，从而采取分块处理的方式，透雾效果好，能有效增强画面局部细节，适用于景深多变的场景，但算法在分块评估时会引入块状效应，且存在计算量大、画面噪声容易被放大，以及景深信息难以准确评估等缺陷。

图像复原透雾技术基于图像复原的方法则通过多幅图像比较(不同天气条件下的多幅图像，或多幅偏振图像)、先验信息、用户交互或假设模型等获得图像的退化函数，还原出清晰图像。基于这些物理模型的方法可以获得相对准确的景深信息，并最大限度地恢复清晰图像。但是，它难以满足在场景多变、实时性要求高的监控领域应用。

设备在有雾、霾的环境中图像质量会下降，此时可以根据雾的浓度，选择不同的透雾等级，来调节图像的清晰度，等级 1 到等级 5 的除雾效果依次增强。

6. 昼夜切换配置

昼夜模式包含自动、彩色、黑白 3 个选择项。设置为自动时，根据设置的昼夜模式灵敏度检测光照强度，低于当前灵敏度阈值时会变成黑白图像，当光照强度高于阈值时则变成彩色图像。设置为彩色或黑白时，图像将强制变成彩色或黑白图像，不再根据光照强度发生变化。配置如图 2.29 所示。

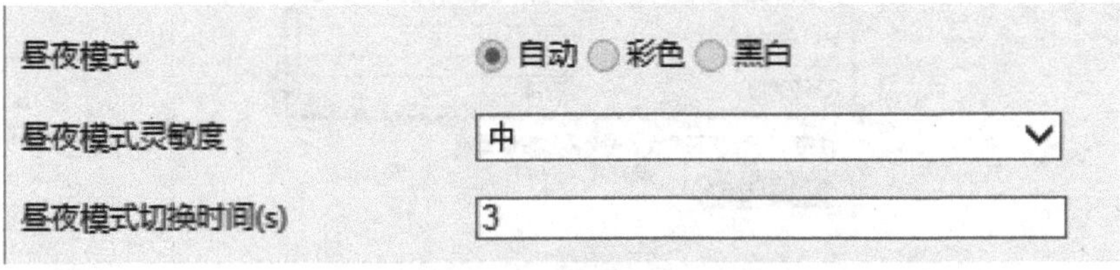

图 2.29　昼夜切换配置

昼夜模式灵敏度包含 3 级配置，每级灵敏度对应的昼夜转换阈值不同，灵敏度越高，昼到夜需要的光照强度越大，夜到昼转换需要的光照强度越小。

昼夜模式强制配置为黑白或彩色模式时无法设置昼夜模式灵敏度，由于不涉及昼夜转换，也不需要进行配置。

7. 智能红外配置

智能红外配置默认使用手动，也可根据当前的机芯状态，自动调节红外灯亮度和曝光参数，兼顾图像整体亮度和局部不过曝。配置如图 2.30 所示。

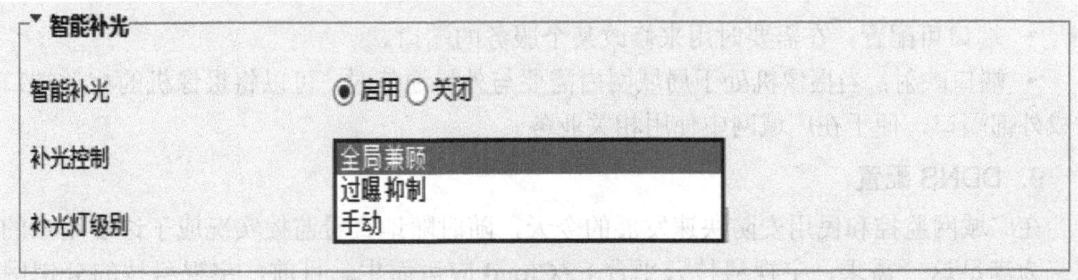

图 2.30　智能红外配置

- 全局兼顾：自动调节红外灯亮度和曝光参数，以得到均衡的图像效果，但有可能导致图像局部过曝。若关注监控范围和图像亮度，推荐此模式。

• 过曝抑制：自动调节红外灯亮度和曝光参数，以防止图像局部过曝，但有可能导致图像整体过暗。若关注监控中心区域清晰不过曝，推荐此模式。

• 手动：手动控制红外灯亮度。根据产品的差异，有以下两类红外灯级别：

近光灯级别设置设备红外近光灯级别，数值越大，则红外灯强度越大(0 为关闭)。当红外控制选择 IR 手动时方可设置，广角场景时，建议优先设置近光灯级别。

远光灯级别设置设备红外远光灯级别，数值越大，则红外灯强度越大(0 为关闭)。当红外控制选择 IR 手动时方可配置，长焦场景时，建议优先配置远光灯级别。

8. 通信端口配置

与通常的应用程序一样，摄像机系统在工作时与外界通信也有各种不同的端口来响应服务。常见的端口有：HTTP 端口用来登录 Web 页面并提供 ONVIF 和 SDK 服务；RTSP 端口用来请求 RTSP 流；服务端口用来提供 ONVIF/SDK 服务，使摄像机与其他监控系统实现对接。配置如图 2.31 所示。

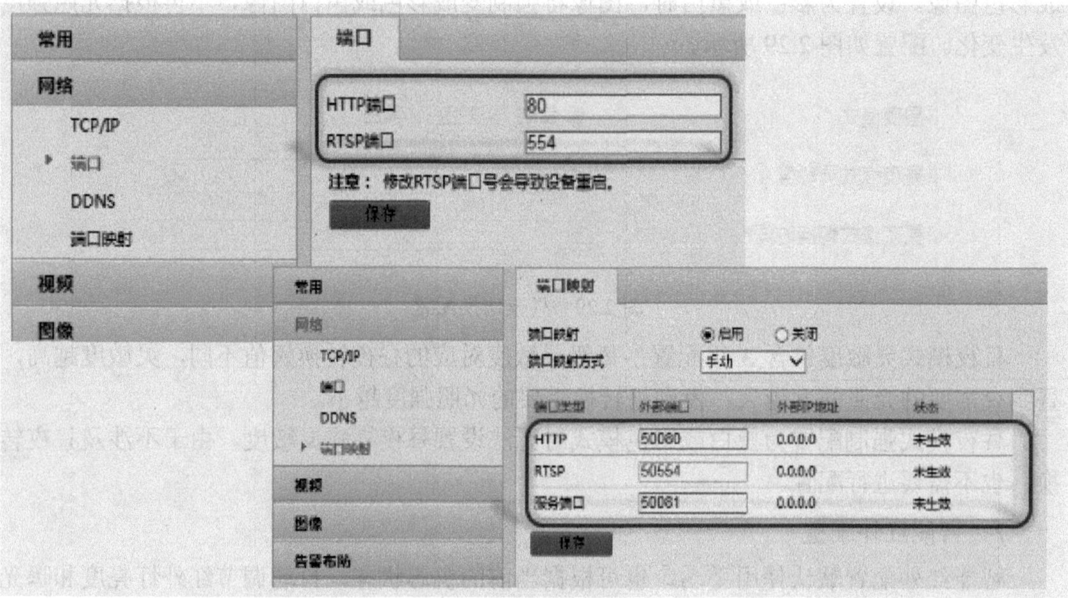

图 2.31 通信端口配置

• 端口可配置：在需要时用来修改某个服务的端口。

• 端口映射：当摄像机处于局域网内需要与外界通信时，可以将摄像机的相关端口映射成外部端口，便于在广域网中使用相关业务。

9. DDNS 配置

在广域网监控和民用安防快速发展的今天，随时随地查看监控实况成了许多用户的需求。为满足这一需求，宇视科技云平台 EZCloud 应运而生。目前，宇视科技的分销网络摄像机支持远程云访问，在远端可通过 EZView 手机客户端、EZStation 桌面客户端来访问摄像机；只需在此开启 DDNS 服务，并在云平台 EZCloud 添加注册即可，如图 2.32 所示。

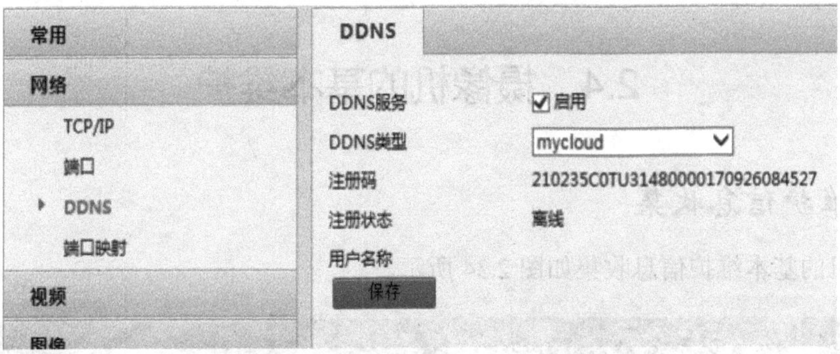

图 2.32　DDNS(EZCloud)配置

10．运动检测告警配置

通过告警布防设置来实现告警上报，通过配置联动动作将触发后的告警进行相应动作的联动，从而让用户及时处理告警及其相应的联动动作。配置如图 2.33 所示。

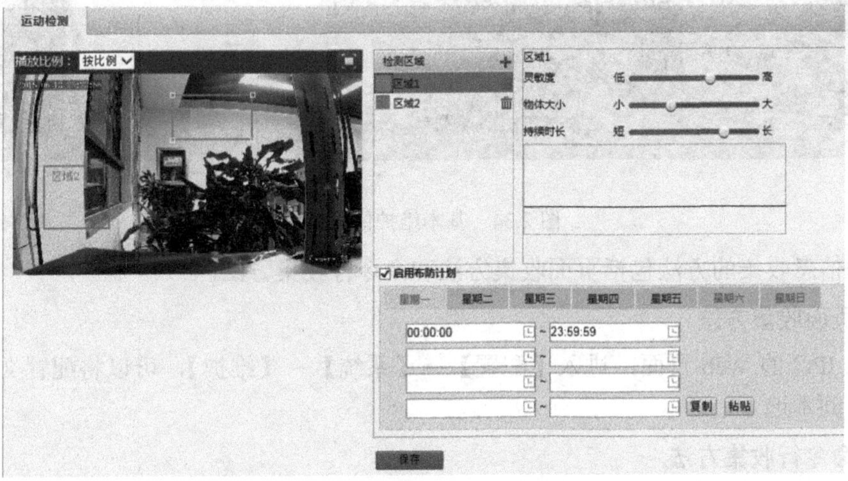

图 2.33　告警布防——运动检测配置

告警布防根据不同产品分为运动检测告警、温度告警、开关量输入告警、开关量输出告警等。如温度告警意义为：设置好高温告警/低温告警触发温度告警的上、下限值后，当设备达到告警温度时设备即会产生告警；同样，可以联动云台调取到预置位和触发相应的开关量告警输出。

以图 2.33 为例，运动检测告警需要设置检测区域的矩形框，设置其有效区域位置和范围，设置检测的灵敏度、物体大小和持续时长，以便判断是否上报运动检测告警。灵敏度越大，表示级别越高(区域内微小变化也能被检测到)。当区域内的变化幅度超过物体大小，并且变化时长超过持续时长时，才会上报告警。区域的实时运动检测结果都能在界面中显示，红色的表示会上报运动检测告警。当检测到告警后还可以实现系统联动动作，目前摄像机能够实现当检测到有运动告警时，调用云台到指定预置位和开关量输出告警信号两个联动动作。当然布防计划的配置也是需要的，只有在设置的有效时间段内，设备才输出告警信号。

2.4　摄像机的基本维护

2.4.1　维护信息收集

摄像机的基本维护信息收集如图 2.34 所示。

图 2.34　基本维护信息收集

维护信息收集的方法包括页面收集方法和命令行收集方法。

1．页面收集方法

登入 IPC 的 Web 页面，进入【配置】→【系统】→【维护】，可以将配置文件、诊断信息导出到本地。

2．命令行收集方法

首先，使用 telnet 登录到 IPC，执行 systemreport.sh 后，即可在当前目录下，生成 ipcsystemreport.tgz 日志文件，配合 tftp 工具下载到本地，该日志文件下载到本地后，务必将该日志文件删除。

命令行收集配置命令如下：

```
uniview@/root>systemreport.sh 172.1.99.99
ipc diagnosis info collect completely
ipcsystemreport.tgz    100% l**1    152k    0:00:00 ETA
```

(执行成功后，可以在 tftp 指定的文件夹中看到 ipcsystemreport.tgz 日志文件)

```
uniview@/root>rm ipcsystemreport.tgz(删除日志文件)
```

当不方便通过交换机端口镜像方式抓包时，可以考虑使用 tcpdump 抓取设备网口收发报文。

tcpdump 抓包过程的基本操作步骤：

(1) telnet 登录被调试设备；

(2) 进入某个目录(一般选取剩余空间较多的分区目录)；

(3) tcpdump XXX (XXX 为该命令的选项，用法在后面介绍)；

(4) 如果抓包命令中未指定抓包数，则需要按“Ctrl + C”快捷键来终止抓包；

(5) 将抓取的数据包文件上传至本地 PC (tftp)，然后使用 wireshark 分析；

(6) 事后务必将设备上的抓包文件及时删除，以免过多占用设备空间，影响业务。

下面以一个典型的 tcpdump 抓包命令说明其常用用法。

```
tcpdump-s 4096-w abc.pcap-c 500 ip dst 192.168.212.81 and udp src port 22110
```

-s：指定可以被完整抓取的数据包的大小(单位：字节)。只有小于等于该大小的数据包会被完整抓取；超过该大小的数据包将被截断成不超过该大小的包片断抓取。该选项不指定则默认抓取小于等于 96 字节的数据包。一般指定为“4096”即可满足需要。

-w：指定抓包保存的文件名。被抓取的数据包将以该文件名被保存在当前目录，若不能指定则将抓包内容直接在屏幕上输出显示，不保存为文件。

-c：指定要抓取的数据包数量，抓包数达到这个数量自动停止抓包。若不指定则一直抓取，直到用户手动停止抓包(Ctrl + C)。

ip src/dst：指定报文的源/目的 ip 地址。

udp/tcp src/dst port：指定报文的协议类型和源/目的端口号。

抓包举例：

```
uniview@/root > tcpdump—s 0.c 1000.i eth0-v-w ipc.cap
(抓包过程)
tcpdump: listening on eth0, link-type EN10MB (Ethernet), capture size 65535 bytes 1000 packets
captured
1824 packets received by filter
780 packets dropped by kernel
uniview@/root > tcpdump.sh ipc.cap 172.1.99.99
ipc.cap 100%1****************1 881k 0:00:00ETA
(下载报文至本地)
```

2.4.2 常见故障维护

1. IPC 无法观看实况

(1) 故障现象：摄像机 Web 页面无法观看实况，如图 2.35 所示。

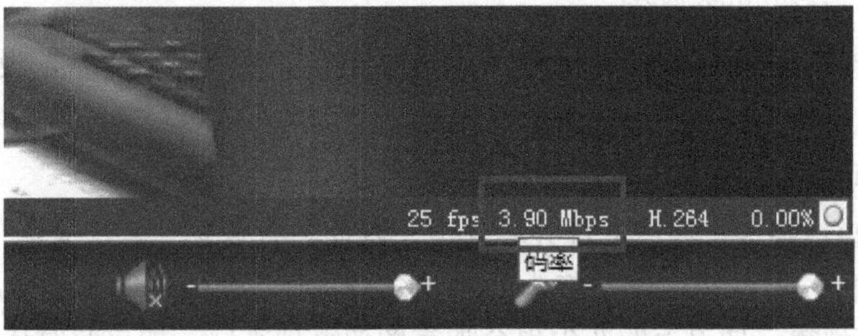

图 2.35　IPC 无法观看实况

(2) 故障原因：

- 控件未能正确安装加载。
- 电脑显卡驱动异常及电脑防火墙、IE 安全设置级别过高。
- 摄像机硬件本身存在问题，不能发送出码流。

(3) 处理方法：

- 确认控件是否正常安装，可以卸载删除控件目录下的文件，重新登录设备安装控件，保证安装时无报错信息。
- 更新电脑显卡驱动，关闭电脑防火墙，IE 安全级别正确设置。
- 查看实况界面右下角有无码流，码流为 0 则需要排查摄像机本身的问题，是否为硬件问题。

2. 摄像机昼夜模式反复切换

(1) 故障现象：摄像机在夜间光照较弱时，切换到黑白模式；切换后画面较亮或有过曝现象，又切换成彩色模式；如此反复。

(2) 故障原因：彩色模式下，随着环境光照变暗，达到切换到黑白后摄像机会自动开启红外灯，由于红外反射严重，画面很亮，达到切换彩色阈值，切换为彩色模式并关闭红外灯；环境中有其他摄像机的红外补光灯相互影响，造成反复切换。

(3) 处理方法：

- 避免在监控视野中出现强反光物体，以免出现外部反光引起反复切换。
- 不要在纸箱里测试红外效果，纸箱内测试会引起反复切换。按照红外摄像机的使用规范来安装调试，建议在室外开阔场地进行测试。

3. IPC 夜间图像发雾

(1) 故障现象：摄像机在夜间红外模式下，图像发雾。

(2) 故障原因：

- 球罩有刮花或污损。
- 安装位置有强反光源或遮光圈漏光。
- 图像参数配置不合适。

(3) 处理方法：

- 摄像机在施工安装完毕之前，不要去除保护膜；使用一段时间后，要清除球罩表面的灰尘和堆积的污渍。
- 安装时尽量避开强反光源；使用与摄像机匹配的透明护罩，在出现发雾现象时检查一下遮光圈是否完好、贴合紧密。
- 检查图像参数是否存在黑白曝光目标值过高，亮度及增益等参数设置是否恰当，尝试恢复默认图像参数观察。

4. IPC 夜间红外下图像有“雪花”

(1) 故障现象：摄像机在夜间红外模式下，画面上有荧光、雪花现象。

(2) 故障原因：通常是由于空气中的粉尘(或其他反光体)反射了摄像机发出的红外补光，形成了雪花现象；球罩上的灰尘也会加重图像这种雾感，如果此时还启用了慢快门，那么雪花会有较大的拖尾现象。

(3) 处理方法：

- 清洁球罩。
- 调整监控角度，减少灰尘影响。
- 适当降低红外灯强度(曝光补偿、增益、快门等)。

5. 模拟摄像机视频信号不稳定

(1) 故障现象：模拟摄像机信号时有时无、显示视频丢失。

(2) 故障原因：连接模拟摄像机的同轴线缆有问题或 BNC 接口有问题。

(3) 处理方法：更换同轴线缆；检测 BNC 接口。

6. 模拟摄像机输出信号黑屏

(1) 故障现象：模拟摄像机输出图像黑屏。

(2) 故障原因：视频电缆线的芯线与屏蔽网短路、断路造成的。

(3) 处理方法：检测 BNC 接口的芯和屏蔽层是否短路；更换 BNC 线缆。

7. 模拟摄像机出现跳动条纹

(1) 故障现象：摄像机图像出现跳动条纹。

(2) 故障原因：传输线的质量不好，特别是屏蔽性能差，这类视频线的线电阻过大，因而造成信号产生大衰减，这也是加重故障的原因；系统附近有很强的干扰源。

(3) 处理方法：由于产生上述的干扰现象不一定就是视频不良而产生的故障，因此这种故障原因在判断时要准确和慎重。只有排除了其他可能后，才能从视频线不良的角度去考虑。若是电缆质量问题，最好的办法当然是把有问题的电缆全部换掉，换成符合要求的电缆，这是彻底解决问题的最好办法；如果属于这种原因，解决的办法是加强摄像机的屏蔽，以及对视频电缆线的管道进行接地处理等。

8. 模拟半球图像发雾

(1) 故障现象：模拟半球摄像机图像发雾，如图 2.36 所示。

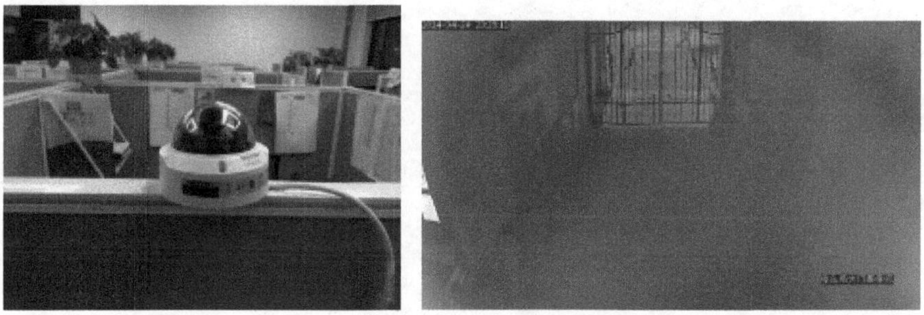

图 2.36　模拟半球图像发雾

(2) 故障原因：

- 球罩脏或有损伤。
- 旁边有强光光源或有反光物体。
- 遮光圈丢失或与球罩结合不紧密。
- 半球球罩突起导致反光。

(3) 处理方法：

- 球罩脏或有损伤时更换或清洗球罩。
- 旁边有强光光源或有反光物体时调整摄像机位置。
- 遮光圈丢失或与球罩结合不紧密时确认遮光圈问题。
- 半球球罩突起导致反光时球头避开半球球罩突起。

本 章 小 结

本章主要介绍了摄像机的基础知识以及常用术语，介绍了摄像机产品的基本知识，然后对摄像机基本配置、业务配置、基本维护等内容做了详细的讲解。通过对本章内容的学习，读者能够对摄像机有较深入的理解，能够较熟练地配置摄像机的各种业务，可对摄像机设备进行正常维护。

第3章 NVR原理及实训

学习目标

· 了解NVR的发展历程;
· 掌握宇视NVR的产品和方案特点;
· 熟练掌握NVR主要业务操作;
· 熟悉维护操作和常见问题的定位方法。

NVR，一个熟悉而又陌生的名字。此前只听说过DVR、DVS，NVR想必与DVR、DVS有着某种千丝万缕的联系。到底什么是NVR？它是否也是安防领域的一个新标志，是否将带领我们进入又一个巅峰？现在让我们一起来揭开NVR的神秘面纱。

在IP大时代的背景下，安防技术日新月异。中小型视音频管理系统历经VCR、DVR和NVR的演变过程。作为视频中间件，NVR广泛地兼容了各厂商不同类型的设备，是分布式视频监控组网的典范。

深入地学习和了解NVR能够为后续的学习打下良好的基础。

3.1　NVR的演进

3.1.1　NVR的发展历程

视频录像机的发展经历了三个阶段。最早的阶段是磁带录像机(Video Cassette Recorder，VCR)，使用磁带录制模拟视频，所得到的数据直接存储在磁带上，不需要压缩和转换。这类磁带录像机最早用于电视节目制作、家用录像等，后来逐渐引入到视频监控系统中。但其录像操作和保存麻烦，录像时间短，随着数字技术的发展，逐渐被淘汰。

第二个阶段是数字视频录像机(Digital Video Recorder，DVR)，它将视频以数字形式存储在硬盘上，实现实时监控、录像、云台控制和报警控制等功能。由于采用数字技术，它在视频存储、查询、操控方面远优于模拟监控设备。

随着经济社会的发展，各类大型项目对视频监控范围、监控点数目和网络传输性能提出了更高的要求。传统的DVR已经不能满足现实需求，网络视频录像机随着网络技术的成熟发展和推广运用得到了较大发展，其主要特点突出表现在网络化特性上，即通过网络高速交换各类数据。由于NVR(Network Video Recorder，网络视频录像机)系统中网络部件的通用性，可以实现网络监控系统的分布式架构，推进接入设备标准化，故NVR系统是视频录像机发展的第三阶段。图3.1描述了NVR的发展历程。

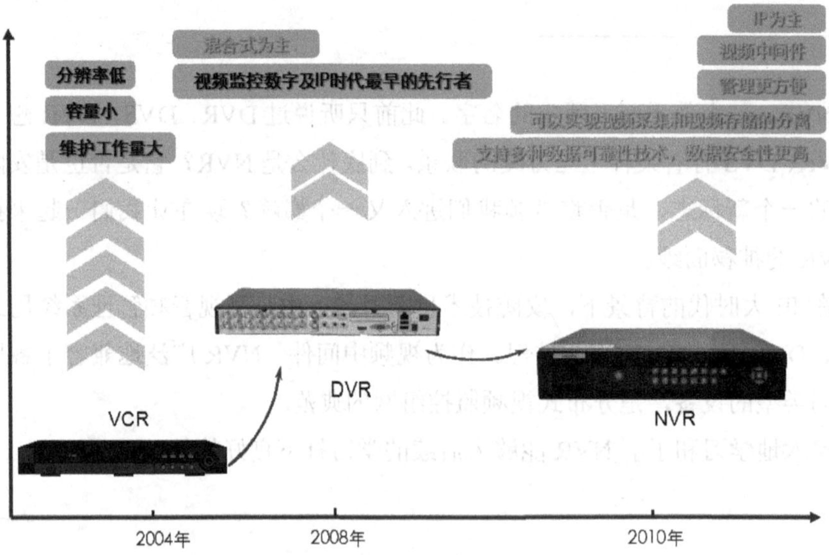

图3.1　NVR的发展历程

3.1.2　NVR的基本概念

什么是NVR？

NVR是通过网络实现观看监控视频、查看监控录像等视频监控业务的管理设备，其核心部件在于视频中间件，通过视频中间件的方式对各厂商的设备进行广泛兼容。NVR是网络通信技术、视频压缩技术、存储技术等技术发展的结果。实现了视频数据的网络化，可以直接利用已有的计算机网线组建监控网络，使整个系统的设备比大幅精减，降低了整个系统的成本，并具有高度的开放性、灵活性和集成性，为安防产业的发展提供了广阔的空间。

NVR是通过IP网络接入前端音视频采集设备和报警装置，实现监控图像浏览、录像、回放、摄像机控制和报警功能的监控主机设备。

3.1.3 NVR相对于DVR的优势

NVR是对DVR的继承和超越，它们的区别表现在以下几个方面。

1. 工作方式

传统嵌入式DVR系统为模拟前端、监控点与中心DVR之间采用模拟方式互联，因受到传输距离以及模拟信号损失的影响，监控点的位置也存在很大的局限性，无法实现远程部署。而NVR作为全网络化架构的视频监控系统，监控点设备与NVR之间可以通过任意IP网络互联，因此，监控点可以位于网络的任意位置，不会受到地域的限制。

NVR不可以独立工作，需要与前端的IP摄像机或DVS(Digital Video Server，数字视频服务器)配合使用，实现对前端视频的存储和管理。而DVR可以直接连接模拟摄像机进行视频获取、编码压缩、存储和管理，完全可以自成系统，独立工作。

2. 布线

因DVR采用模拟前端，中心到每个监控点都需要布设视频线、音频线、报警线、控制线等诸多线路，如果其中一条线出了问题就需一条一条进行人工排查，因此布线繁琐且工作量相当大，并且工程规模越大则工作量越大，布线成本也越高。而在NVR系统中，中心点与监控点都只需一条网线即可进行连接，免去了上述包括视频线、音频线等在内的所有繁琐线路，成本的降低也就自然而然了。

DVR通常具有丰富的接口，它包括视频输入输出接口、音频输入输出接口、PTZ控制接口、报警输入输出接口、存储扩展接口、网络接口等，这些接口对于自成系统的DVR来讲是基本的，必须的；而对于NVR，其功能定位在视频的存储与转发，并且通常作为“中间件”部署在二级机房，那么意味着NVR会远离现场，远离各类视频音频输入输出，远离报警接口，远离工作站。因此，为其部署多余的接口意味着成本的增加及故障点的增加。

3. 即插即用

长久以来，包括NVR在内的网络产品，因罩着网络这层神秘面纱——要设IP地址，要操作复杂的管理后台等等，一直让大部分工程商“敬而远之”。但现在，使用NVR已经不必这样了，只需接上网线，打开电源，系统会自动搜索IP前端，自动分配IP地址，自动显示多画面，在安装设置上不说是优于DVR，但至少也是旗鼓相当了。

在DVR系统中，由于其本身具有视频采集、编码压缩、存储、管理等全面的功能，可以自成系统，独立工作，因此，较少考虑不同厂商系统间的兼容性，通常视频编码方式、网络传输协议、视频文件系统等均私有化，不利于集成。但是，基于目前模拟监控超高的市场占有率和应用率，DVR 可以实现真正的“即插即用”。因为模拟监控与 DVR 的接口是非常标准的复合视频(BNC)及 PTZ 控制接口(485)，因此，从这个角度讲，DVR 具有更好的“开放性”。

4. 录像存储

DVR 受到用户欢迎的一个重要因素就是它拥有强大的录像和存储功能，但是这一性能的发挥仍受制于其模拟前端，即 DVR 无法实现前端存储，一旦中心设备或线路出现故障，录像资料就无从获取；而目前，市面上的 NVR 产品及系统可以支持中心存储、前端存储以及客户端存储三种存储方式，并能实现中心与前端互为备份，一旦因故导致中心不能录像时，系统会自动转由前端录像并存储；在存储的容量上，NVR 也配置了大容量硬盘，并设置了硬盘接口、网络接口、USB 接口，可满足海量的存储需求。

NVR 可以采用各种方式进行存储，如 DAS、SAN、NAS 等，可以采取各种级别的 RAID 技术实现数据保护，并且 NVR 的集中存储方式更有利于存储设备的集中部署，从而降低了存储设备成本、维护成本及机房成本。DVR 系统的存储通常是由 DVR 内部挂接的多块硬盘或外挂磁盘阵列完成，不便于集中存储设备的部署。但是，需要注意的是 DVR 由于存储不依赖于网络的连接，因此，网络的中断对其存储功能没有任何影响，而 NVR 的存储要求网络实时畅通，一旦网络中断，视频录像数据将会丢失，或者需要前端的编码器或 IP 摄像机具有本地视频数据的缓存功能。

5. 安全性

网络产品长期以来被认为是有安全隐患的。在没有安全可靠的机制条件下，网络确实是一个多事之地。然而，在网络监控系统中，一旦通过使用 AES 码流加密、用户认证和授权等这些手段来确保安全，网络监控产品源于网络的安全隐患就基本上消除了。目前，NVR 产品及系统已经可以实现这些保障；而相比之下，DVR 模拟前端传输的音频、视频裸信号，没有任何加密机制，很容易被非法截获，而一旦被截获则很容易被显示出来。

6. 管理

NVR 监控系统的全网管理应当说是其一大亮点。它能实现传输线路、传输网络以及所有 IP 前端的全程监测和集中管理，包括设备状态的监测和参数的浏览；而 DVR 同样又是因其中心到前端为模拟传输，从而无法实现传输线路以及前端设备的实时监测和集中管理，前端或线路有故障时，要查明具体原因，非常不方便。

从以上几点可以看出，NVR 占有优势。另一方面，当前高清视频传感器以 CMOS 为主，CMOS 传感器直接输出数字化的视频信号。在摄像机中通过 DSP 或 ASIC 对数字高清视频信号直接进行压缩编码，然后以网络方式传输，要比一般摄像机直接输出高清信号更加经济。基于上述原因，在市场上用于监控的高清摄像机基本上都是网络摄像机。它是能够接收网络摄像机发来的视音频码流并能进行本地存储和浏览的设备，以上功能就是通过 NVR 来实现的。因此，从 DVR 演变成 NVR 是高清监控的趋势，但是从另一方面来说，NVR 由于与网络直接相连，其受网络传输带宽的影响较大。这也是制约 NVR 发展的一个比较重要的因素。另外，相对于 DVR，NVR 在实时视频预览方面远远落后于 DVR，目前市场上的 NVR 产品普遍存在预览延时现象。

总的来说，DVR 网络支持功能弱，不能适应复杂的网络场景，且扩容麻烦，距离受限；DVR 组网环境下图像清晰度低。NVR 扩容只要将网络前端接入网络即可，不受距离限制；NVR 将编码前置，图像无损传输，清晰度高。

3.2　NVR 介绍

3.2.1　NVR 产品命名规则

NVR 产品如图 3.2 所示。

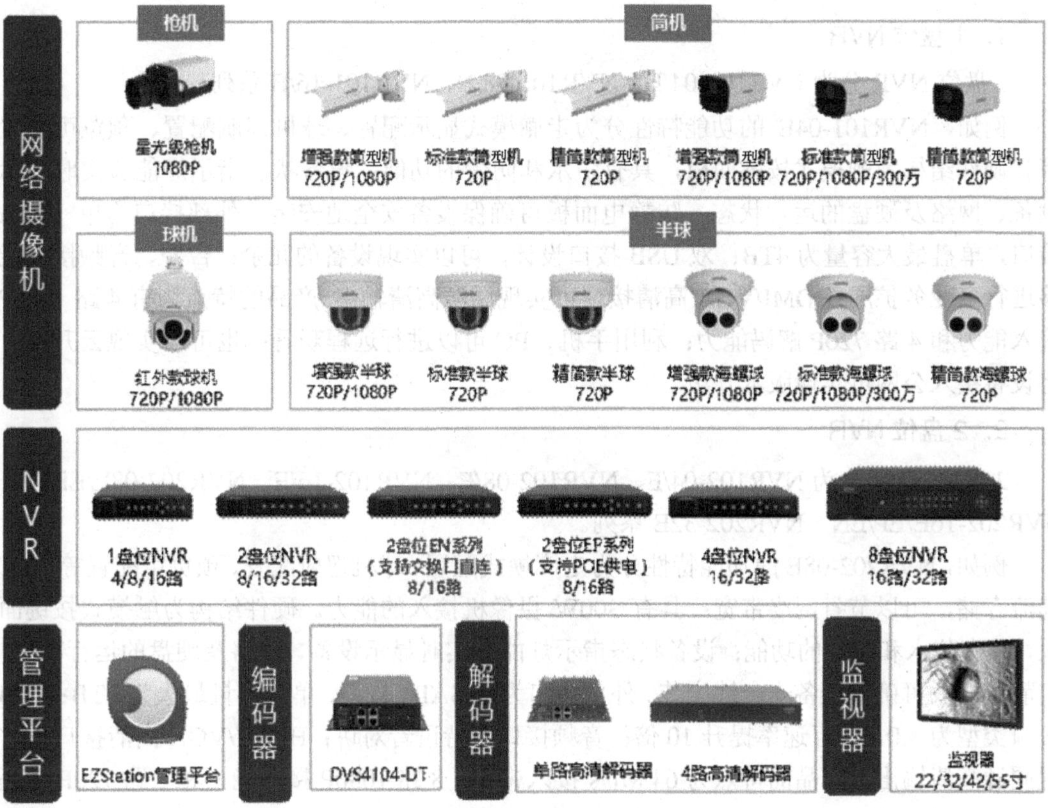

图 3.2　NVR 产品

NVR 命名规则如下：

① NVR——网络视频录像机；

② 产品定位：1 和 2 为低端产品，3～5 为中高端产品，6～9 为高端产品；

③ 硬盘盘位：01 为 1 盘位，02 为 2 盘位，04 为 4 盘位，08 为 8 盘位，其他为预留；

④ 视频接入通道数：04 为 4 路，08 为 8 路，16 为 16 路，32 为 32 路，其他为预留；

⑤ 缺省：S 为标准款，E 为增强款，L 为经济款型，其他为预留；

⑥ 产品形态补充说明：缺省表示只支持常规接口，N 为带交换口，网口交换，P 为 POE 供电，其他为预留。

例如，型号为 NVR101-04 和 NVR202-16EP 的命名规则如表 3.1 所示。

表 3.1　NVR101-04 和 NVR202-16EP 的命名规则

型号	产品名称	型号分解							
NVR101-04	网络视频录像机	NVR	1	0	1	-0	4		
NVR202-16EP	网络视频录像机	NVR	2	0	2	-1	16	E	P
		①	②		③		④	⑤	⑥

3.2.2　NVR 产品介绍

1. 1 盘位 NVR

1 盘位 NVR 分为 NVR101-04/E、NVR101-08/E、NVR101-16/E 系列。

例如，NVR101-04E 的功能特性分为走廊模式显示配置、球机巡航配置、预览可配置等。硬件结构为触摸式按键面板，具有防水和防尘的功能；设备状态指示灯能够实时显示设备、网络及硬盘的运行状态；防静电面板可确保设备安全地安装。外部接口为单 SATA 接口，单盘最大容量为 4TB；双 USB 接口设计，可以实现设备的冗余；告警、音频接口能够进行多业务扩展；HDMI/VGA 高清接口可实现同源高清输出。产品的特点为有 4 路 1080P 接入能力和 4 路 720P 解码能力；利用手机、PC 可以进行远程观看；也可以实现云升级，将设备接入公网可实现版本升级。

2. 2 盘位 NVR

2 盘位 NVR 分为 NVR102-04/E、NVR102-08/E、NVR102-16/E、NVR202-08E/EP/EN、NVR202-16E/EP/EN、NVR202-32E 系列。

例如，NVR202-08E 的功能特性分为走廊模式配置、球机巡航配置、预览可配置等。IPC 辅流存储，可以节省网络带宽；具有 300W 摄像机接入的能力。硬件结构为触摸式按键面板，具有防水和防尘的功能；设备状态指示灯能够实时显示设备、网络及硬盘的运行状态；防静电面板可确保设备安全地安装。外部接口为双 SATA 接口，单盘容量最大为 6TB；USB 接口类型为 3.0，交互速率提升 10 倍；音频接口支持语音对讲；HDMI/VGA 高清接口可实现同源高清输出。产品的特点为 64 Mb/s 接入带宽，8 路 1080P 接入能力和 8 路 720P 解码能力；利用手机、PC 可以进行远程观看；也可以实现云升级，将设备接入公网可实现版本升级。

NVR202-08EN 的功能特性为走廊模式配置、球机巡航配置、预览可配置等。IPC 辅流存储，可以节省网络带宽；具有 300W 摄像机接入能力。硬件结构为触摸式按键面板，具有防水和防尘的功能；设备状态指示灯能够实时显示设备、网络及硬盘的运行状态；具有 19 英寸、1U 的机箱，能够满足机架式安装方式。外部接口为 8 个百兆位交换网口，节省交换机部署；USB 接口类型为 3.0，交互速率提升 10 倍；音频接口支持语音对讲；HDMI/VGA 高清接口可实现同源高清输出。产品的特点为 64 Mb/s 接入带宽；8 路 1080P 接入能力及 8

路 720P 解码能力；利用手机、PC 可以进行远程观看；也可以实现云升级，将设备接入公网可实现版本升级。

NVR202-16EP 的功能特性为即插即用、走廊模式配置、球机巡航配置、预览可配置等。IPC 辅流存储，可以节省网络带宽；具有 300W 摄像机接入能力。硬件结构为触摸式按键面板，具有防水和防尘的功能；设备状态指示灯能够实时显示设备、网络及硬盘的运行状态；具有 19 英寸、1U 的机箱，能够满足机架式安装方式。外部接口为双 SATA 接口，单盘容量最大为 6TB；USB 接口类型为 3.0，交互速率提升 10 倍；音频接口支持语音对讲；HDMI/VGA 高清接口可实现同源高清输出。产品的特点为 128 Mb/s 接入带宽；16 路 1080P 接入能力及 16 路 720P 解码能力；利用手机、PC 可以进行远程观看；也可以实现云升级，将设备接入公网可实现版本升级。

3. 8 盘位 NVR

8 盘位 NVR 分为 NVR208-16、NVR208-32 系列。

例如，NVR208-32 的功能特性为走廊模式配置、球机巡航配置、预览可配置等。IPC 辅流存储，可以节省网络带宽；具有 300W 摄像机接入能力。硬件结构为触摸式按键面板，具有防水和防尘的功能；设备状态指示灯能够实时显示设备、网络及硬盘的运行状态；具有 19 英寸、2U 的机箱，能够满足机架式安装方式。外部接口为八 SATA 接口，单盘最大容量为 6TB；USB 接口类型为 3.0，交互速率提升 10 倍；音频接口支持语音对讲；HDMI/VGA 高清接口可同源高清输出。产品的特点为 200 Mb/s 接入带宽；32 路 1080P 接入能力及 16 路 720P 解码能力；利用手机、PC 可以进行远程观看；也可以实现云升级，将设备接入公网可实现版本升级。

NVR 的业务特点如图 3.3 所示。

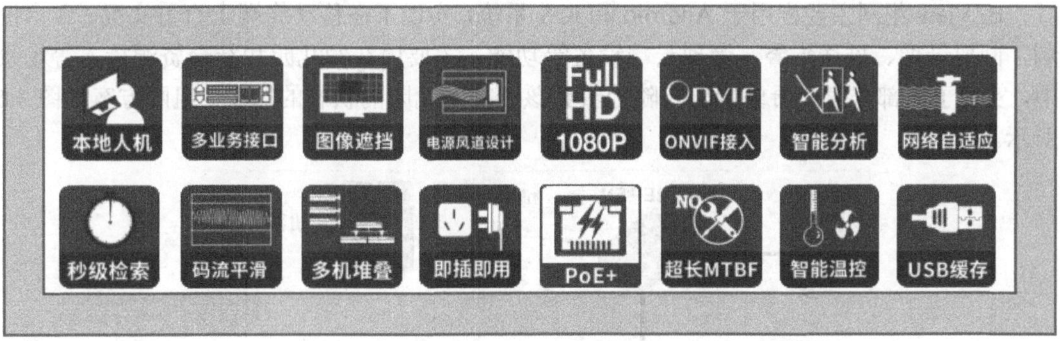

图 3.3　NVR 的业务特点

3.2.3　NVR 组网方案和应用场景解析

NVR 组网方案多种多样，非常灵活，下面将介绍几种在现实生活中应用较多的实例。

图 3.4 就是一个简单的 NVR 组网方案。它可以实现本地人机和远程访问，并广泛应用于商业、社会资源接入、小型园区等场所。

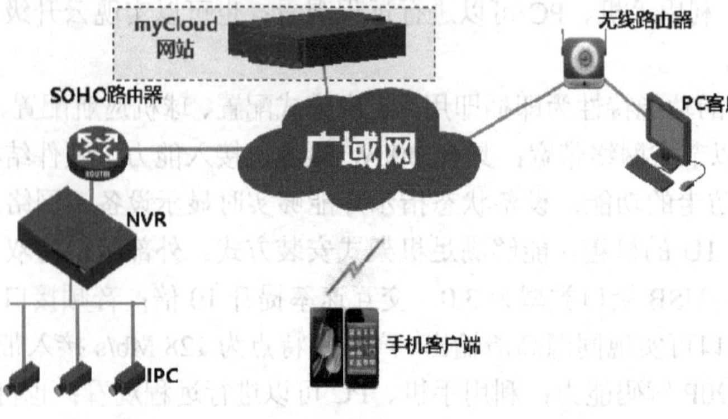

图 3.4　NVR 组网方案

NVR 本地人机预览组网简单实用，适用于 NVR 本地局域网。咖啡店、快餐店等都是其典型应用场景。组网方案如图 3.5 所示。

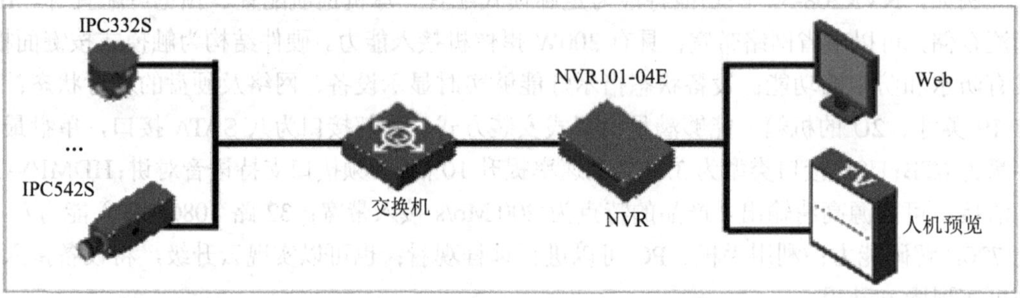

图 3.5　NVR 本地人机预览组网方案

EZView 组网主要应用于 Android 和 iOS 系统，实现了在移动终端上查看实况、云台控制、回放录像、推送告警、管理云端设备等功能，主要用在幼儿园和社会资源接入等场景中，实现了大部分家长希望能随时随地看到孩子在幼儿园的状态的愿望。组网方案如图 3.6 所示。

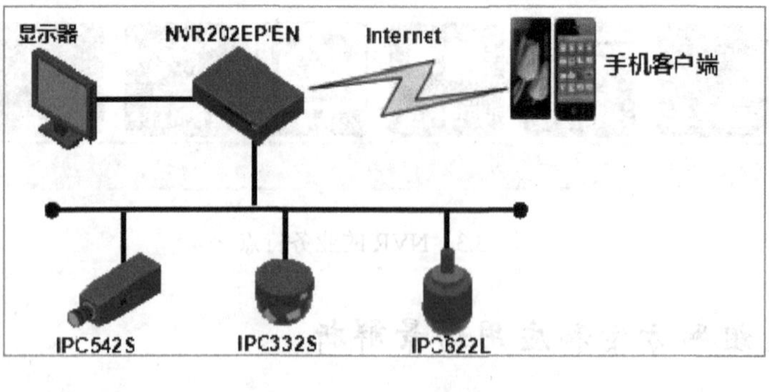

图 3.6　EZView 组网方案

EZStation 管理 NVR 和解码器的组网适用于中小型视频监控应用，其部署简单、操作方便，可以同时管理多台 NVR 和解码器，能够实现视频实时浏览、录像回放、监控点管理、录像存储管理、告警、轮巡、电视墙、电子地图等丰富的视频监控业务功能，同时能够集成 NVR、DVR、服务器本地存储等多种存储功能。这种组网适用于大型商场、连锁店等场景，该场景下拥有多台 NVR 和独立的监控室，并对监控场景有一定的要求。它的组网方案如图 3.7 所示。

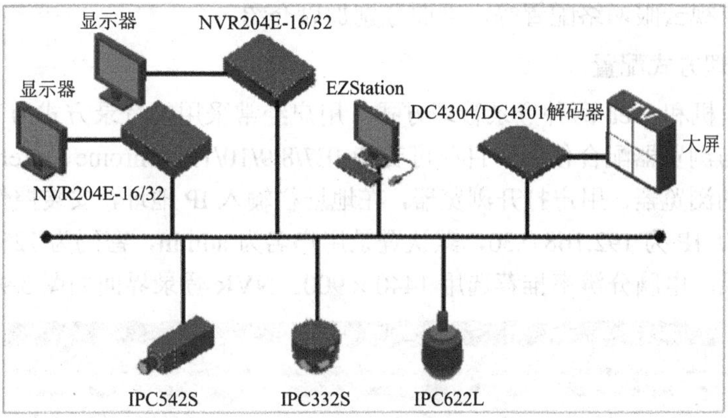

图 3.7　EZStation 管理 NVR 和解码器的组网方案

3.3　常见业务配置与管理

3.3.1　配置 NVR 基本业务

NVR 常见的业务分为实况与预览、回放、存储、告警、云台等。能做到支持多屏高清预览、支持多路和多种方式的同步回放，支持存储计划配置，支持 S.M.A.R.T.检测，支持多种告警输入、输出，支持多种告警联动管理，支持多种协议的云台控制等。NVR 的连接设备如图 3.8 所示。

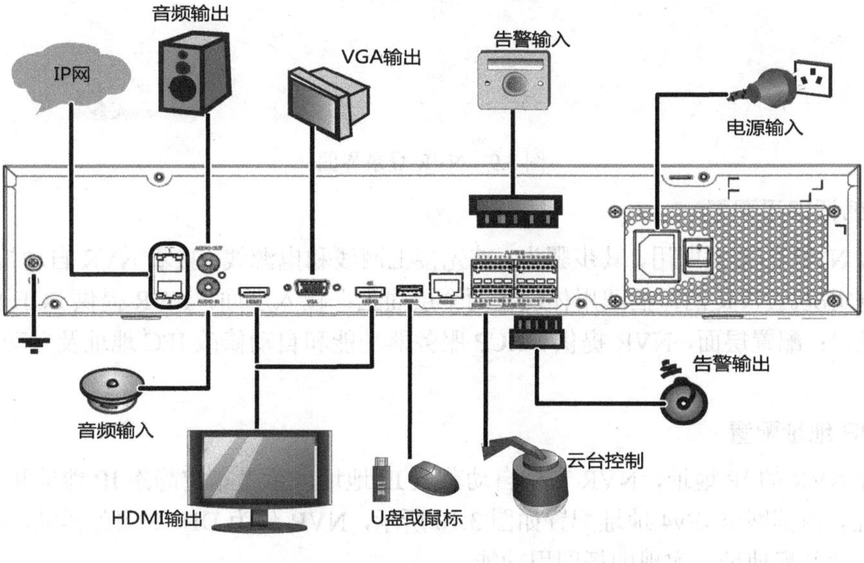

图 3.8　NVR 的连接设备

机柜安装分为托盘或滑轨两种。安装时要求工作台干净、稳固。硬盘安装方式分为无硬盘安装板安装和有硬盘安装板安装两种。

NVR 基本业务配置主要有登录管理方式配置、即插即用配置、IP 地址配置、搜索并添加 IPC 配置、宇视云眼网络配置等，下面分别加以介绍。

1．登录管理方式配置

系统提供人机和 Web 两种登录管理方式。用户经常采用的登录方式为 Web 登录方式，Web 登录需要与浏览器配合使用，目前可支持 IE7/8/9/10/11、chrome、firefox、opera 以及国内 90%以上的浏览器。用户打开浏览器，在地址栏输入 IP 地址，安装控件后即可登录客户端。NVR 默认 IP 为 192.168.0.30，默认登录用户名为 admin，密码为 123456。为了获得更好的显示效果，电脑分辨率推荐选用 1440 × 900。NVR 登录界面如图 3.9 所示。

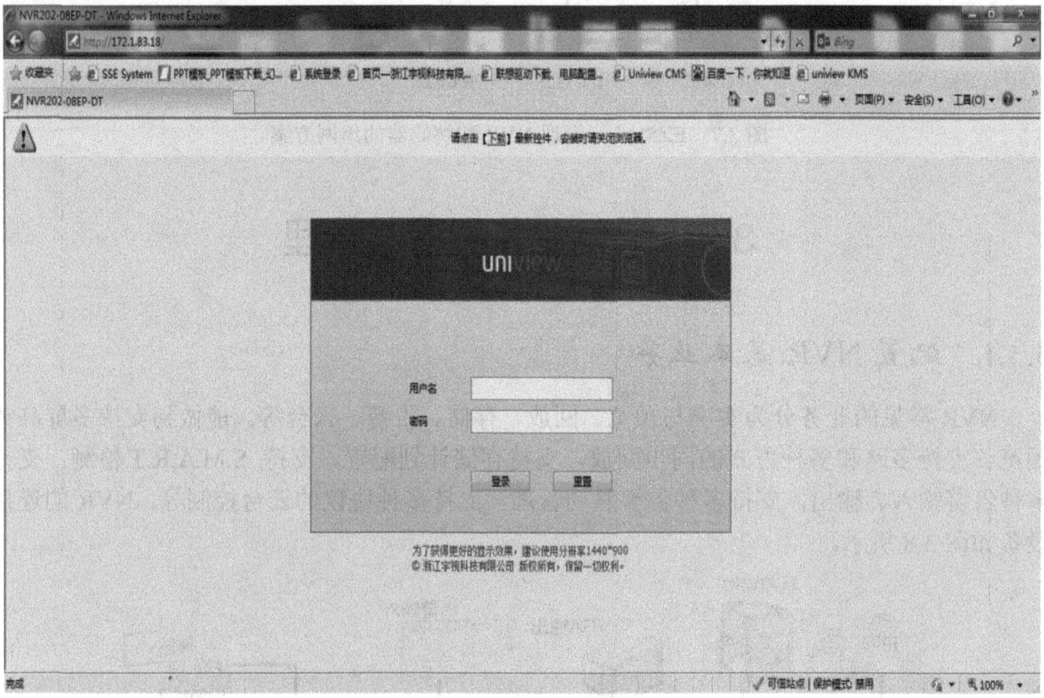

图 3.9　NVR 登录界面

2．即插即用配置

实现 NVR 的即插即用，其步骤为：首先接上网线和电源线；接着 NVR 自动搜索前端；最后预览实况。NVR 的即插即用体现在两个层面上：接入层面，NVR 提供 POE 供电和多业务交换口；配置层面，NVR 提供 DHCP 服务器功能和自动修改 IPC 地址及自动添加 IPC 的功能。

3．IP 地址配置

配置 NVR 的 IP 地址，NVR 支持自动获取 IP 地址、手工指定静态 IP 地址和内部网卡 IPv4 地址。内部网卡 IPv4 地址配置如图 3.10 所示，NVR 作为 DHCP 服务器端，用于给前端 IPC 自动分配地址，实现即插即用功能。

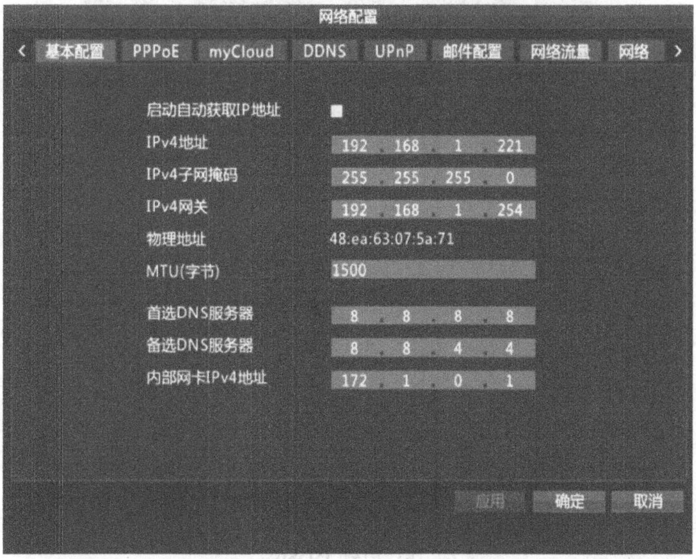

图 3.10　内部网卡 IPv4 地址配置

4. 搜索并添加 IPC

搜索并添加 IPC，支持快速搜索和指定网段搜索，添加 IPC 的协议有宇视和 Onvif 两种可选，可以实现批量添加 IPC。搜索并添加 IPC 配置如图 3.11 所示。

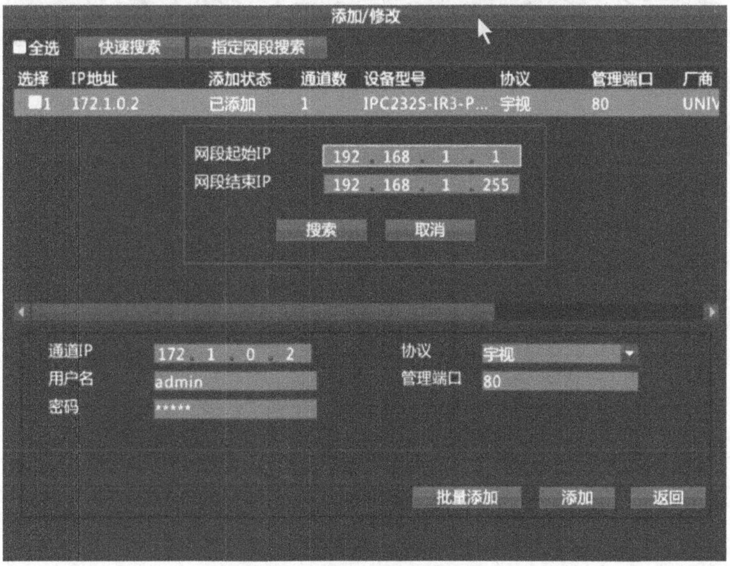

图 3.11　搜索并添加 IPC 配置

5. 宇视云眼网络配置

NVR 支持 PPPoE 功能，可实现单机接入互联网，支持 DDNS 注册，绑定宇视 EZCloud 实现设备被随时随地访问，NVR 侧配置只需四步：① 启动 PPPoE；② 启动 DDNS；③ 启动 UPnP；④ 启动 myCloud。如图 3.12(a)～(d)所示。

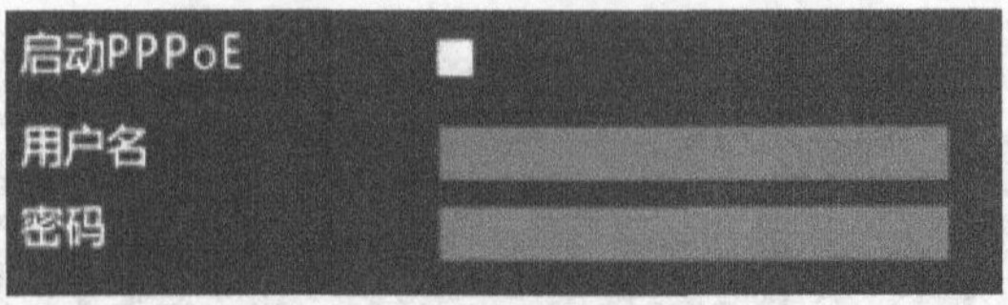

(a) 启动 PPPoE

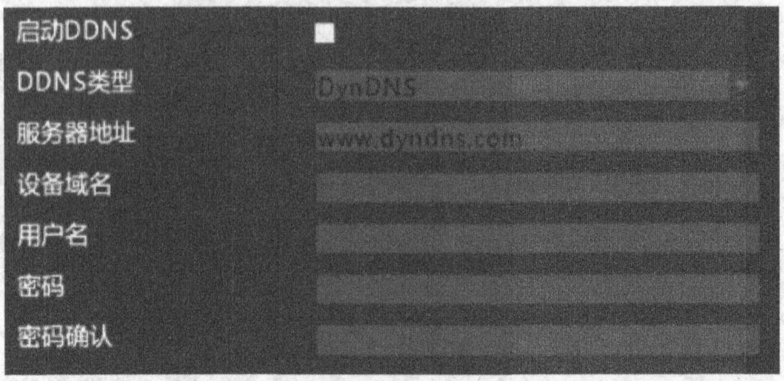

(b) 启动 DDNS

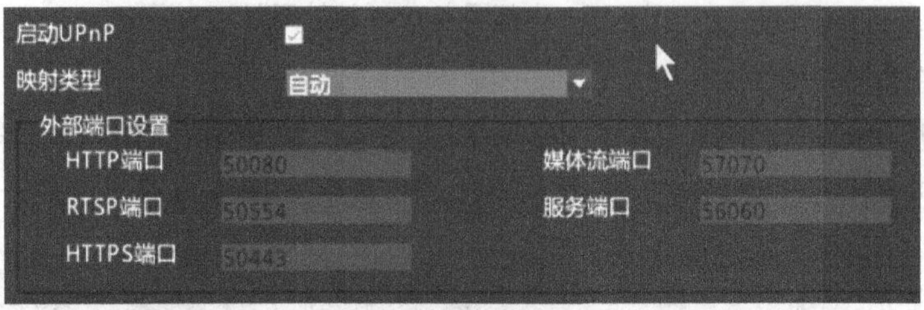

(c) 启动 UPnP

(d) 启动 myCloud

图 3.12　NVR 侧配置

3.3.2　配置 NVR 实况业务

NVR 实况业务的配置主要包括实况与预览配置、电子放大配置、IPC 通道配置、IPC 通道参数配置、图像参数配置、通道 OSD 配置、IPC 通道的抓图配置、隐私遮盖配置、云台和球机巡航配置、选定预览实况画面配置、选定预览窗格样式配置、预览画面轮巡配置、运动检测及联动动作配置等，下面分别加以介绍。

(1) 实况与预览。使用 VGA/HDMI 输出到显示器上，默认开机画面即为预览画面。支持单画面、多画面、走廊模式预览和轮巡，预览画面支持快捷工具栏操作，包括云台控制，图像配置等，如图 3.13 所示。

图 3.13　实况与预览界面

(2) 电子放大。实况和回放页面均支持电子放大业务，这样就方便了对关键敏感信息的获取，效果如图 3.14 所示。

图 3.14　电子放大效果

(3) 配置 IPC 通道。IPC 通道配置支持手工添加、快速添加和网段添加，并支持对在线的通道进行修改配置；支持对 IPC 进行云升级和 U 盘升级，并对升级进度和状态进行掌控；还可以实现 IPC 升级的一键管理。配置界面如图 3.15 所示。

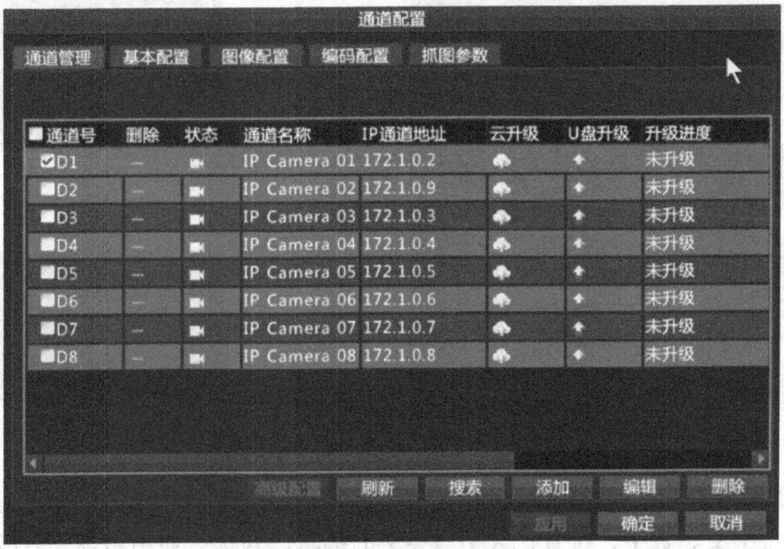

图 3.15　IPC 通道配置

(4) 配置IPC通道参数，实现对IPC参数的集中管理功能。可通过NVR修改配置IPC的图像参数、OSD位置、存储方式、图像制式、分辨率、码率、编码类型、帧率和是否启用辅流等参数。配置路径：通道配置→编码配置→图像配置→基本配置，如图3.16所示。

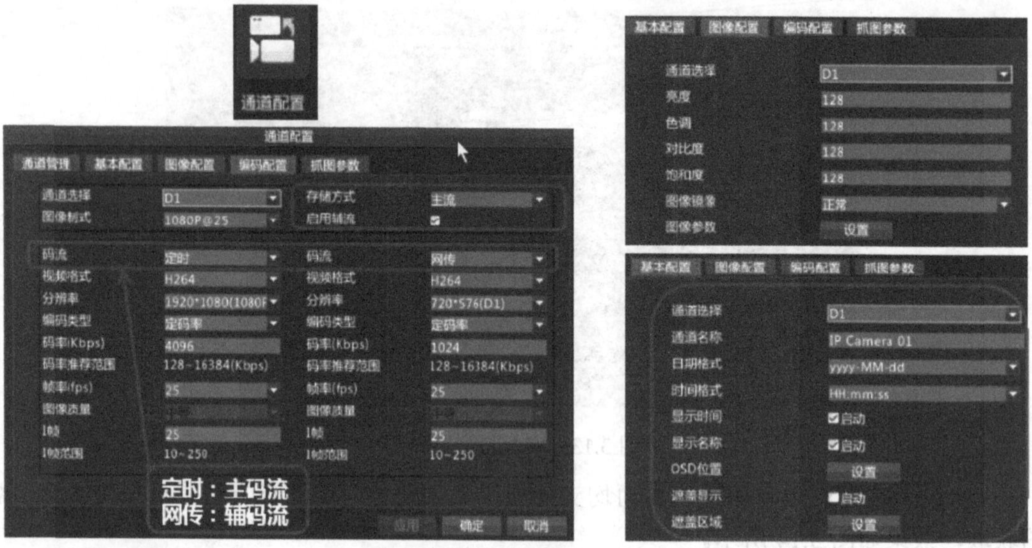

图 3.16　IPC通道参数配置

(5) 配置图像参数。界面模式分为室外模式和室内模式。室外模式的颜色更艳丽，细节更清楚；室内模式的颜色更真实，视觉效果更柔和。默认情况下图像参数一般会取得最佳图像效果(默认数值为128)，个别场景可以通过调节参数达到最佳图像效果。配置界面如图3.17所示。

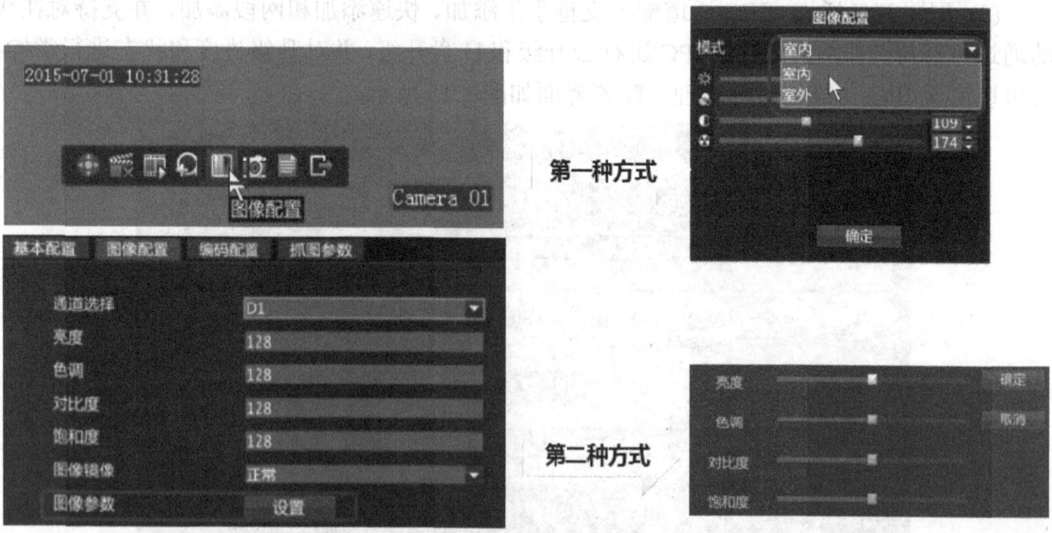

图 3.17　图像参数配置

(6) 配置通道OSD。NVR实况业务配置支持对通道名称、日期显示位置进行配置。通道名称可支持中文、数字、符号、大小写英文的编辑，勾选“显示名称”方能生效；日期支持两种格式，勾选“显示时间”方能生效，时间格式分别为yyyy年MM月dd日星期X

模式和 yyyy-MM-dd 模式。配置路径：通道配置→基本配置。配置界面如图 3.18 所示。

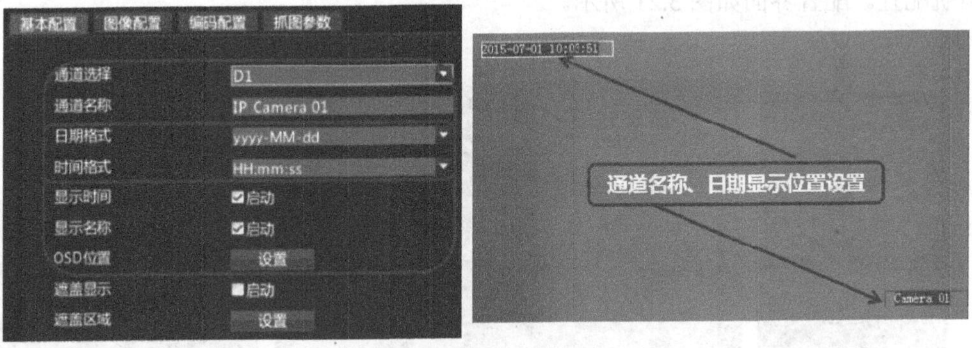

图 3.18　通道 OSD 配置

(7) 配置 IPC 通道的抓图。该系统支持 NVR 对通道设置定时抓图和事件抓图，图片参数可通过抓图参数进行配置。配置界面如图 3.19 所示。

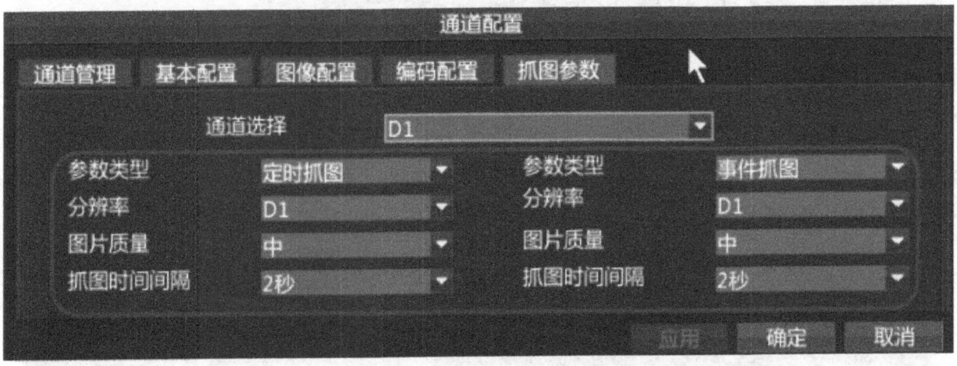

图 3.19　IPC 通道的抓图配置

(8) 配置隐私遮盖。遮盖区域绘制成功后，IPC 在实况和录像时均不会显示此区域实际具体画面，而是显示一个黑色方框，用于对画面隐私信息的遮挡。配置路径：通道配置→基本配置。配置界面如图 3.20 所示。

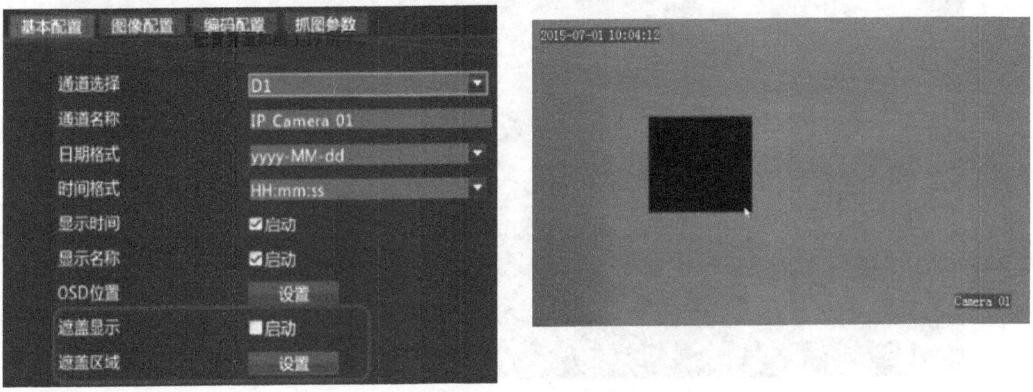

图 3.20　隐私遮盖配置

(9) 配置云台和球机巡航。云台配置可以通过 NVR 进行下发，支持预置位配置和预置位巡航配置。配置界面如图 3.21 所示。

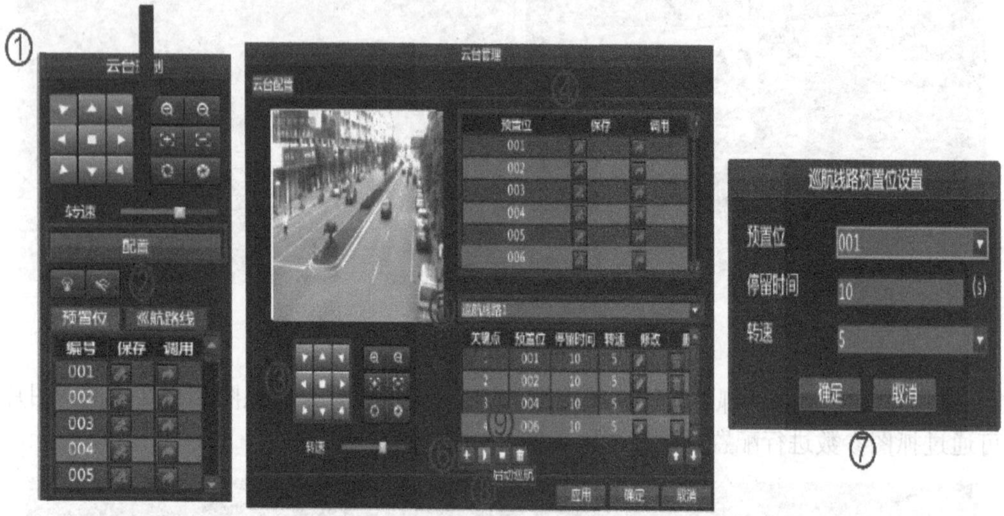

图 3.21　云台和球机巡航配置

(10) 选定预览实况画面，支持将特定通道 IPC 定制到某个预览窗格中，同时支持一键“全部开启预览”和一键“全部停止预览开关”选项，配置方便。人机配置路径：系统配置→视图配置。配置界面如图 3.22 所示。

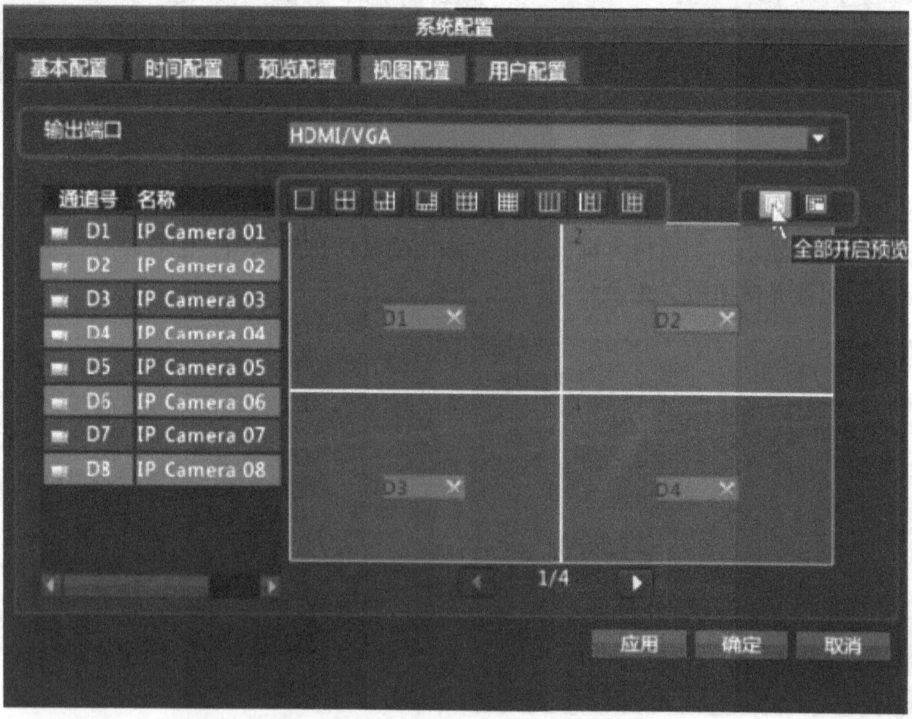

图 3.22　预览实况画面的选定界面

(11) 选定预览窗格样式。NVR 系统支持对输出端口、显示分辨率、开机默认画面、轮巡参数、界面透明度和屏保时间进行配置，人机配置路径：系统配置→预览配置。配置界面如图 3.23 所示。

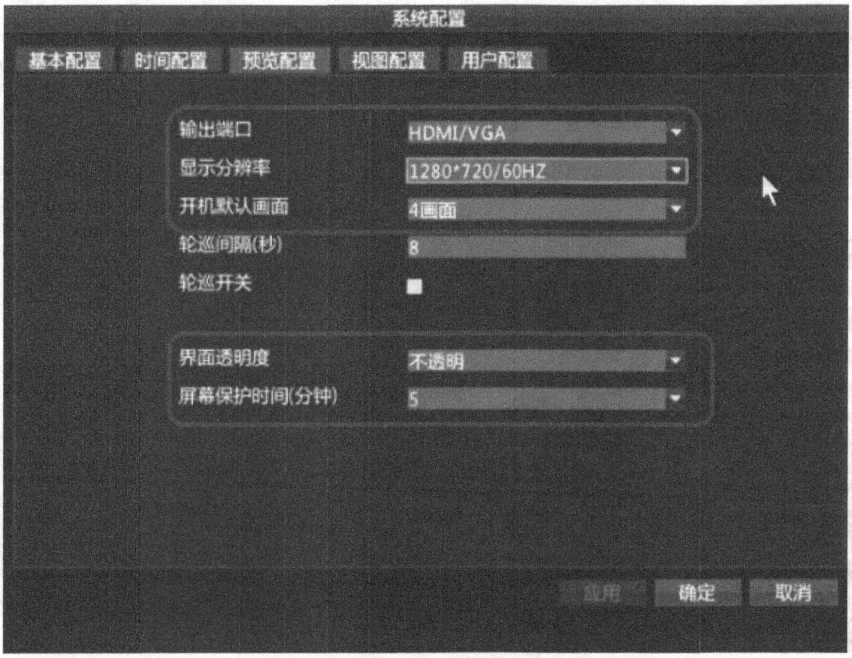

图 3.23　预览窗格样式的选定窗口

(12) 配置预览画面的轮巡。轮巡间隔即图像切换的时间间隔。轮巡间隔范围为：8～3600 s，轮巡间隔默认情况下是 8 s (即最小切换时间为 8 s)。点击启动轮巡后就按照当前的分屏数及设置的轮巡时间间隔开始轮巡，当要关闭轮巡时点击停止轮巡即可。配置界面如图 3.24 所示。

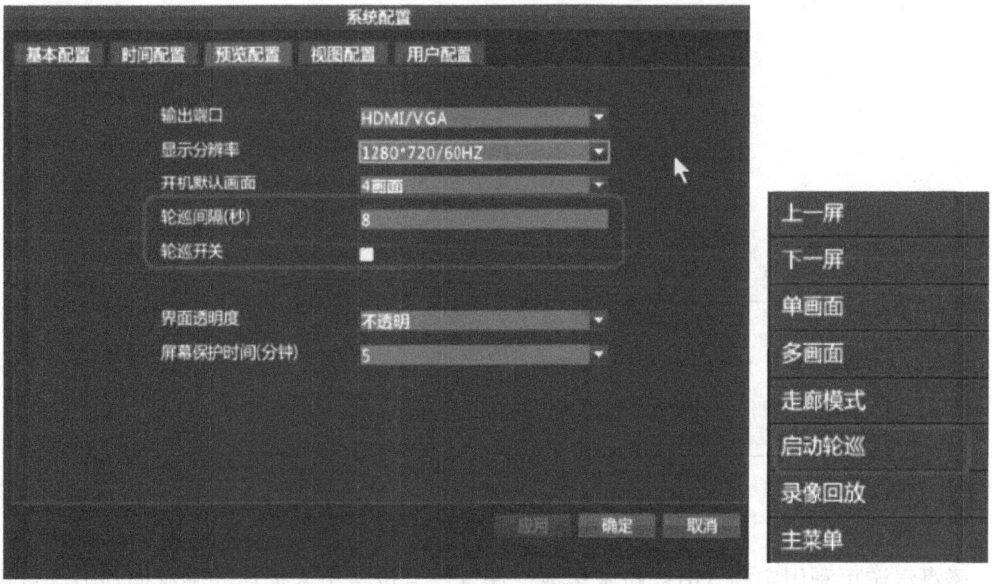

图 3.24　预览画面的轮巡配置

(13) 配置运动检测及联动动作。运动检测联动告警配置是较常见的业务功能，常用于监控库房门口、商店、小区门口等部分地段场景。配置界面如图 3.25 所示。

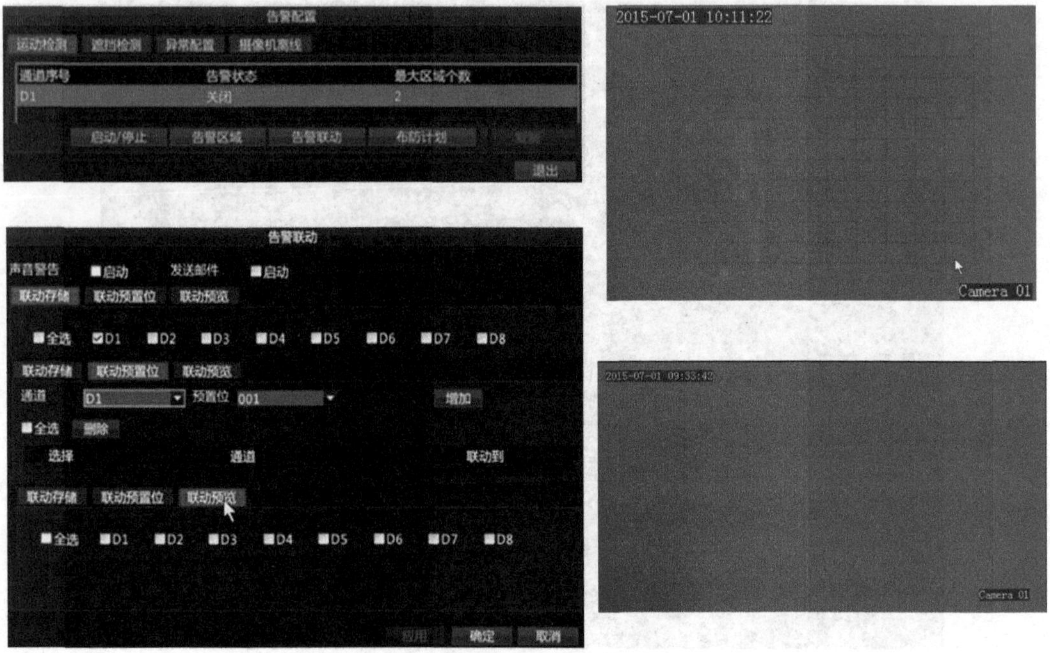

图 3.25　运动检测及联动动作配置

3.3.3　配置 NVR 回放业务

NVR 回放业务的录像管理可以并行支持手动操作和计划录像，保障 7 × 24H 不间断存储，支持主辅流存储方式的选择。录像管理的实现业务如图 3.26 所示。

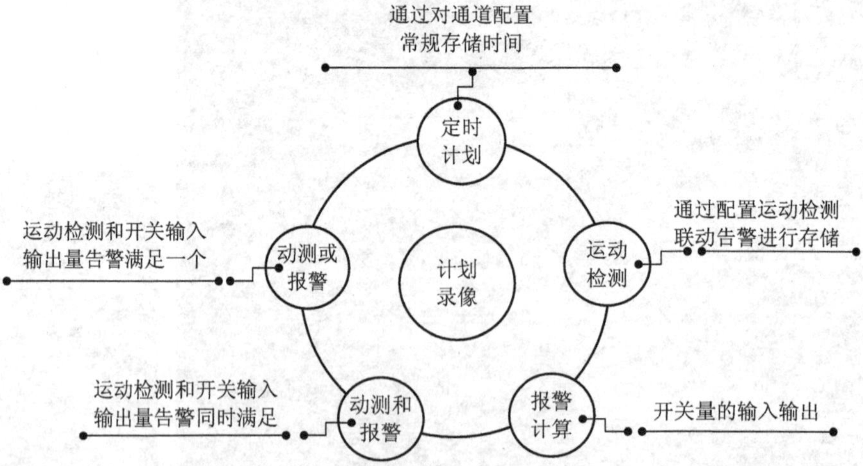

图 3.26　录像管理的业务

磁盘漫游可利用宇视 UBS 技术实现。任意一台设备中未损坏的硬盘插到另一台设备时，硬盘中保存的录像可以通过通道号相同的摄像机查询到，同时可以回放和下载。也可以在某一台设备出现损坏时将其硬盘取出来，换到另一台设备上，用户的数据不会丢失。推荐同类型号设备之间采用磁盘漫游。

NVR 回放业务的配置主要包括硬盘管理配置、指定存储方式配置、录像计划配置、手动录像配置、录像备份配置、图片备份配置、回放业务配置、最大路数回放和普通回放配置、走廊回放配置、添加录像标签、剪辑和锁定配置、标签回放配置、事件回放和外部文件回放配置等，下面分别加以介绍。

(1) 硬盘管理配置。该系统支持对硬盘属性进行配置，支持硬盘状态、硬盘容量和硬盘厂商等信息的读取，如果硬盘属性为只读则无法格式化。存储配置如图 3.27 所示。

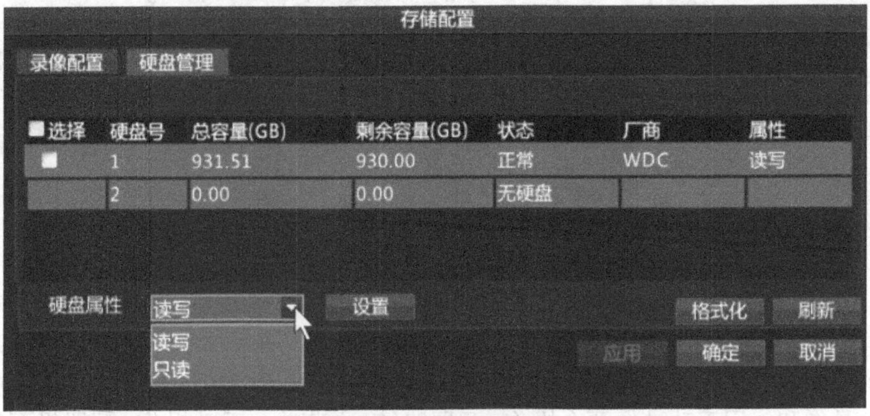

图 3.27　存储配置

(2) 指定存储方式配置。该系统支持主码流和辅码流存储，其配置界面如图 3.28 所示。

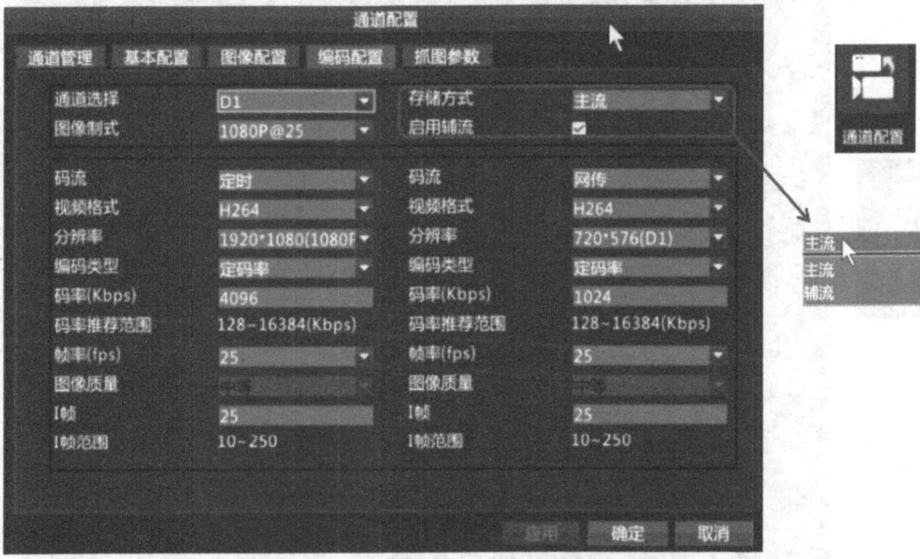

图 3.28　存储方式配置

(3) 录像计划配置。系统支持全天 8 个时间段的按计划录像，支持丰富的事件录像，默认启动 7×24 小时按计划存储录像，支持警前预录时间和警后录像时间设置。配置路径：主菜单→存储配置。配置界面如图 3.29 所示。

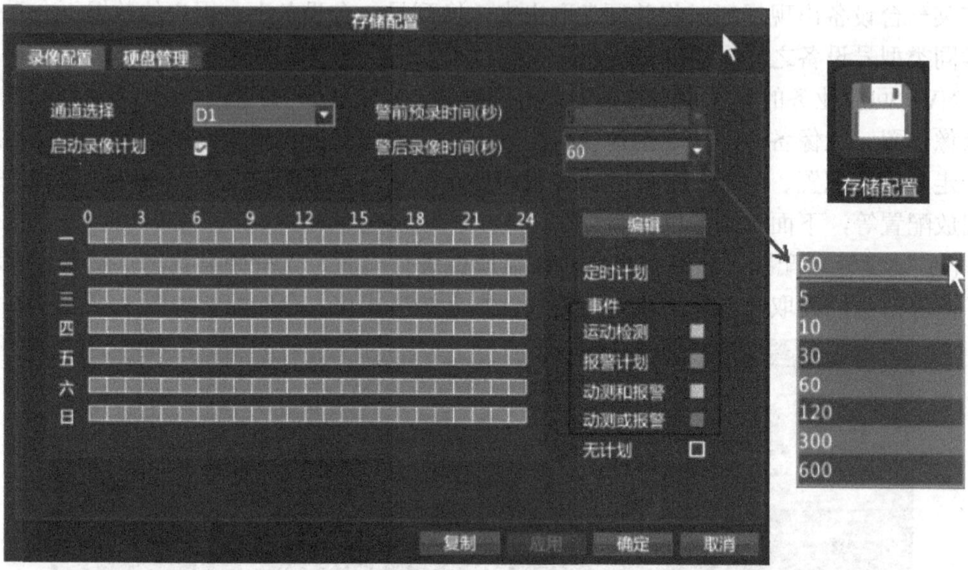

图 3.29　录像计划配置

(4) 手动录像配置。手动录像提供对计划录像的补充，用户录像存储在 NVR 的硬盘上，和计划录像配合使用，实现录像无缝连接，操作简单。在安装了硬盘的前提下，可以进行启用手动录像和停用手动录像两个操作，配置路径：主菜单→手动操作。配置界面如图 3.30 所示。

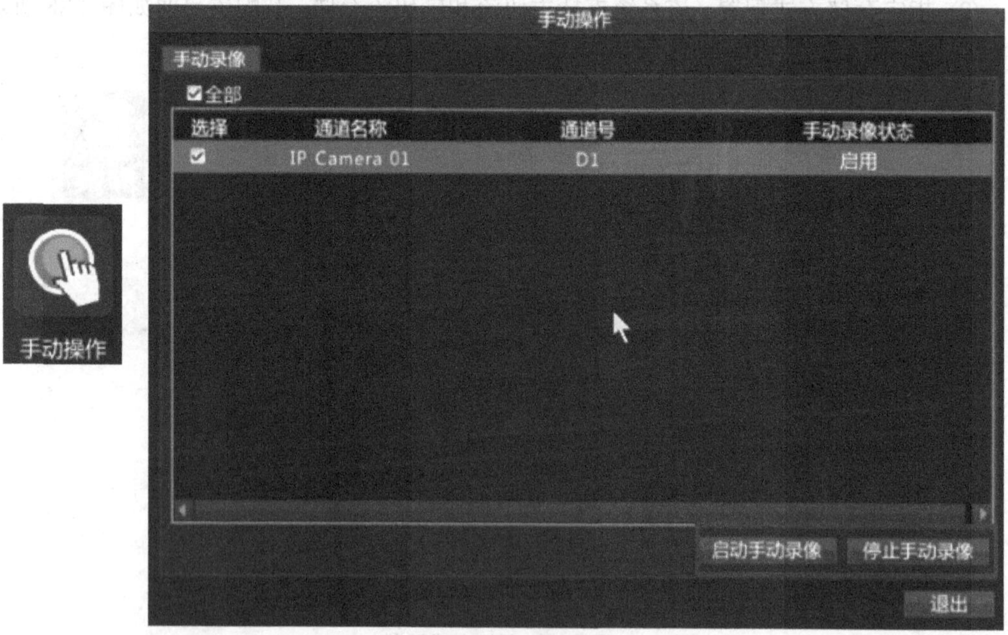

图 3.30　手动录像配置

(5) 录像备份配置。该系统支持对硬盘的录像手动备份到外接 U 盘，配置界面如图 3.31 所示。

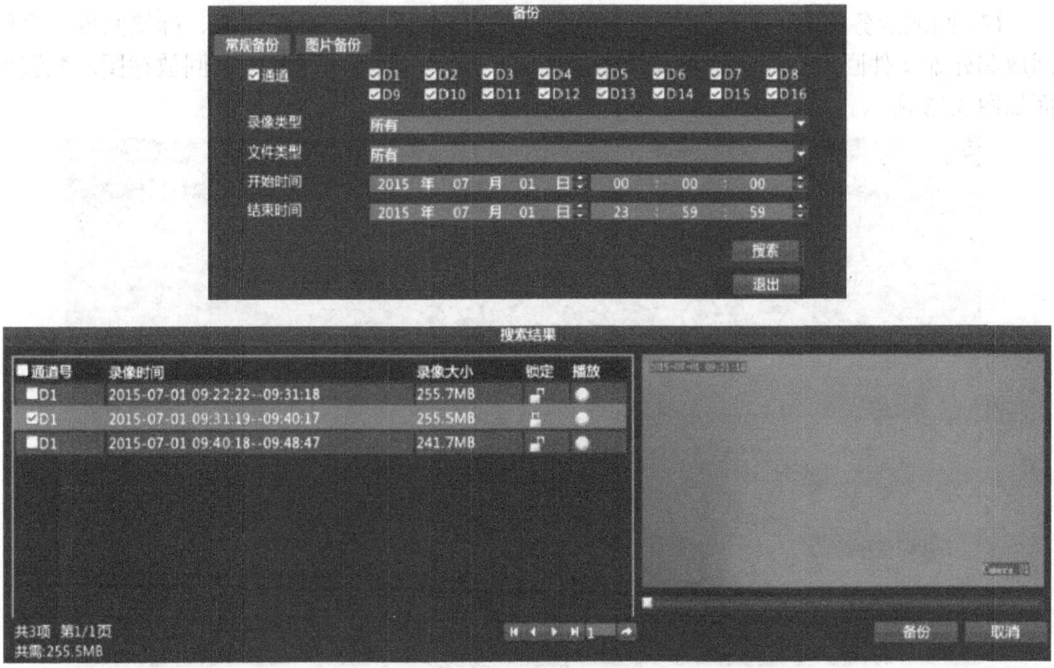

图 3.31　录像备份配置

(6) 图片备份配置。对于抓拍的图片可以手动备份到外接 U 盘，配置界面如图 3.32 所示。

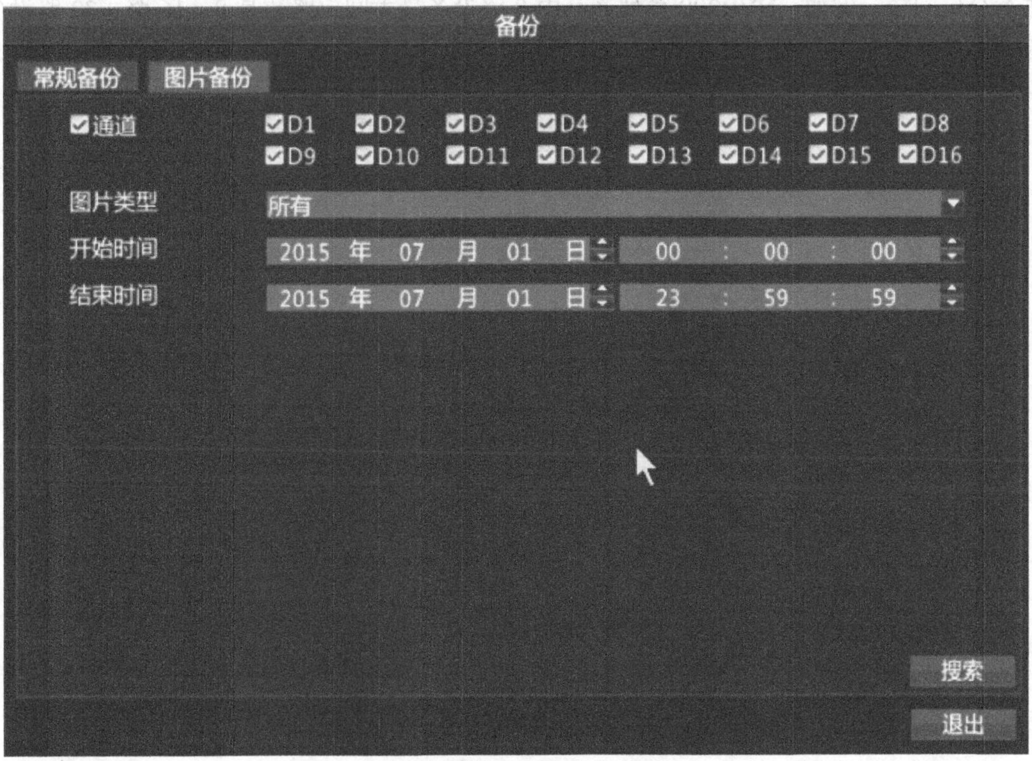

图 3.32　图片备份配置

(7) 回放业务配置。系统支持最大路数回放、普通回放、走廊回放、标签回放、事件回放和外部文件回放，并支持对录像添加标签、锁定、回放电子放大和回放截图。配置界面如图 3.33 所示。

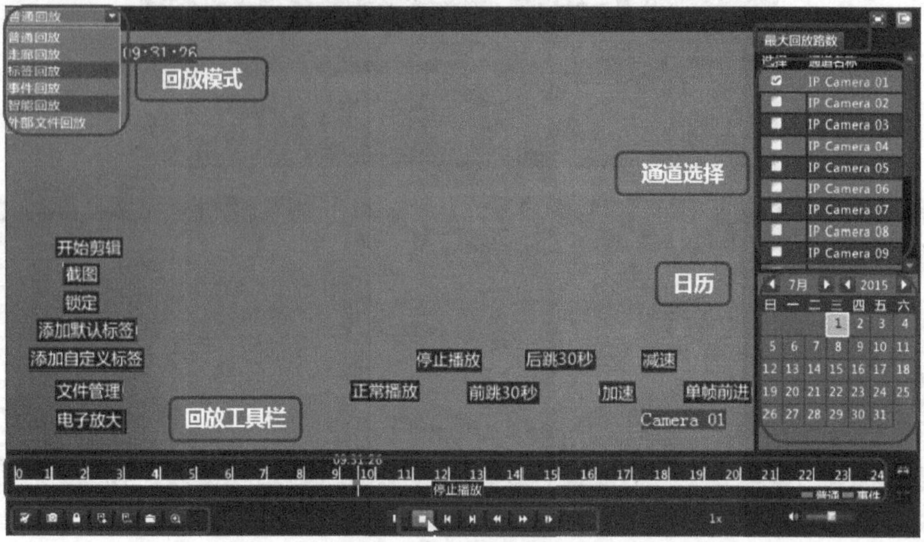

图 3.33　回放业务配置

(8) 最大路数回放和普通回放配置。最大路数回放即按照此 NVR 支持的最大回放路数进行分屏回放。例如，NVR200 系列产品中 8 路设备最大回放路数是 8，16 路、32 路设备最大回放路数是 16。配置界面如图 3.34 所示。

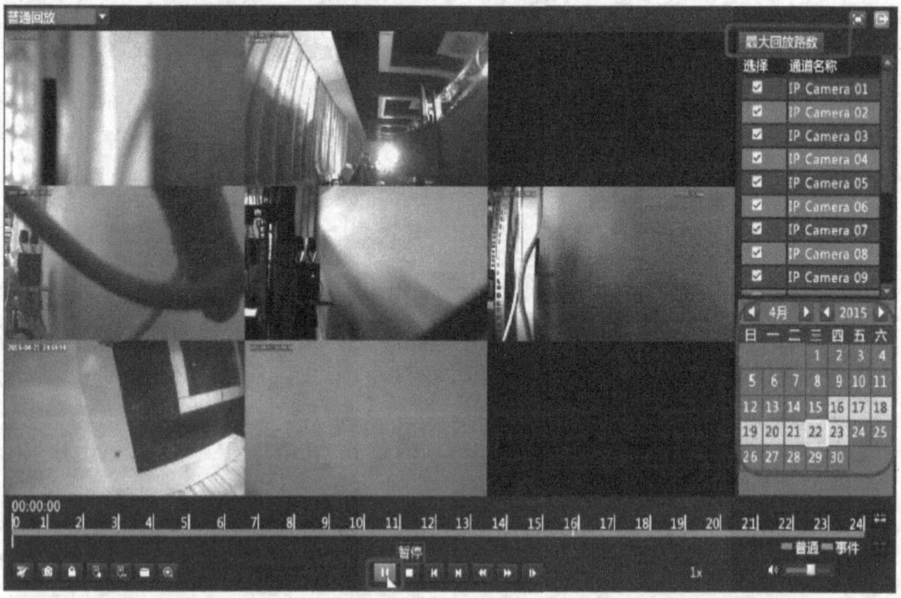

图 3.34　最大路数回放和普通回放配置

(9) 走廊回放配置。系统最多支持 3 个通道同时走廊回放，最少支持 1 个通道回放。配置界面如图 3.35 所示。

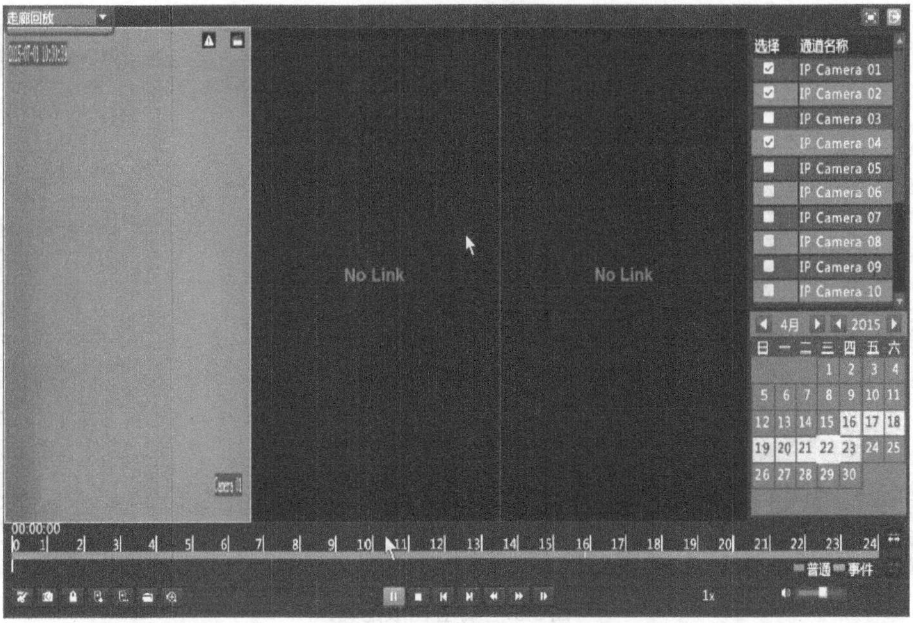

图 3.35　走廊回放配置

(10) 添加录像标签、剪辑和锁定配置。标签分为默认标签和自定义标签，添加标签和录像剪辑方便了用户对录像的归类管理。录像锁定后，用户无法删除此段录像，且无法被磁盘满覆盖。配置界面如图 3.36 所示。

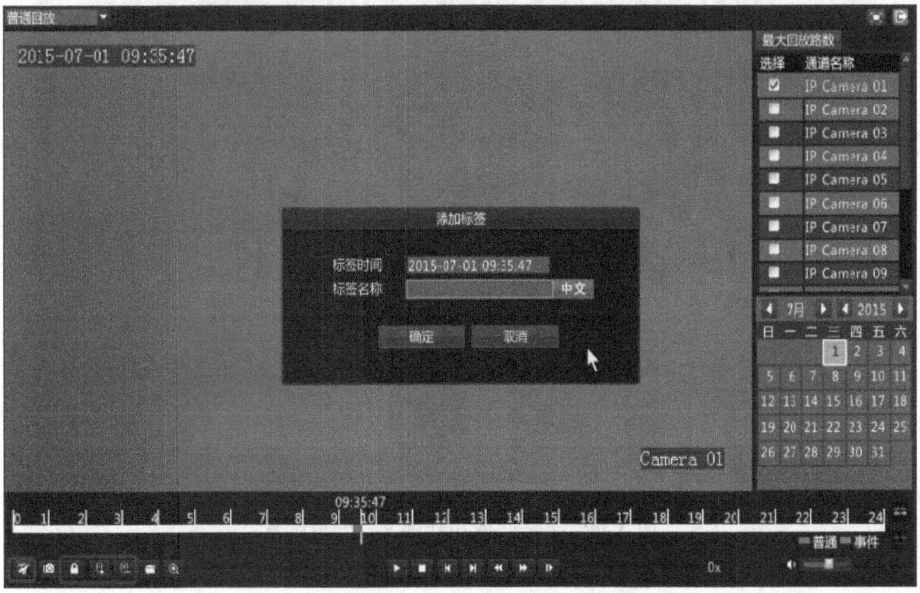

图 3.36　添加录像标签、剪辑和锁定配置

(11) 标签回放配置。在标签回放时可以设置“回放提前”和“回放延迟”，可设时间为 5、10、30、60、120、300、600 秒，回放时间由“回放提前”和“回放延迟”决定(例：提前 30 秒，延迟 30 秒，则回放时间为 1 分钟)。配置界面如图 3.37 所示。

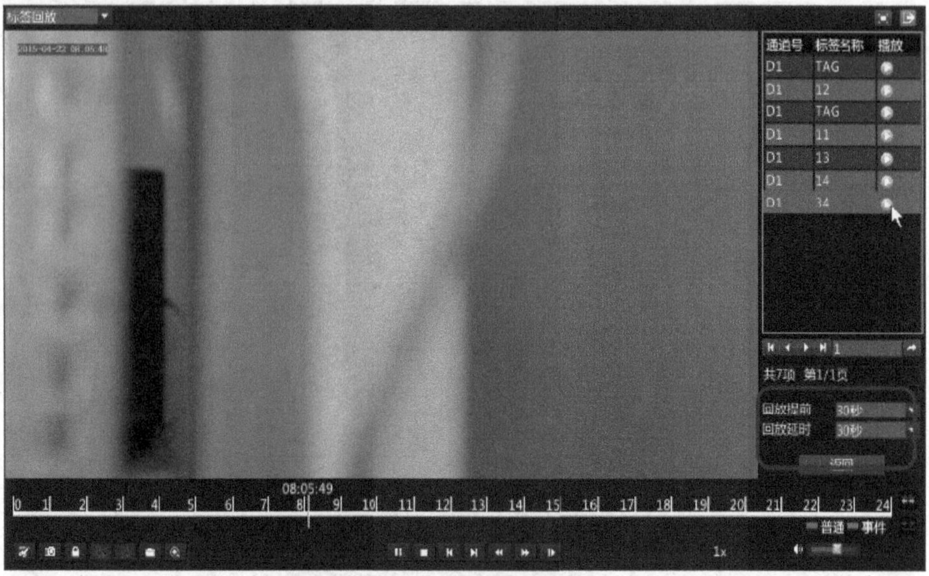

图 3.37　标签回放配置

(12) 事件回放和外部文件回放配置。在事件回放时可以设置“回放提前”和“回放延迟”时间，可设时间为 5、10、30、60、120、300、600 秒。本系统只支持基于 H.264 编码的 MP4 文件，且回放文件大小取决于 U 盘容量，当播放完成后会停止播放。配置界面如图 3.38 所示。

图 3.38　事件回放和外部文件回放配置

3.3.4　配置 NVR 维护业务

NVR 维护业务配置主要包括增加用户和管理用户权限配置，用户黑白名单配置，设备型号和软件版本信息获取配置，设备升级配置，查看网络流量配置，NVR 网络抓包配置，查看硬盘状态配置，查看通道状态和录像状态配置，查看当前在线用户和网络状态配置，查看系统日志配置，系统备份配置，系统恢复配置，注销、重启和关机配置等，下面分别加以介绍。

(1) 增加用户和管理用户权限配置。NVR 默认有一个 admin 用户，该用户不可删除。添加用户时可以对用户类型和通道权限进行选择，用户类型分为操作员和普通用户。NVR 默认操作员具备配置、升级、日志导出、关机、重启和通道所有权限。通道权限分为云台控制、本地回放、手动录像和本地备份。配置界面如图 3.39 所示。

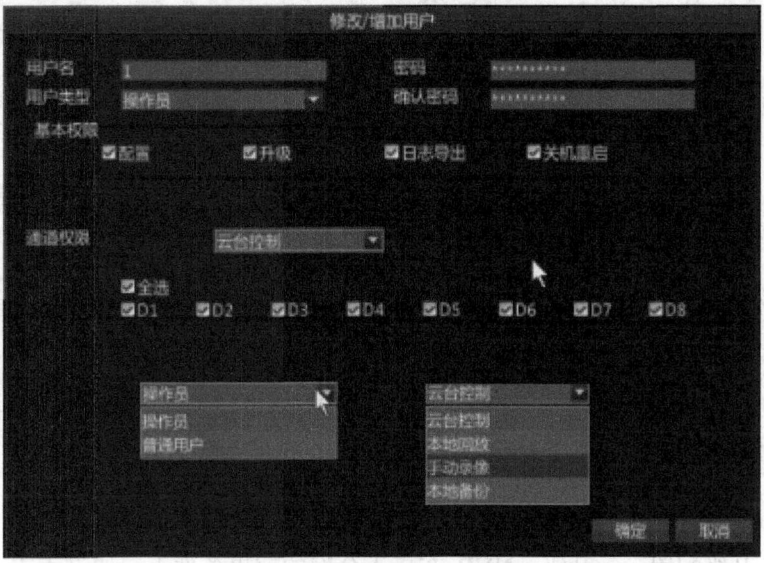

图 3.39　修改/增加用户配置

(2) 用户黑白名单配置。NVR 支持对 IE 客户端的黑白名单管理，通过黑白名单控制 PC 客户端的登录，配置界面如图 3.40 所示。

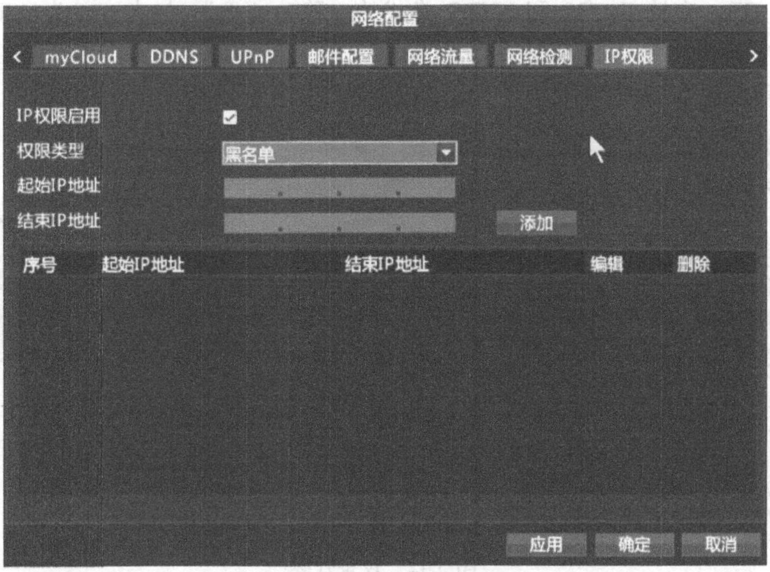

图 3.40　用户黑白名单配置

(3) 设备型号和软件版本信息获取配置。该系统支持获取设备型号、产品条码和软件版本等信息。配置界面如图 3.41 所示。

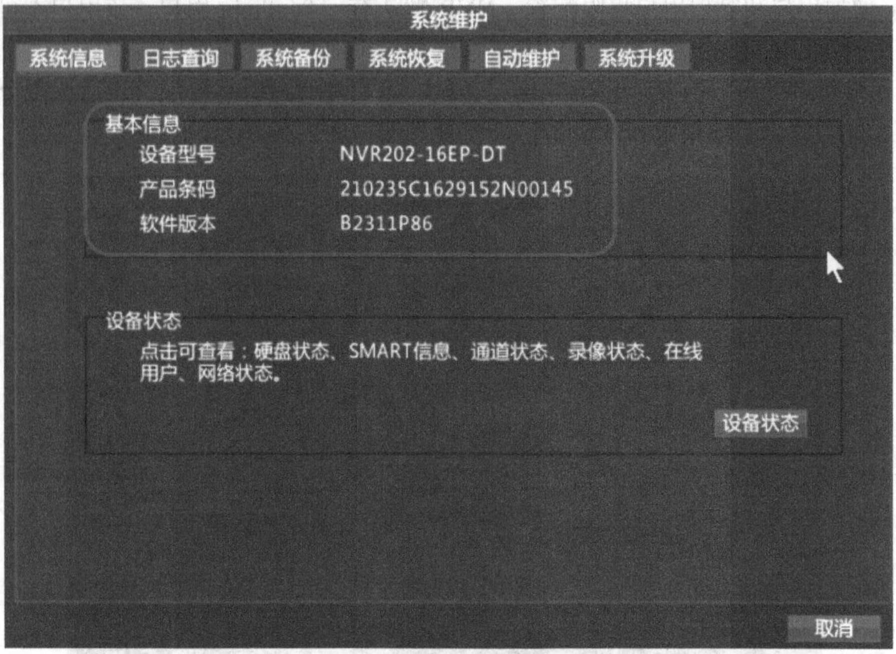

图 3.41　设备型号和软件版本信息界面

(4) 设备升级配置。云升级：NVR 在接入公网的前提条件下，通过点击“云升级”下面的“升级”可以自动升级成最新版本。本地升级：NVR100 系列产品中的 4 路设备只支持 FAT32 格式的“U 盘”，最大容量为 32 GB，只支持 FAT32 格式的“移动硬盘”，最大容量为 1 TB；NVR100 系列产品中其他路数的设备支持 FAT32 和 NTFS 格式的“U 盘”，最大容量为 32 GB，支持 FAT32 和 NTFS 格式的“移动硬盘”，最大容量为 1 TB；NVR200 系列产品支持 FAT32 和 NTFS 格式的“U 盘”，最大容量为 32 GB，支持 FAT32 和 NTFS 格式的“移动硬盘”，最大容量为 1 TB。升级界面如图 3.42 所示。

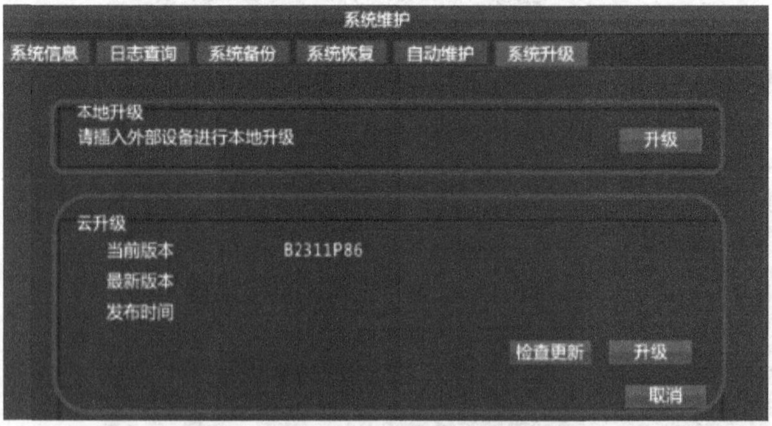

图 3.42　设备升级

(5) 查看网络流量配置。选中相应的网卡过滤可以查看当前网卡的发送速率和接收速率。

接收速率：NVR 接收到的数据的传输速率(主要是 IPC 的视频流)。

发送速率：NVR 发出去的数据的传输速率(包括 EZStation、NVR Web 界面以及手机客户端请求的视频流)。

NVR200 系列产品支持本功能，NVR100 系列产品不支持本功能。查看流量界面如图 3.43 所示。

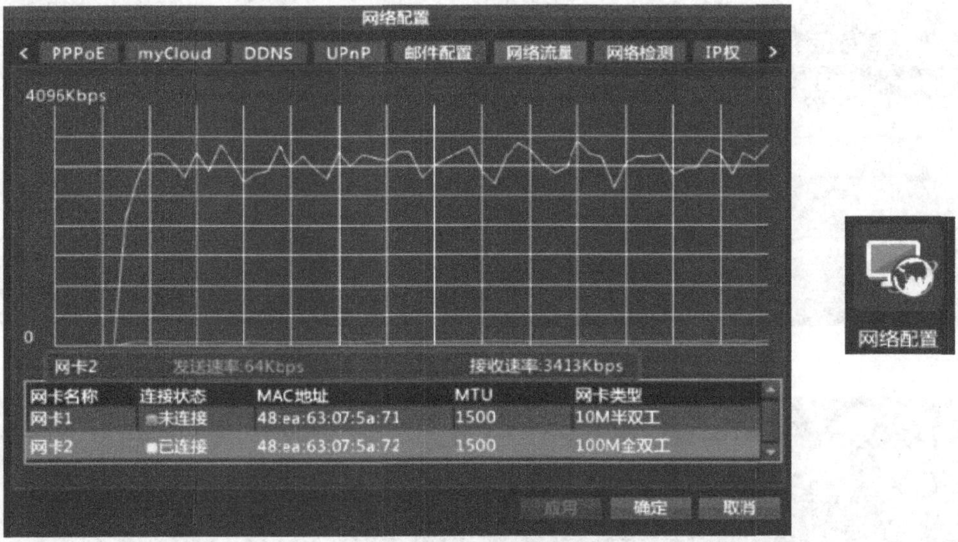

图 3.43　网络流量界面

(6) NVR 网络抓包配置。选择相应的策略并选择相关的网卡、端口和 IP 即可实现有目的的网络抓包。

配置路径：网络配置→网络检测。界面如图 3.44 所示。

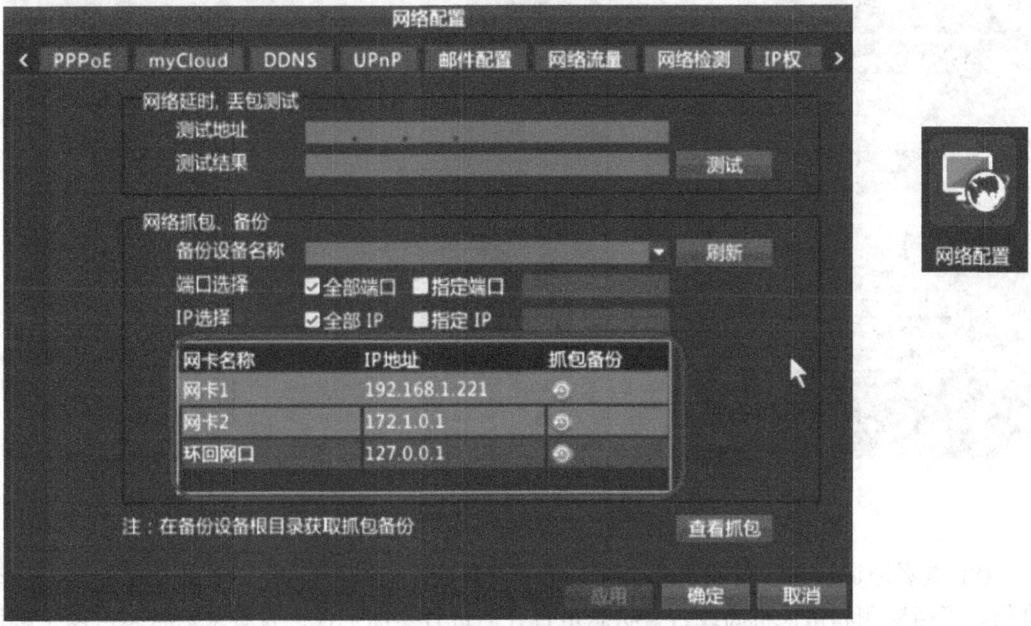

图 3.44　NVR 网络抓包

(7) 查看硬盘状态配置。通过对硬盘状态和 S.M.A.R.T. 信息的查看可以全面了解设备的硬盘状态。

配置路径：系统维护→设备状态。配置界面的硬盘状态如图 3.45 所示。

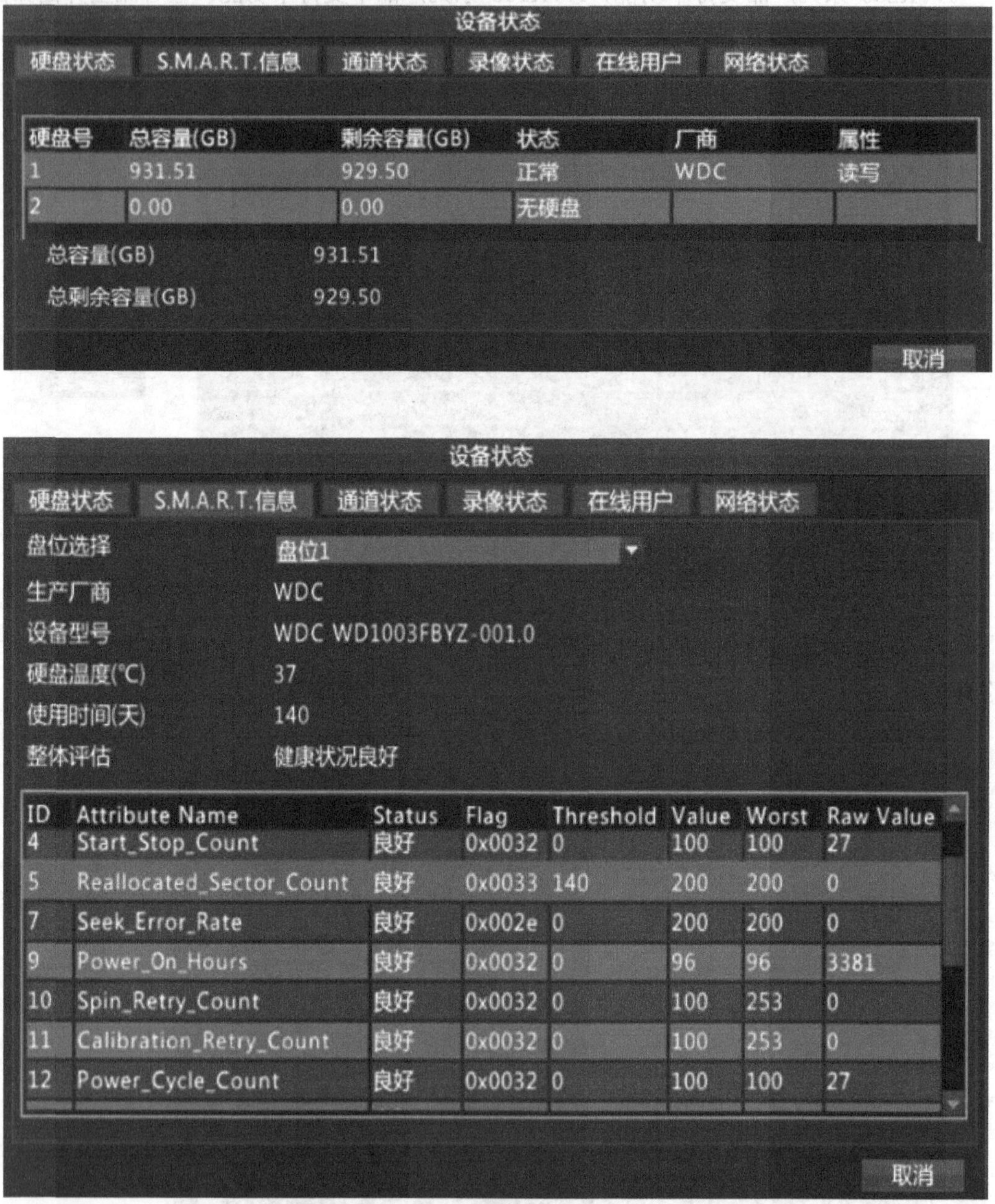

设备状态
硬盘状态
S.M.A.R.T.信息
通道状态
录像状态
在线用户
网络状态
硬盘号 总容量(GB) 剩余容量(GB) 状态 厂商 属性
1 931.51 929.50 正常 WDC 读写
2 0.00 0.00 无硬盘
总容量(GB) 931.51
总剩余容量(GB) 929.50
取消
设备状态
硬盘状态
S.M.A.R.T.信息
通道状态
录像状态
在线用户
网络状态
盘位选择 盘位1
生产厂商 WDC
设备型号 WDC WD1003FBYZ-001.0
硬盘温度(℃) 37
使用时间(天) 140
整体评估 健康状况良好
ID Attribute Name Status Flag Threshold Value Worst Raw Value
4 Start_Stop_Count 良好 0x0032 0 100 100 27
5 Reallocated_Sector_Count 良好 0x0033 140 200 200 0
7 Seek_Error_Rate 良好 0x002e 0 200 200 0
9 Power_On_Hours 良好 0x0032 0 96 96 3381
10 Spin_Retry_Count 良好 0x0032 0 100 253 0
11 Calibration_Retry_Count 良好 0x0032 0 100 253 0
12 Power_Cycle_Count 良好 0x0032 0 100 100 27
取消

图 3.45　硬盘状态界面

(8) 查看通道状态和录像状态配置。通过查看通道状态可以对 IPC 的离线原因、运动检测、遮挡检测和摄像机离线告警状态是否开启进行全面把控；查看录像状态可以了解通道的录像状态、存储的码流、帧率及未录像的原因。

配置路径：系统维护→设备状态。其状态界面如图 3.46 所示。

通道号	通道名称	状态	运动检测...	遮挡检测...	摄像机离...
D1	IP Camera 01	在线	开启	发生	开启
D2	IP Camera 02	离线（网络不通）	开启	开启	关闭
D3	IP Camera 03	离线（网络不通）	开启	开启	关闭
D4	IP Camera 04	离线（网络不通）	开启	开启	关闭
D5	IP Camera 05	离线（网络不通）	开启	开启	关闭
D6	IP Camera 06	离线（网络不通）	开启	开启	关闭
D7	IP Camera 07	离线（网络不通）	开启	开启	关闭
D8	IP Camera 08	离线（网络不通）	开启	开启	关闭

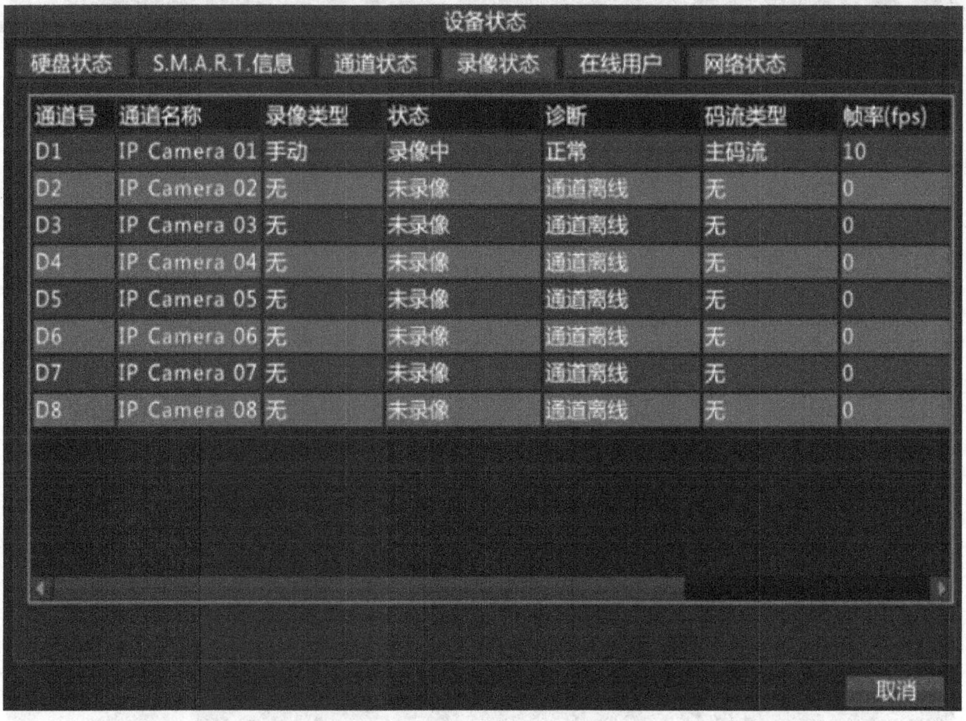

通道号	通道名称	录像类型	状态	诊断	码流类型	帧率(fps)
D1	IP Camera 01	手动	录像中	正常	主码流	10
D2	IP Camera 02	无	未录像	通道离线	无	0
D3	IP Camera 03	无	未录像	通道离线	无	0
D4	IP Camera 04	无	未录像	通道离线	无	0
D5	IP Camera 05	无	未录像	通道离线	无	0
D6	IP Camera 06	无	未录像	通道离线	无	0
D7	IP Camera 07	无	未录像	通道离线	无	0
D8	IP Camera 08	无	未录像	通道离线	无	0

图 3.46　通道状态和录像状态界面

(9) 查看当前在线用户和网络状态配置。本系统通过在线用户和网络状态可以了解当前登录 NVR 的客户端地址及当前的网卡状态。其界面如图 3.47 所示。

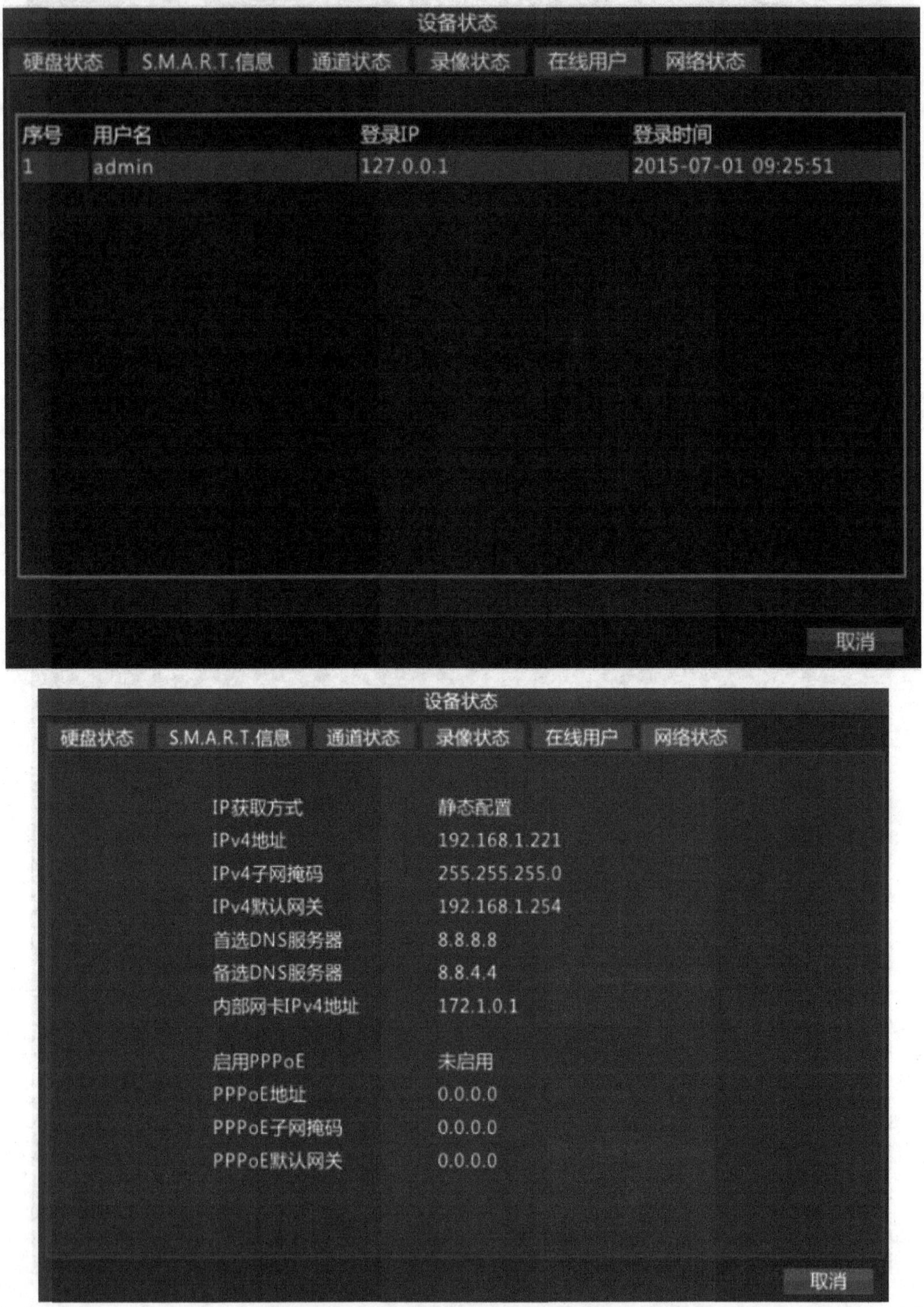

图 3.47　当前在线用户和网络状态界面

(10) 查看系统日志配置。本系统能存储 2000 条日志，支持对报警、异常、操作和通知类日志进行查询。系统日志界面如图 3.48 所示。

图 3.48 系统日志

(11) 系统备份配置。本系统支持配置的导入和导出，防止了配置的丢失和同型号同版本设备的一键配置功能；支持对 NVR 的维护信息(即 NVR 的诊断信息)进行导出，便于收集信息。系统备份界面如图 3.49 所示。

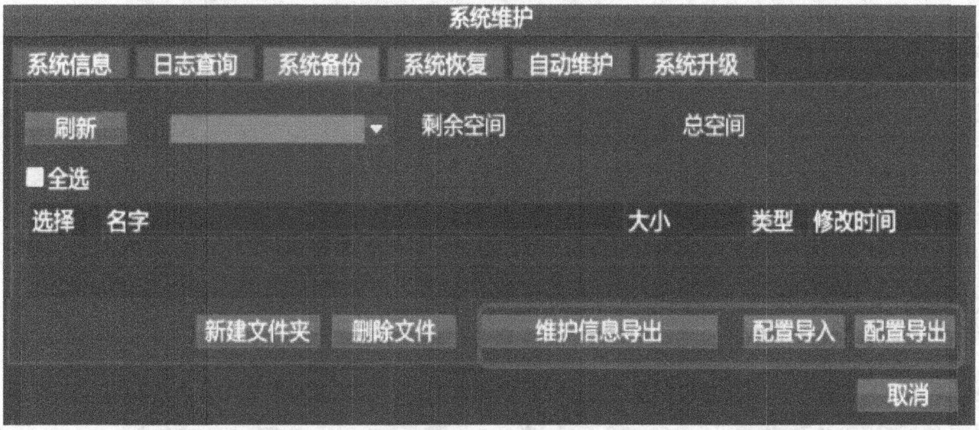

图 3.49 系统备份

(12) 系统恢复配置。本系统支持对 NVR 进行定时重启、自动删除文件及对 NVR 进行简单恢复和完全恢复。简单恢复会保留网络配置、用户配置和时间配置；完全恢复直接恢复出厂设置，但保留日志信息。系统恢复界面如图 3.50 所示。

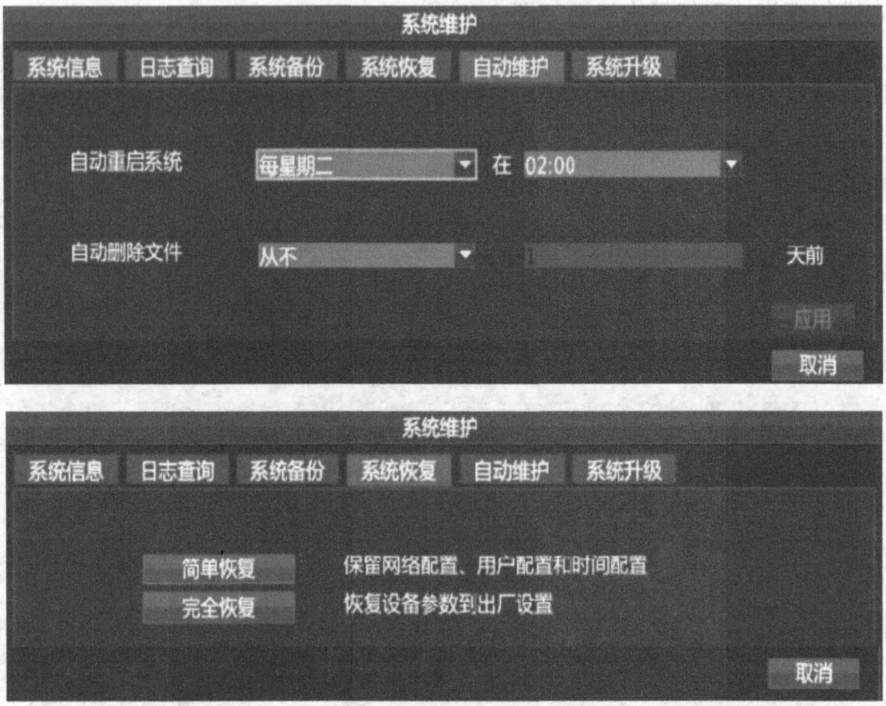

图 3.50　系统恢复

(13) 注销、重启和关机配置。本系统支持用户注销、设备重启和关机操作，其操作界面如图 3.51 所示。

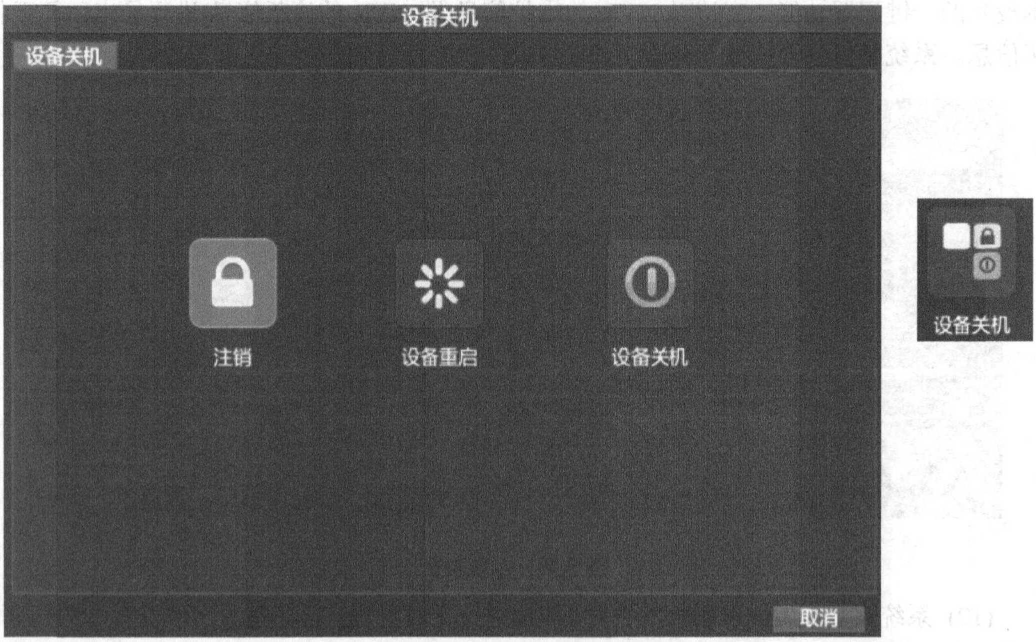

图 3.51　注销、重启和关机界面

3.4 NVR常见故障及解决思路

NVR常见故障主要分为实况类问题、回放类问题、IPC离线类问题、设备异常类问题等。

3.4.1 实况黑屏类问题原因及解决思路

1. 出现黑屏的常见原因

(1) 通常多台NVR管理同一IPC时会出现IPC请求的流数量达到上限，导致断流黑屏。

(2) IPC配置了服务器模式，服务器地址没有改为0.0.0.0，IMOS会占用两路流，导致流数量不足。

(3) 同一交换机下接入的IPC的并发带宽超过了交换机的总带宽，导致NVR侧请求流失败。

2. 解决思路

首先确认人机和Web是否均黑屏，如果人机显示正常，Web显示黑屏，请排查显卡分辨率和防火墙是否开启，是否由此开启所致。

3.4.2 实况卡顿类问题解决思路

首先确认人机和Web是否都卡顿，若都卡顿，请确认NVR设备的最大解码规格，以及接入的IPC设备总的解码能力需求。查看设备编码配置；查看通道的码率配置是否过大导致卡顿；查看网络状态是否良好，是否可以相互Ping通，是否存在丢包现象等；确认组网，并查看网卡协商的能力，最后确认录像是否卡顿。

3.4.3 回放类问题解决思路

查看人机和Web是否都存在录像间断的问题，确认单通道出现还是所有通道都出现间断现象，确认录像计划是否正确，进入录像下载界面查询，查看所缺的时间段是否能查到录像。

3.4.4 离线类问题解决思路

查看网络状况是否良好；是否可以相互Ping通；是否存在丢包现象等。检查IPC的配置信息是否填写正确，如端口、用户名及密码，对于交换网口或POE的设备，即插即用模式下不上线(ONVIF 接入时需要开启 IPC 的 DHCP 功能，用户名/密码需要改为admin/admin(如果没有条件修改，就把接入模式改为手动，不要用即插即用))，查看黑屏时OSD是否出现NOLINK，如果出现说明此IPC离线，进入“系统维护”→“设备状态”→“通道状态”查看通道状态。IPC不在线有很多种情况，常见的有网络不通、媒体流数量达到上限、鉴权失败等。设备状态界面如图3.52所示。

设备状态

硬盘状态 | S.M.A.R.T.信息 | 通道状态 | 录像状态 | 在线用户 | 网络状态

通道号	通道名称	状态	运动检测告警	遮挡检测告警
D1	IP Camera 01	在线	开启	开启
D2	IP Camera 02	在线	开启	开启
D3	IP Camera 03	离线（请求媒体流失败）	开启	开启
D4	IP Camera 04	离线（用户名密码错误）	开启	开启
D5	IP Camera 05	离线（网络不通）	开启	开启
D6	IP Camera 06	离线（网络不通）	开启	开启
D7	IP Camera 07	离线（网络不通）	开启	开启
D8	IP Camera 08	离线（网络不通）	开启	开启

图 3.52　设备状态界面

3.4.5　设备异常类问题解决思路

(1) 设备无法启动：查看设备是否能 Ping 通，若能 Ping 通，请登录(telnet)到设备中，通过 update －tftp XX.XX.XX.XX all －f －r 方式进行升级。

(2) 面板灯不亮：查看设备是否能够正常登录，若能登录，则可基本判断为面板接线问题。

(3) 网口不通：PC 直连 NVR 进行查看，并重启设备尝试。

本 章 小 结

本章主要介绍了 NVR 的发展历程、基本概念、NVR 产品的命名规则、NVR 组网解决方案等内容，然后对 NVR 基本配置、业务配置、常见故障及解决方法等做了详细的讲解。通过对本章内容的学习，读者能够对 NVR 有较深入的理解，能够较熟练地配置 NVR 的各种业务和维护 NVR 设备。

第 4 章　商业解决方案

学习目标

· 了解监控系统的需求分析;
· 了解商业解决方案的产品组成;
· 理解商业解决方案的实现原理;
· 掌握商业解决方案的常见应用与配置。

视频监控的网络化促使安防系统被广泛应用成为可能。根据监控系统化给用户提供的服务来分类，可分为行业用户和商业用户。

行业视频监控解决方案是针对应用规模较大、要求高可靠海量存储、定制与集成需求较多的行业监控市场推出的网络视频监控解决方案。行业解决方案的核心是视频管理平台(Video Management)，其适用于局域网、广域网、VPN 和多级多域扩容联网等多种组网方式。

本章我们要学习的是商业监控解决方案。它是针对监控规模相对较小的商业(企业)市场推出的基础网络视频监控解决方案，如楼宇、普通学校、住宅小区等的联网监控。EZStation 是商业监控解决方案的核心组件。在安防技术被广泛商用、民用的大背景下，安防技术应用也体现出易用性、稳定性和安全性等特征。PC、手机和 PDA 等终端设备作为移动互联网技术承载的载体扮演着越来越重要的角色。

4.1　商业监控系统介绍

一个完整的视频监控系统(如图 4.1 所示)是由视频采集子系统、传输子系统、管理和控制子系统、视频显示子系统和视音频存储子系统组成。对于商业视频监控系统来讲，由于其规模小，部署灵活等特点，在现实生活中被广泛使用。它可以划分为三个部分，前端视音频采集部分、网络传输系统和监控中心/分控中心的设备管理、存储回放、硬解、软解以及显示部分。

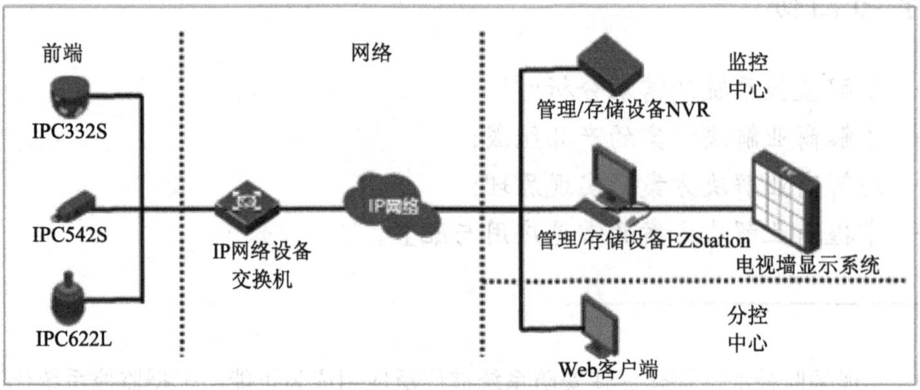

图 4.1　视频监控系统

前端视音频采集部分是视频监控系统的前沿部分，是系统的“眼睛”，也是整个视频监控系统的原始信号源。它负责视频图像和音频信号的采集，将它布置在被监控场所的某一位置或几个位置上，其视角能覆盖整个被监控场所的各个部分。通过监控区域 IPC 获取实时图像信息并将图像信息转换为数字信号输出。前端视音频采集部分常见的设备有摄像机、云台等。

网络传输部分用于将监控系统的前端设备与后端设备联系起来，负责视音信号、云台、镜头控制信息的传输及码流的传输。总体来讲，网络传输部分是监控系统业务码流数据和控制的通路，即网络传输设备传输的是控制信号(怎么传)和视频信号(传什么)。网络传输部分常见的设备有路由器、以太网交换机、光线路终端(OLT)、光网络单元(ONU)以及传输线缆等。

设备管理部分是商业监控系统中后端对前端的控制部分，负责对前端的实况、云台、回放告警联动等进行调度和管理，是商业视频监控系统的核心。在这一部分可以实现存储离开、回放、硬解、软解和显示操作。硬解指的是采用解码器进行依次解码，软解指的是采用 PC 的 Web 客户端进行查看实况回话等。

控制是多方面的。一方面是对实时图像的切换和控制，要求控制灵活，响应迅速；另一方面是对异常情况的快速告警或联动反应，这就要求系统操作和管理上的便捷性。

管理即系统的运维管理，包括配置和业务操作、故障维护、信息查找等。系统运维管理要求操作简单、自动化程度高，同时兼顾系统安全。

控制和管理各方面的要求，主要取决于管理平台的性能和功能。若使用终端控制台，如 PC 机远程操作与控制，则终端控制台的硬件配置高低也会对整体的操作体验有一定的影响。

视频监控系统的重要作用在于事前防范和事后取证两个方面。商业监控系统广泛应用于商业和民用。其监控业务上具备以下特点：

(1) 其应用规模上相对较小，适用几百路以下的场所。

(2) 从网络适应性上讲，大部分用户希望既支持局域网范围内的监控、又支持广域网范围的监控，需要两种需求并行存在；同时还希望能随时随地使用 PC、手机、PAD 等移动设备配置和观看监控中的实况、回放和告警等信息，通过实时的图像和告警掌握当前监控场景中的具体情况。

(3) 对于实时监控，商业解决方案因其规模小，其实时监控的并发量也相对较小，对带宽和转发要求相对低一些。

(4) 网络存储要求操作便捷，同时存储方式相对灵活，既能实现存储在用户的个人电脑(PC)上，又能存储在移动的手机和 PAD 上，同时满足保存在手机和 PAD 上的图像和图片能够通过一些主流社交软件的接口进行分享，对存储的可靠性要求相对不高也是商业解决方案的特点之一。

随着企业、园区、校园、商业建筑等企业级安防系统的广泛应用，及对用户安全防范起到了积极的作用，使得安防系统在各行各业受到普遍重视。宇视科技商业级安防应用平台，秉持网络化、集成化和智能化的理念，具备实时性、可靠性、安全性等特点，顺利解决了综合安防系统中集中管理、多级联网、信息共享和多业务融合等问题。

监控系统需求分析如图 4.2 所示。

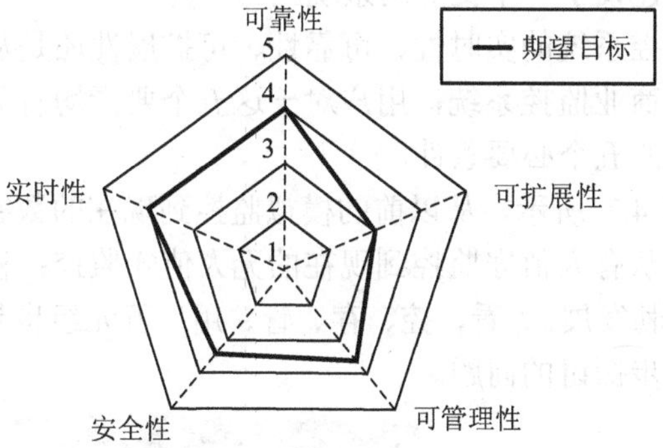

图 4.2 需求分析

1) 实时性

监控系统实时性，这点尤为重要。实时性，简单一个字理解就是快，能达到所需要的“快”就是实时了。实时系统不仅仅是表现在“快”上，而更主要的是，实时系统必须对外来事件在限定时间内做出反应。当然，这个限定时间的范围是根据实际需要来定的，从表面上看就是快速，实际上从系统架构上看，我们可以分析出当前的监控系统是采用分布式部署还是集中式部署，不管是哪种部署只要从根本上能够满足实时的特点就叫做实时性。正如一条国际新闻一样无论采用哪种方式进行传播，如果当天发生的事情在半个月后才传播开来那就不叫新闻了。

2) 可靠性

可靠性指的是监控系统在一定时间内和一定条件下无故障地执行指定功能的能力。对产品而言，可靠性越高越好。可靠性高的产品，可以长时间正常工作，从专业术语上来说，就是产品的可靠性越高，产品可以无故障工作的时间越长。监控系统因其安装和使用的环境较为恶劣，用户对其可靠性的要求就更高。例如，某用户购买了一款室外型球机，安装在 7 米高的杆子上，使用不到半个月就需要爬杆重启一次设备方能正常使用，这会给用户的使用底线造成极大的冲击。系统的可靠性也是重中之重。

3) 可扩展性

可扩展性是软件或者硬件设计的原则之一。它以添加新功能或修改完善现有功能来考虑软件或者硬件的未来发展。可扩展性是对监控系统未来发展和应用的要求。监控系统设备采用模块化结构，使系统能够在监控规模、监控对象或监控要求等发生变更时，方便灵活地在硬件和软件上进行扩展，即不需要改变网络的结构和主要的软、硬件设备。

4) 安全性

安全性指监控系统具有安全防范和保密措施，防止非法侵入系统及非法操作。基本的安全性措施是一个监控系统必须要有的功能，例如设置白/黑名单，拒绝某个网段或者某个具体 IP 主机的访问。HTTPS 能防止其他设备对本机镜像抓包等，从而保障监控系统的安全和稳定运行。

5) 可管理性

可管理性是指监控系统能够从部署及软件上进行快速了解和掌握系统运行的状态和特殊事件。通过监控系统的可管理性能够快速地排除监控系统出现的预警和警情，也就从管理的角度为维护和应用建设了一个良好的系统。

总之，无论是从监控系统的实时性、可靠性、可扩展性还是从监控系统的安全性和可管理性的角度来看整个商业监控系统，用户对于这五个要素均有关注，这也是监控系统能够具有一个业务普适性的五个必要条件。

视频监控业务如图 4.3 所示，从以前的模拟监控到现在的数字监控；从落后的现场监控到先进的远程监控；从有人值守监控到现在的无人值守监控；视频监控正朝着数字化、网络化、规模化方向蓬勃发展。“看、控、存、管、用”五元组也越来越复杂。当然，目前仍存在着不少需要进一步探讨的问题。

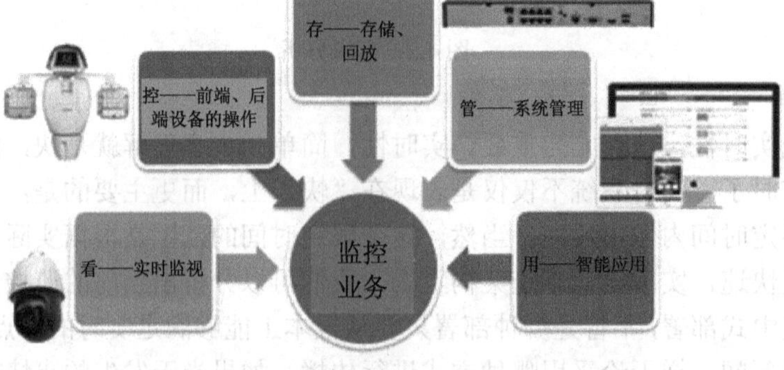

图 4.3　视频监控业务

目前，大规模的网络视频监控业务尚处于起步探索阶段，网络化、数字化、智能化是视频监控的必然趋势。面对这个大趋势，目前的视频监控在一些关键技术方面，还存在着不足之处，主要表现在录像存储、并发调度、计费和分级业务融合等方面。

另外，在商业监控系统的管理协议方面，目前不同厂商实现也不统一，它们均有自己的私有协议，厂商设备之间无法对接和通信，即使现在有 ONVIF(Open Network Video Interface Forum)这个国际标准协议存在，但是不同厂商实现的功能也不尽相同。

ONVIF 规范描述了网络视频的模型、接口、数据类型及数据交互的模式。ONVIF 规范的目标是实现一个网络视频框架协议，使不同厂商所生产的网络视频产品 (包括摄录前端、录像设备等)完全互通。

ONVIF 具有协同性，使不同厂商所提供的产品，均可以通过一个统一的“语言”来进行交流，方便了系统的集成。不断扩展的规范将由市场来导向，遵循规范的同时也满足主流的用户需求。终端用户和集成用户不需要被某些设备的固有解决方案所束缚，能够大幅降低开发成本。

ONVIF 协议的产生就是为了解决商业监控系统管理协议复杂的问题，以及不同厂商不能互通的问题。不同厂商监控系统的互相兼容有待于它们理解 ONVIF 协议，并实现各个功能。

视频监控行业的发展趋势如图 4.4 所示，随着市场的需求变化和技术的进步，商业解决方案技术正在朝着高清、移动、智能和融合的方向发展，而从实际应用来看，多级大联网、系统专业化、实战能力强、更加智能化也逐渐成为趋势。

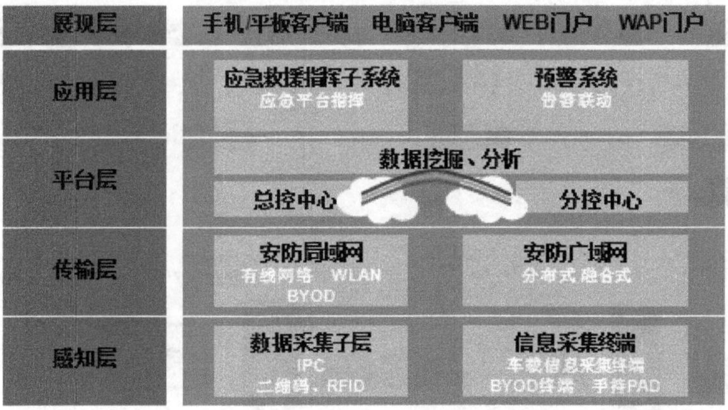

图 4.4　视频监控行业的发展趋势

未来的商业解决方案的建设，强调对监控场景信息更加智能的感知，安防以视频监控系统为基础，可以帮助各级安防方面的管理者实现可视化的感知。同时，通过各种有线、无线网络，整合各类视频数据，建设一个庞大的公共安全防控平台，利用云计算技术，对海量的视频进行存储与分析，实现事前积极预防、事中实时感知和快速响应以及事后的快速调查分析。

• 统一安防云平台：一体化云及数据中心管理平台，基于云彩虹技术可实现公有云和私有云之间的数据交互，并可实现与兄弟云如交通、政务、医疗等各系统的对接标准。

- 多媒体融合通信：无缝融合语音、视频和数据信息，实现了多路信号的统一处理，丰富信息获取手段，精准辅助决策。
- 可视化调度指挥：采用先进、融合的数据处理技术，提升指挥调度的效率。
- 终端安全接入管理，提供多种安全接入认证方式，保障前端接入安全；芯片级数据网传加密，实现视频数据安全传输。
- 统一威胁管理，两网隔离，免受非法攻击。
- 全面的权限控制和管理，保障数据安全使用，杜绝人为破坏。

4.2　商业解决方案及其原理

Uniview 商业解决方案的组件如图 4.5 所示，主要包括平台组件 EZStation、EZView 和管理工具 EZTools。它主要面向商业产品群体，例如商业区、店铺、小厂区、超市和家庭等，典型应用是 4 路、8 路、16 路摄像头的规模。

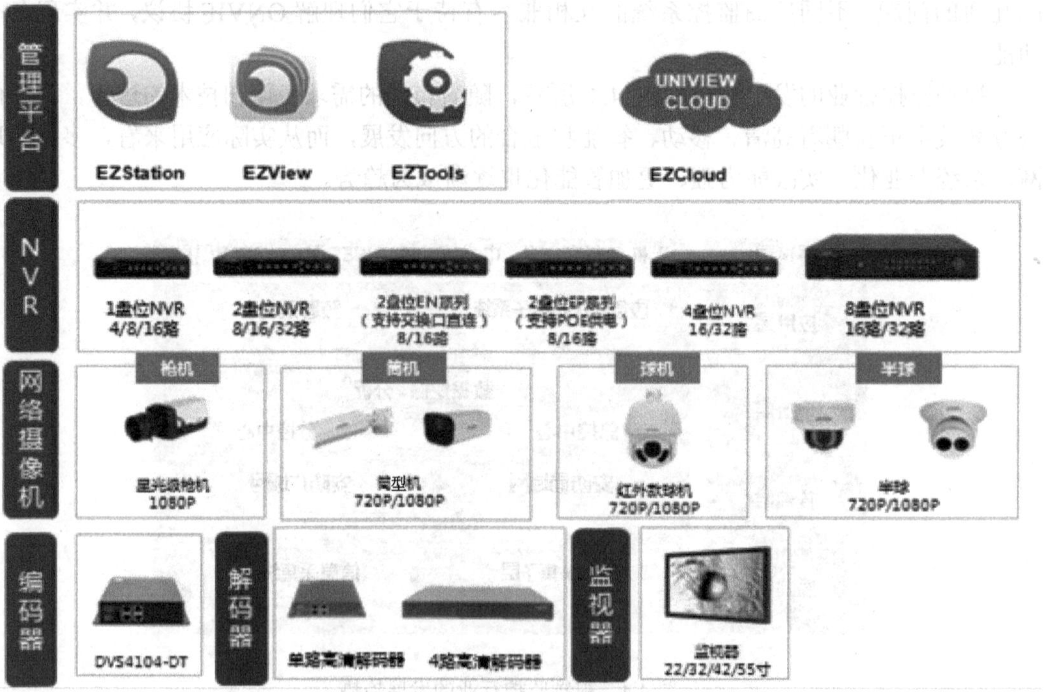

图 4.5　Uniview 商业解决方案组件

典型的应用场景举例如下：

- 上班族在上班间隙通过手机客户端查看家中孩子的实时动态。
- 商铺或连锁店的经理在办公室/酒店登录 PC 客户端查看店铺的生意、员工的工作情况。

一般情况下，一个最基础的监控组网必须包含 IPC 与 NVR。我们根据实际的使用需求(如有无上墙解码显示的需要)来选择解码器与监视器。在结合具体的使用规模与场景时，需要选用不同性能、不同特点的产品、例如在选用前端摄像机时：

(1) 对于需要多角度、全方位监控的场景(如广场、大厅)，一般使用球机或云台摄像机，来满足视野的需求。对于需要固定角度监控的场景(如走廊、道路)，一般使用枪型或半球型摄像机。

(2) 对于需要重要监控的场所(如柜台、出入口等)和需要重点关注人员或事物特征，一般需要使用高清摄像机。对清晰度要求较低的普通场景可选用标清摄像机。

网络摄像机用来采集并编码视频图像。网络视频录像机用来对前端 IPC 进行统一管理，并存储前端传输过来的音视频数据源，NVR 作为后端产品，统一实现监控中的实况、回放、告警等相关业务。解码器(DC，Decode)用来将编码后的数字音视频数据转换为可以显示输出的模拟信号。

为了将终端硬件产品组织起来成为一个完整的视频监控系统，需要使用一系列监控管理软件来完成。其中不仅包含了桌面端的监控软件，也包含了移动端的监控客户端软件。例如 EZStation、EZView 等软件。在移动互联网快速发展的今天，能随时随地观看监控实况、回放已经成了一个很重要的使用需求。宇视科技拥有 EZCloud 云服务，可以将终端设备注册到云端，便于统一管理与使用。

EZTools 是一个通用辅助工具集，主要用于设备搜索、升级及参数的远程配置、存储时间及容量的快速计算。简单地说，EZTools 就是为了用户快速操作和使用的工具集，能够起到提高用户体验度的作用。它主要包括 EZCloud、EZView 以及 EZStation。

EZTools 作为互联网上的服务器，支持对设备和客户端之间的数据交换。EZCloud 提供设备和 EZView/EZStation 的接入，负责信息/数据的交换和中转，协调客户端和设备，完成远程访问功能。

EZTools 各组件设备之间的关系如图 4.6 所示，我们需要先认识一下商业解决方案中各个组件的典型代表设备。

• EZCloud：提供前台服务的 Mycloud 网站及后台协调打洞信令交互、NAT 检测及媒体流中转的 STUN/TURN 服务器。

• EZView：手机客户端软件，有 Android 和 iOS 版本。

• EZStation：PC 客户端管理软件，集成主流视频监控业务功能，可以管理编码设备、解码设备、存储设备、流媒体设备和云端设备等。

• NVR、IPC：远程访问的对象设备。

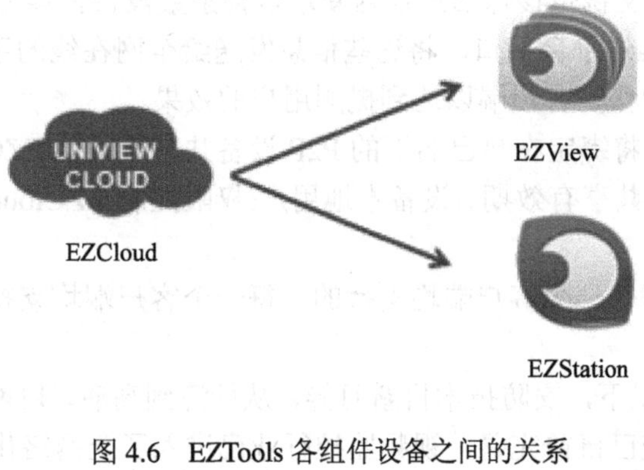

图 4.6　EZTools 各组件设备之间的关系

设备和 EZCloud 之间有定期保活，当前保活间隔 30 秒，定期上报设备联网相关的信息：设备本地 IP、本地端口、映射后的 IP、映射后的端口、NAT 类型、设备类型、设备版本、保活随机数等。

EZView/EZStation 客户端和 EZCloud 之间无保活，通过 HTTP 协议获取相应的设备信息，调用 SDK 登录设备后进行业务操作。

EZCloud 提供设备和 EZView/EZStation 的接入，负责信息/数据的交换和中转，协调客户端和设备之间的联系，完成远程访问功能。

Mycloud 网站是设备和客户端之间的桥梁，两者通过 Mycloud 网站提供的服务进行数据交换。设备侧和 Mycloud 服务器有定期 HTTP 保活，定期上报自己的网络和其他信息。客户端侧要连接设备的时候通过 Mycloud 网站获取相应的设备侧信息。

STUN 服务器在穿越多层 NAT 时候需要用到。设备侧会和 STUN 服务器之间进行 UDP 的保活，来维持路由器上的某一个端口长期有效(俗称打洞)。STUN 服务器只有信令交互，不转发媒体流。

当 STUN 不能完成穿越多层 nat 服务时，会依靠 STUN 服务器来中转所有的信令和媒体流。

商业解决方案(EZCloud)定位于中小型规模的监控设备广域联网访问及监控业务操作，主要组成包括 EZView、EZStation、NVR 和 IPC。用户使用 Mycloud 服务首先需要注册 P2P 账号，注册时必须绑定手机号码(国内)或邮箱(海外)，提供用户名修改、密码找回、更换绑定手机号码/邮箱功能。EZCloud/EZView/EZStation 支持设备的增加(绑定)、删除(去绑定)、修改设备名和共享操作，这些操作是以注册码为唯一标识进行的。

跨广域网的远程访问设备及监控业务操作，包括直连模式及 NAT 穿越的“打洞”模式，应对不同的设备组网场景。EZCloud 通过动态密码方式直接跳转登录到设备的 Web 界面，P2P 穿越是指通过 STUN/TURN 技术达到穿越 NAT，实现点对点传输视频数据的目的。EZCloud 通过动态密码方式直接跳转登录到设备的界面，EZStation/EZView 通过登录 P2P 账号，发起与设备连接，EZCloud 服务器上获取名下设备信息及登录设备。

支持 NVR/IPC 远程升级软件版本，版本文件从 EZCloud 上通过 HTTP 方式下载，设备请求报文中携带设备类型、当前软件版本信息、设备序列号，EZCloud 校验后返回下载地址或无新版本。

当手机客户端 EZView 关闭或切换到后台后，仍能够实时接收设备侧的告警信息。设备通过 Mycloud 保活报文携带该保活周期内新增告警条数及告警类型信息上传给 EZCloud，EZCloud 调用第三方推送平台接口，将这些信息发送给全网在线的手机终端用户，进而达到将告警推送给用户的移动客户端以达到提醒用户的效果。

EZCloud 用户可以将绑定在自己名下的 P2P 设备共享给其他 EZCloud 用户，并可以设置相应的共享参数，如共享有效期、设备本地用户(权限控制)EZCloud、EZView、EZStation 都支持设备共享操作。

通用的监控业务是每一个客户端均支持的。每一个客户端均支持常规的实况、回放、告警联动等业务。

在 IP 大时代的背景下，安防技术日新月异，从标清到高清，以网络摄像机为监控单元的网络集中式监控系统已日益完善，视频监控行业已进入了全网络化时代。

局域网是最常见的组网方案，如图 4.7 所示。EZStation 能够实现视频实时浏览、录像回放、监控点管理、录像存储管理、告警、轮巡、电视墙、电子地图等丰富的视频监控业务功能，同时集成 NVR、DVR、服务器本地存储等多种存储功能，适用于中小型视频监控应用。EZStation 运行在 PC 上，通过 IP 地址添加设备，EZView 运行在手机或 PAD 上，通过 IP 地址添加设备就可以管理局域网的设备，部署简单，使用方便。

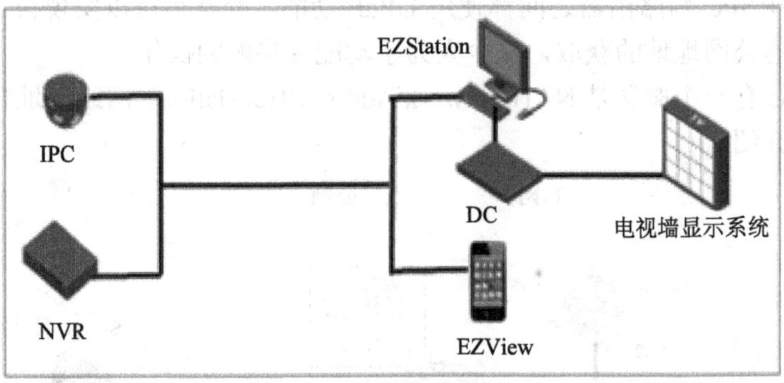

图 4.7　局域网解决方案

局域网具有覆盖地址范围小，只在一个相对独立的局部范围内连，如在一座独立的建筑物内。使用专门的传输介质进行连网，数据传输速率高(10 Mb/s～10 Gb/s)。其通信延迟时间短、可靠性较高和局域网可以支持多种传输介质也是商业局域网解决方案的优势所在。

满足了基本的局域网设备访问和观看后，用户希望能随时随地通过公网访问和配置设备。这时，广域网方案顺应而生，广域网解决方案如图 4.8 所示。EZCloud 提供设备和 EZView/EZStation 的接入，负责信息或数据的交换和中转，协调客户端和设备，完成远程访问功能。

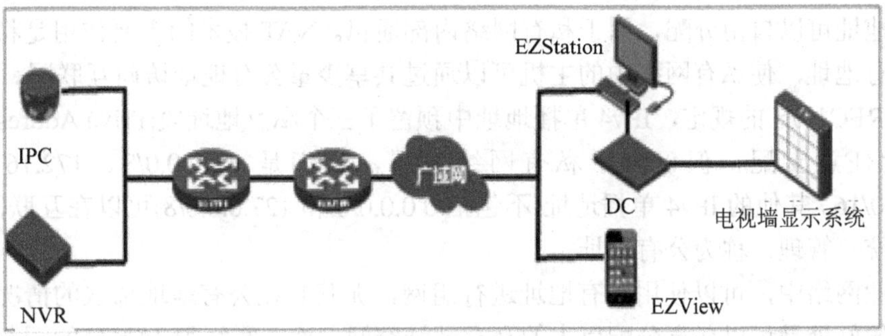

图 4.8　广域网解决方案

提供安全账号管理、设备管理、P2P 访问、云升级、告警推送、设备共享、监控业务服务，网站提供 DDNS、P2P 服务，单层 NAT 和多层 NAT 均适用。这里的单层与多层 NAT 仅仅是指监控设备侧的组网情况，与客户端侧是否单层多层无关。EZStation 运行在 PC 上，通过网站添加设备，EZView 运行在手机/PAD 上，通过网站添加设备即可实现此组网下的组网方案。

广域网的覆盖范围广、通信距离远，可达数千公里以及全球。它的管理和维护相对局域网较为困难。

广域网涉及的基本概念较多。通常我们会使用到DDNS和UPnP。理解DDNS之前，可以先看下DNS的概念，DNS(Domain Name System，域名系统)指域名与IP地址之间的相互映射关系。DDNS(Dynamic Domain Name Server，动态域名服务)用来将动态的IP地址绑定到固定的域名上，通过固定的域名地址访问原本不断变化的IP地址。UPnP即通用即插即用协议。NVR/IPC与路由器之间都使用UPnP功能，交互后可以实现公、私网端口映射的自动，和动态公网地址的获取，减少人为手动配置映射的操作。

广域网中还有一个概念是NAT(Network Address Translation，网络地址转换)如图4.9所示。下面着重介绍。

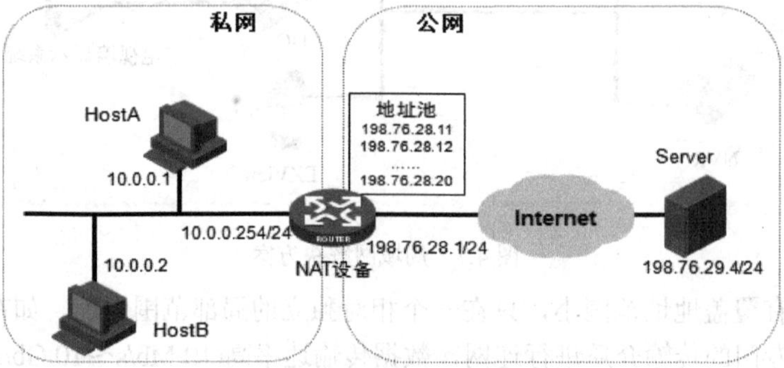

图4.9　NAT组网模型

当前的互联网主要基于IPv4协议，用户访问互联网的前提条件是拥有属于自己的IPv4地址。IPv4地址共32位，理论上支持约40亿的地址空间，但随着互联网用户的快速增长，加上地址分配不均等因素，很多国家已经陷入IP地址不敷使用的窘境。

为了解决IPv4地址短缺的问题，IETF提出了NAT的解决方案。IP地址分为公有地址(Global Address)和私有地址(Private Address)。公有地址由IANA统一分配，用于互联网通讯；私有地址可以自由分配，用于私有网络内部通讯。NAT技术的主要作用是将私有地址转换成公有地址，使私有网络中的主机可以通过共享少量公有地址访问互联网。

根据RFC1918的规定，IPv4单播地址中预留了三个私有地址段(Priva Address Space)，供使用者任意支配，但仅限于私有网络使用，它们是 10.0.0.0/8、172.16.0.0/12 和 192.168.0.0/16。其他的IPv4单播地址(不包括0.0.0.0/8和127.0.0.0/8)可以在互联网上使用，由IANA统一管理，称为公有地址。

在企业网络中，可以使用私有地址进行组网，尤其是在公有地址稀缺的情况下。采用私有地址的好处是可以任意分配巨大的私有地址空间，而无需征得IANA的同意。但私有地址在互联网上是无法路由的，如果采用私有地址的网络需要访问互联网，须在网络的出口处部署NAT将私有地址转换成公有地址。

NAT技术的出现，主要目的是解决IPv4地址匮乏的问题。另外，NAT屏蔽了私网用户的真实地址，也提高了私网用户的安全性。

图4.9是典型的NAT组网模型，网络被划分为私网(Private Netwok)和公网(Public Network)两部分，各自使用独立的地址空间(Address Realm)。私网使用私有地址10.0.0.0/24，而公网节点均使用互联网地址。为了使私网客户端HostA和HostB能够访问互联网上的服

务器 Server(IP 地址为 198.76.29.4)，在网络边界部署一台 NAT 设备(NAT Device)用于执行地址转换。

在讲述 NAT 原理的过程中，会频繁使用一些与 NAT 相关的常用术语：

• 公网：指使用 IANA 分配公用 IP 地址空间的网络，或者在互连的两个网络中不需要作地址转换的一方。在讨论 NAT 时，公网也常常被称为全局网络(Global Network)或外网(External Network)。相应地，公网节点使用的地址称为公有地址或全局地址(Global Address)。

• 私网：指使用独立于外部网络的私有 IP 地址空间的内部网，或者在互连的两个网络中，需要作地址转换的一方。在讨论 NAT 时，私网也常常被称为本地网络(Local Network)或内网(Internal Network)。相应地，私网节点使用的地址称为私有地址或本地地址(Local Address)。

• NAT 设备(NAT Device)：介于公网和私网之间的设备，负责执行公有地址和私有地址之间的转换。通常由一台路由器来完成这个任务。

• 地址池(Address Pool)：一般为公有地址的集合。配置动态地址转换后，NAT 设备从地址池中为私网用户动态分配公有地址。

• 单层 NAT：只有一台 NAT 设备。

• 多层 NAT：有多台 NAT 设备。

NAT 的连接模式主要有直连模式和 NAT 穿越模式两种。

直连模式下的应用：

(1) 适合组网 1：设备直接连公网，无需端口映射。

(2) 适合组网 2：设备所在网络为单层 NAT，并且 UPnP 生效(NVR/IPC 默认开启 UPnP 需要路由器支持)。

(3) 优势：采用 TCP 的方式连接，点对点连接，快速，延时小。

(4) 劣势：对组网有要求，适应的网络少。

NAT 穿越(打洞)模式下的应用：

(1) 适合组网 1：设备所在网络为单层 NAT，并且 UPnP 不生效(路由器不支持、端口被占用等原因)。

(2) 适合组网 2：设备所在网络为多层 NAT。

(3) 优势：适应绝大部分组网。

(4) 劣势：通过打洞连接，连接过程需要一定的时间。在码流传输过程中，是 UDP 的传输方式，设备侧需要由 TCP 转成 UDP，有一定的性能开销。

目前，Uniview 全系列 NVR 和 IPC 均支持 NAT 穿越模式，设备侧只需要能够上网，并注册到 Mycloud 网站即可实现广域网访问的方案。其部署简单，使用方便。这里的单层与多层 NAT 仅仅是指监控设备侧的组网情况，与客户端侧是否单层多层无关。客户端在访问时因广域网的不稳定性会出现卡顿和延迟大的现象，这时应注意自己的上行带宽，通常远程视频业务主要用到的是客户端侧的下行(下载)带宽和设备侧的上行(上传)带宽，两者不足时会造成卡顿或者延迟现象出现。

商业监控解决方案就是通过移动/PC 监控客户端软件+云端服务器+终端设备提供可视化、安全、智能和舒适的信息化服务的整套解决办法。它具备以下特点，如图 4.10 所示。

(1) 安全保障。手机号(国内)/邮箱(国外)注册，设备与账号绑定。支持找回密码、绑设备、分享有相应权限用户的设备给其他云端用户。

(2) 统一管理。云端设备统一管理，全部终端可控，方便快捷。

(3) 使用便捷。云端设备共享，拉近“我”与“你的设备”之间距离。

(4) 满足需求。在业务方面能满足安防全系列业务需求。

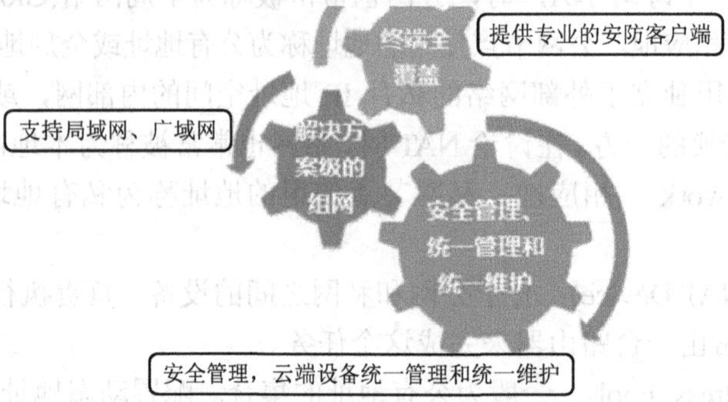

图 4.10　商业解决方案的特点

4.3 常见平台功能配置

EZStation 功能配置介绍如下。

EZStation 2.0 是针对小型的视频监控解决方案而设计的设备管理套件，其部署简单、操作方便，特别适合应用在超市、车库、社区等视频路数较少的监控场合。

在讲述 EZStation 的过程中，会频繁使用一些与 EZStation 相关的常用术语：

• EZStation：作为视频监控设备的集中管理平台，可以对设备进行参数配置、系统维护、录像查询等基本监控业务的操作。

• EZRecorder：作为存储服务器，主要负责接收前端数据并存储，同时提供视频点播服务。

• EZStreamer：作为流媒体服务器，当监控点网络访问路数达到限制，或者网络带宽有限制时，进行实时预览数据转发，减轻设备的网络压力。

各组件需安装在有良好性能的 PC 机上，可同时装在同一台 PC 机，也可分开装，系统要求如表 4.1 所示。

表 4.1　各系统配置要求

EZStation 系统要求	
属　性	系 统 要 求
操作系统	Microsoft Windows 7/Windows 8(可支持 32 位和 64 位操作系统)
CPU	Intel Pentium IV 3.0 GHz 或以上
内存	1 GB 或更高
网卡	推荐使用千兆及以上的以太网卡
显示器分辨率	支持 1280 × 720 或更高分辨率

续表

EZRecorder 系统要求	
属　性	系 统 要 求
操作系统	Microsoft Windows 7 / Windows 8(可支持 32 位和 64 位操作系统)
CPU	Intel Pentium IV 3.0 GHz 或以上
内存	1 GB 或更高
网卡	推荐使用千兆及以上的以太网卡
硬盘	推荐 1TB 及以上 具体计算公式：容量(单位 GB) ≈ 码流(单位 Mb/s) × 60 × 60 × 24 × 天数。比如 1 路 6 Mb/s 存 7 天需要容量 ≈ 443 GB，25 路 CIF(1 Mb/s 码流)存 7 天需要容量 ≈ 1.8 TB
EZStreamer 系统要求	
属　性	系 统 要 求
操作系统	Microsoft Windows 7/Windows 8(可支持 32 位和 64 位操作系统)
CPU	Intel Pentium IV 3.0 GHz 或以上
内存	1 GB 或更高
网卡	推荐使用千兆及以上的以太网卡

EZStation 特点：

(1) 设备集中管理：统一管理 NVR、IPC、存储服务器、流媒体服务器和云端设备。

(2) 管理能力强大：可同时管理 256 台编码设备和 1024 路通道。

(3) 配置设备高效：自动搜索(支持跨网段)、批量添加、批量校时，若启用自动校时成功后，EZStation 将系统时间自动同步给所管理的监控点，以 EZStation 所在的 PC 时间为准。自动校时间隔指上一次校时的间隔时间后将再次进行校时。

(4) 内置 DHCP 服务器：自动给局域网内设备分配 IP 地址，启用该功能，本系统所在的 PC 将作为 DHCP 服务器。在互通的网络内，若摄像机启用了 DHCP 功能，则会自动往该服务器上申请分配 IP 地址。

EZStation 包括三个组件，三个组件可以分布式部署，也可以集中部署，用户可以根据现场具体情况选择安装方式。EZStation 和 EZRecorder/EZStreamer 之间的关系有三种：

- 一管多：一台 EZStation 管理多台 EZRecorder 或者多台 EZStreamer。
- 多管一：多台 EZStation 管理一台 EZRecorder 或者一台 EZStreamer。
- 多管多：多台 EZStation 管理多台 EZRecorder 或者多台 EZStreamer。

EZStation 设备接入功能如图 4.11 所示。EZStation 支持接入管理编码设备、解码设备、存储设备、流媒体服务器和云端设备，建议一个 IPC 只在一个软件中进行添加，避免多个软件添加在相同的 IPC，同时避免 NVR 下的 IPC 又再次直接添加到 EZStation 上，带来控制混乱的问题。

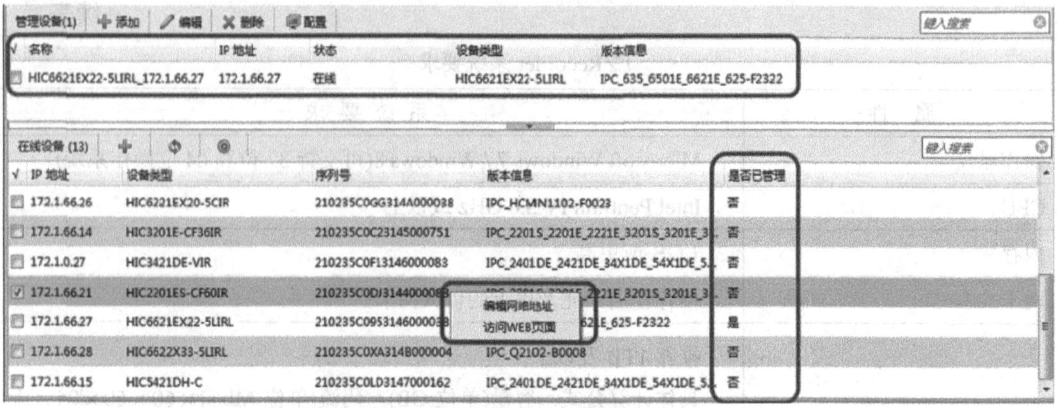

图 4.11　EZStation 设备接入功能

EZStation 设备接入时要注意的问题：

(1) 支持 ONVIF(WS-Discovery)标准发现协议，即支持单播、组播和广播发现支持 ONVIF 的所有设备。例如：部分厂商的 DVR 设备不支持 ONVIF 模块，即无法被搜索到。

(2) 无需搜索，IPC 和 NVR 会“自动发现”。

系统默认的搜索模式为自动搜索，即系统将自动搜索同一个局域网内的所有在线设备，并定时刷新。若需要指定 IP 网段搜索设备，请单击 T 勾选“指定网段”。用户也可以单击 T 键，系统会发现并添加可通信网络的所有设备，自动刷新到设备列表。

(3) 无需添加，即可修改“IP 地址”。

被搜索到的设备在列表中，按右键即可编辑网络地址，也可直接将设备地址修改成指定的 IP 地址，只有管理员用户才有权限访问 Web 页面，执行该功能，系统将通过 IE 浏览器直接打开该设备的登录页面。

(4) 支持设备状态管理，实时显示设备是否被 EZStation 管理，不漏下任何一个设备。

EZStation 设备管理功能如图 4.12 所示。EZStation 支持对设备进行默认分组管理，即设备添加到 EZStation 后进入默认分组；支持自定义分组；支持将设备导入到自定义分组中。分组的好处是将设备分门别类的进行归纳，并支持对分组的设备进行轮巡。

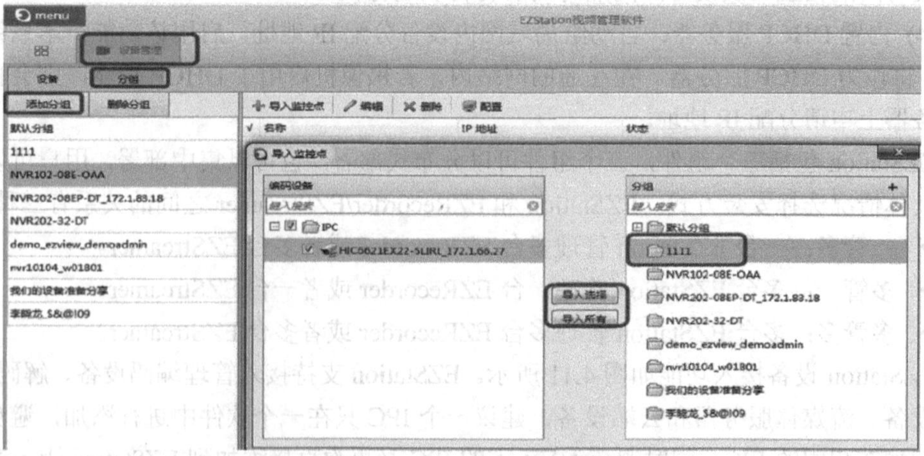

图 4.12　EZStation 设备管理功能

轮巡就是在显示器的预览画面上，根据当前分屏模式下配置的摄像机输出相应的预览图像，并根据一定的时间间隔进行循环切换。其主要应用在一台 EZStation 上接入多路前端 NVR/IPC，值班人员希望多路 IPC 不断的轮流显示在大屏或者显示器上。

添加编码设备时，可选择添加到默认分组(【添加】按钮)或指定分组(【添加到分组】按钮)通过搜索添加的设备名称默认为型号+IP 地址。

轮巡默认的视图即按对应视图的窗格数轮流播放监控点列表中相应监控点的实况。

比如：4-画面默认视图，按 4 分屏显示 1 播放监控点列表中第 1 个监控点的视频，窗格 2 播放监控点列表中第 2 个监控点的视频，以此类推；轮巡时隔的时间(假设设置为 20 s)过后，窗格 1 播放监控点列表中第 5 个监控点的视频，窗格 2 播放监控点列表中第 6 个监控点的视频，以此类推，如表 4.2 所示。

表 4.2　轮巡播放顺序

1	2	20 s	5	6
3	4	→	7	8

实况播放就是通过视频窗格实时播放监控点所拍摄到的信息。完成监控点导入分组后，通过窗格播放实况，使用实况工具栏中的按键能够对窗格实况监控进行快捷控制。通过选择监控点左键菜单来选择所需配置，如图 4.13 所示。

- “视频流”从分组里“自上而下”开始请求，支持一键轮巡。
- 多种默认视图模式，可任意选择，最多能支持 64 分屏。
- IPC“码率”、“分辨率”实时显示。

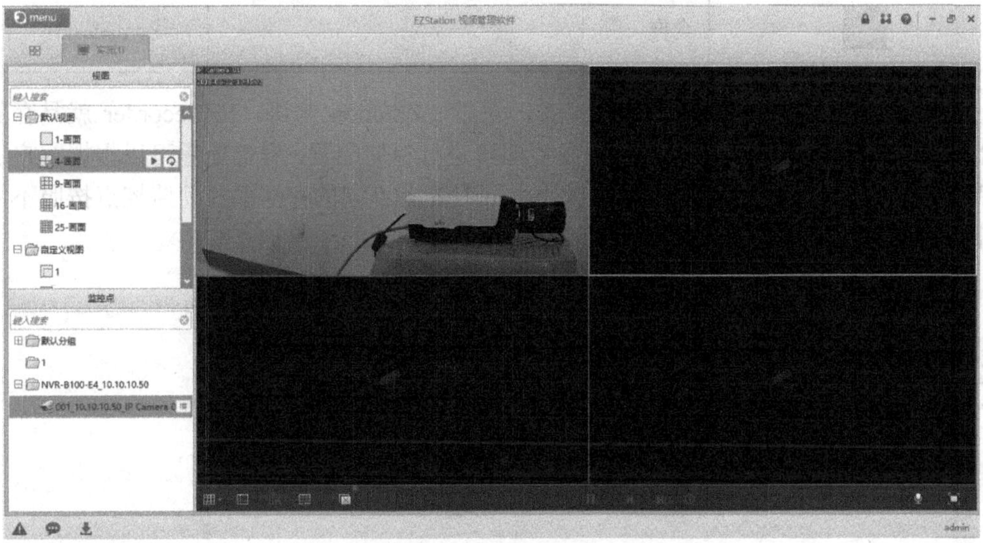

图 4.13　视图管理功能

支持多屏显示，软件支持将各个功能模块脱离出来独立显示，实现多屏显示。脱离处理后的界面也可以合并至其他界面中。例如，对于有多个显示屏的客户端 PC，可以使用实况辅屏预览功能，即除主屏外，还可以有多个屏幕能查看操作实况不需要来回切换，使得监控操作更加全面、便捷。该功能仅支持实况预览操作，并不能进行其他参数配置。

实况工具栏在播放窗体下方，各按键含义如表 4.3 所示。

表 4.3　实况工具栏按键

按　键	功 能 描 述
	切换窗体的分屏布局
	保存当前视图
	另存当前视图
	关闭所有播放窗格
	轮巡播放上一台(个)监控点或视图实况
	暂停/播放轮巡
	调节轮巡时间间隔
	轮巡播放下一台(个)监控点或视图实况
	设备与 PC 进行语音对讲时，调节 PC 侧麦克风的音量或静音
	全屏

确定存储计划前需要先配置存储设备，对于 EZStation 来讲，EZRecorder 就是存储服务器。开启 EZRecorder 并添加存储设备后即可进行存储配置，存储配置可以根据客户的实际需要，为监控点分配存储资源空间大小，同时配置不同的存储模式使监控点按照不同方式来进存储。配置如图 4.14 所示。

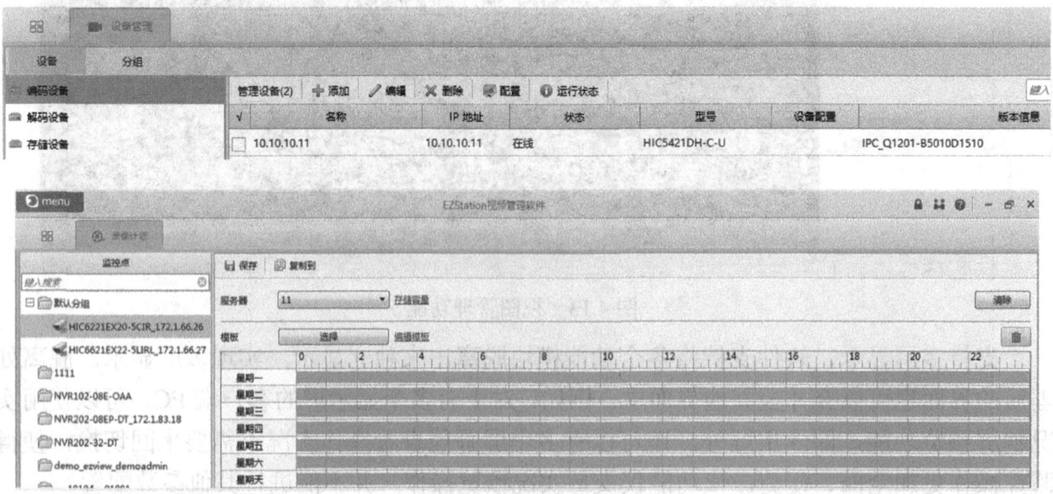

图 4.14　定制存储计划

重要配置参数说明如表 4.4 所示。

表 4.4　重要配置参数

参　数		描　述
系统	时间	启用 NTP 时间同步，定时与 NTP 服务器同步时间 说明：启用时需要填写有效的 NTP 服务器地址
	用户	选择需要修改的用户账号，修改密码 说明：管理员可以修改所有用户的配置，操作员只可修改自己的配置
网络	端口	服务端口：EZRecorder 的通信端口号 下载端口：EZRecorder 的录像下载端口 VOD 端口：VOD(点播媒体服务)的通信端口号已经配置
存储	磁盘	分配或删除存储空间
	通道	配置监控点通道的存储容量及存储策略

计划录像是指在对某监控点配置存储资源后，指定的存储服务器系统将按计划自动开始录像，并存储起来，到结束时间后自动停止。

针对 EZStation 下的通道：存储计划支持 EZRecorder 本地存储，即存储路径在安装 EZRecorder 的主机的硬盘上，该计划录像仅支持由 EZStation 直接管理的监控点。

针对 NVR 下的通道：存储计划指的是存储在 NVR 下的计划。

存储策略支持满覆盖和满停止。

回放操作是指在视频窗格中播放监控点存储的录像。先查询录像，然后单击蓝色区域(有录像的时间段)开始回放录像。录像开始回放后，您可以通过录像控制工具栏和录像播放浮动工具栏，进行回放控制。目前最多支持查询 16 个监控点的录像，如果超过 16 个则会忽略后面的设备。配置如图 4.15 所示。

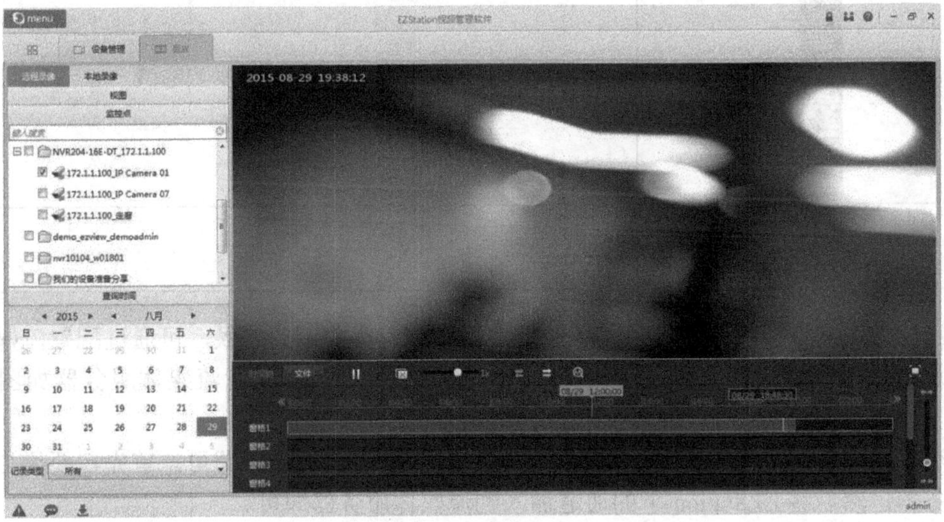

图 4.15　录像回放

EZStation 支持查询远程录像和本地录像。

- 远程录像指的是查询 NVR 下的录像。
- 本地录像指的是查询 EZRecorder 上的录像。

录像控制工具栏主要按键如表 4.5 所示。

表 4.5 录像控制工具栏主要按键

按 键	功 能 描 述
	按时间轴或文件模式进行回放
、	播放/暂停播放录像
	关闭所有录像播放窗
	控制录像的播放速度
	普通回放
	同步回放
	全屏播放录像
	时间轴，可以通过拖拽时间轴来配合查看录像记录
	蓝色区域表示该时间段内保存录像，单击蓝色区域可查看对应时间点的录像
、	控制时间轴左移，右移
	时间轴放大，缩小
	文件下载

当监控点网络访问路数达到限制，或者网络带宽有限制的时候，可通过配置流媒体服务器进行实时预览数据的转发，从而减轻设备的网络压力。配置流媒体服务器如图 4.16 所示。

客户端调多路码流时，IPC 只需发送一股码流给 EZStreamer 即可。首先需要增加流媒体服务器，然后将 EZStation 下的通道加入到流媒体服务器即可。

EZStation 会实时显示调流和收流的记录。

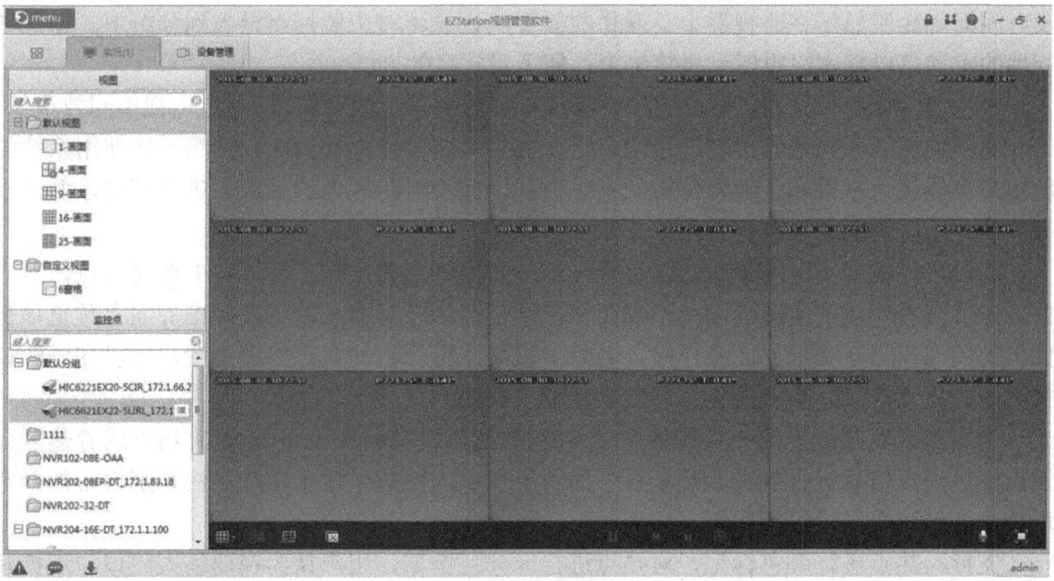

图 4.16　流媒体服务器配置

实况上墙就是将摄像机图像显示在监视器或者大屏上。配置实况上墙如图 4.17 所示。

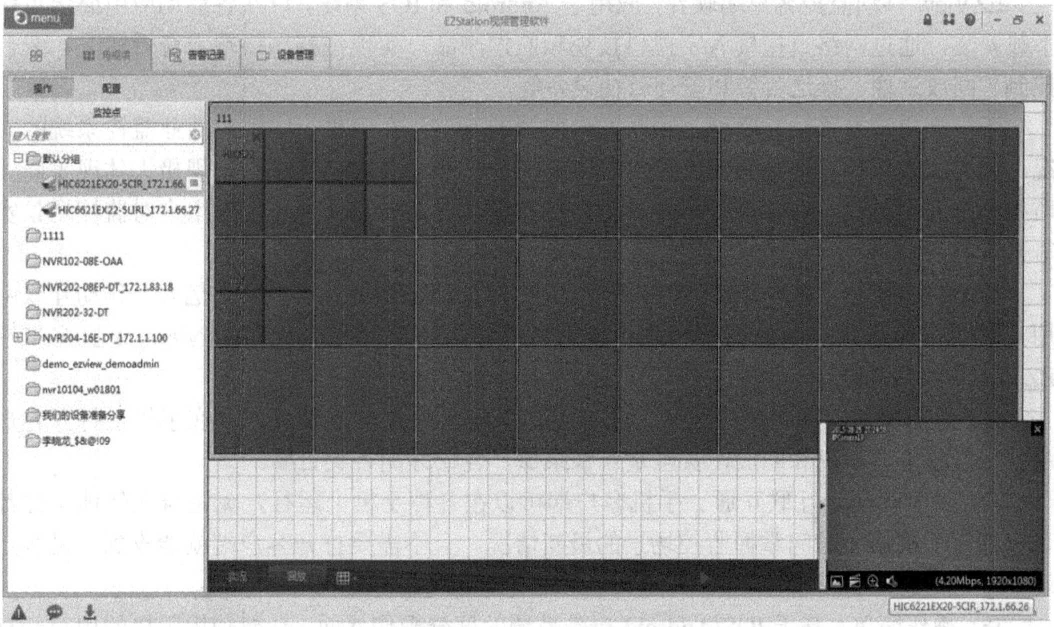

图 4.17　实况上墙配置

支持电视墙实况播放，并支持实时预览实况，同时实时显示上墙 IPC 的码流和分辨率信息。

支持拼接屏配置，通过拼接屏，可以将 1 路视频图像放大到多屏播放。操作前需要确认解码设备是否支持拼接功能。系统仅支持对绑定同一台解码器通道的屏幕进行拼接。

支持分屏解码输出通道，分屏操作前，应先停止该解码输出通道的实况播放。

电视墙轮巡是按组对监控点进行轮巡，就是将多个摄像机的实况图像按照一定的顺序及时间间隔轮流显示在监视器上。操作前需要确认已将对应监控点导入到分组中。通过电视墙的上墙可以将实况投射到拼接屏上，便于对实况的调阅。

电视墙回放操作是指在解码窗口中播放存储服务器上的录像，即通过电视墙回放录像。

电子地图的添加和修改有助于用户直观的查看监控点位的情况，让第一次使用系统的新用户也能快速掌握和了解摄像机的安装位置，便于对防区内的摄像机进行管理，并可以有效地对防区内的场景进行布防。

用户可以根据实际场景对防区进行详细的布控管理和操作，在地图上选择热点，双击鼠标即可查看肇点的实况画面。不需要切换至实况回放界面，就可在地图界面上预览该摄像机的图像。当在实况界面操作时，若想知道某个摄像机的实际物理位置，可以在资源树列表中选择“”，该资源位置便能在地图上直观地显示。

当热点或者热区里的热点设备产生告警(如达到设备告警上下线)时，热点或者热区会发出红色闪烁信息进行告警。热点设备的告警发出闪烁信号便于用户尽快识别设备的异常现象，做到对全局进行把握。

支持对热点进行颜色标记，对热点进行区分。例如，用户认为在商场大门口、步梯和大厅是需要集中布防的区域，当发生险情后需要第一时间进行调阅实况，此时可以通过将这些场景的摄像机标为红色，以便识别。

EZView 移动监控客户端软件，应用于 Android 和 IOS 系统，可在各移动应用商店免费下载安装，通过网络直接接入宇视科技视频监控产品，实现在移动终端上查看实况、云台控制、回放录像、推送告警和管理云端设备等。

手机客户端是移动互联网、物联网最便捷的入口，在手机上实现对商业监控系统的实况、回放和告警的管理是顺应大时代的潮流。手机客户端 EZView 的出现极大体现了商业监控系统的实时性、业务可扩展性、多样性和灵活性的特点，方便了对用户对监控场景实时查看的需求。

据不完全统计，截至 2017 年 6 月底，我国手机网民数已经达到 13 亿人。移动互联网用户规模已经成熟，新的商业模式、创新方式将主宰下一个时代。Uniview 手机客户端 EZView 有如下特点：

(1) 无需输入，即可轻松浏览。不需要浏览器和繁琐的手机输入，在手机上打开客户端就可轻松查看实况和回放，甚至是告警录像，轻松订阅各类告警。

(2) 随时随地，互联互通。手机客户端可以在各种手机上运行，无论身在何地，你都可以通过手机第一时间掌握监控场景的最新情况。且不需要打开客户端就能收到手机客户端的推送消息。

(3) 操作简单，基于 IOS/Android 自带系统的部分操作界面，让会使用手机的用户一打开客户端就会使用，符合用户已有的操作习惯。

Uniview 手机客户端 EZView 获取方式多元化。目前支持手机和 PDA，支持 IOS 和 Android 两大系统。

支持从 APPStore、百度、腾讯、安智、安卓 91、小米、360、 GooglePlay 等处获取。

EZView 手机客户端上可以完成云端设备的实况查看和操作，支持多窗格、云台、电子放大等功能，支持主码流、辅码流和第三码流的选取。手机客户端实况业务配置如图 4.18 所示。

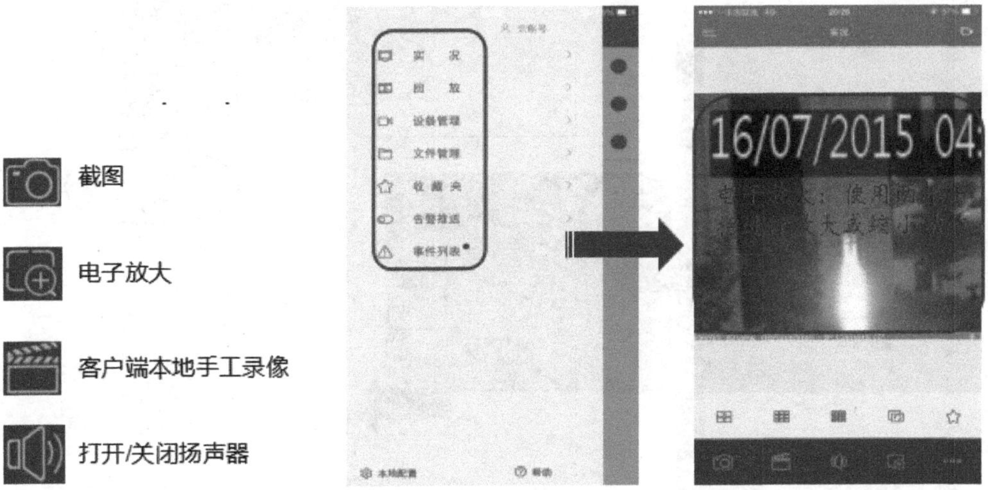

图 4.18　手机客户端实况业务

EZView 手机客户端支持云端设备的回放查看功能，并支持对事件录像进行调阅，事件录像在时间轴上以红色标签进行标记，支持时间刻度设置。回放业务配置如图 4.19 所示。

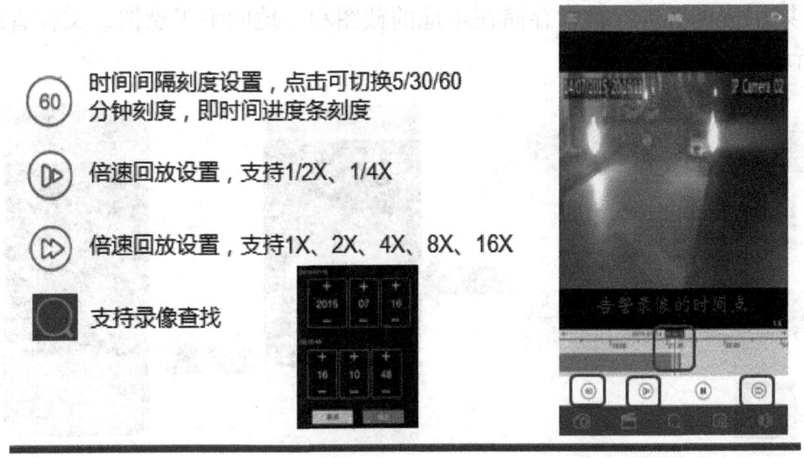

图 4.19　回放业务

EZView 手机客户端的告警有助于用户全局把握监控场景下的设备和通道的状态，有助于及时发现问题并解决问题。告警推送业务配置如图 4.20 所示。

EZView 客户端如果需要获得 NVR 或者 IPC 的告警，需要到告警推送页面开启，此配置仅针对客户端配置，即不同的 EZView 客户端需要告警推送功能，均需要各自的 EZView 客户端开启此功能，告警信息才会推送到手机客户端。

目前支持两大类告警：一类是监控点上报的告警；另一类是设备异常告警。

- IPC 监控点告警：运动检测告警、运动检测告警恢复、遮挡检测告警、遮挡检测告警恢复、开关量输入告警、开关量输入告警恢复。(这些告警会有实况等关联图标)
- 设备异常告警：存储错误、存储错误恢复、硬盘离线(即磁盘下线)、硬盘异常(即磁盘错误)、非法访问、IP 冲突和 IP 冲突告警恢复等。

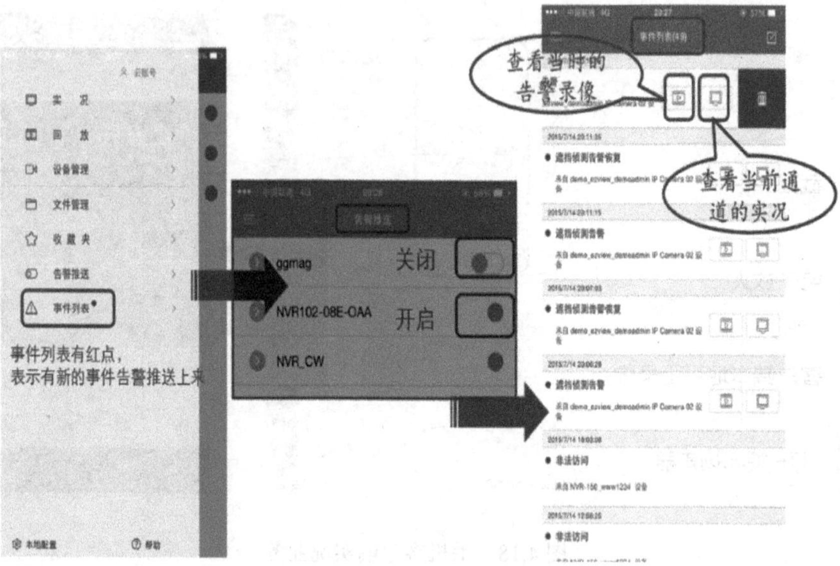

图 4.20　告警推送业务

EZView 客户端支持对实况和回放中的录像手工录像和截图，并支持分享。在文件管理中支持按日期、按类型进行检索存储在本地的截图和本地的手工录像。文件管理业务配置如图 4.21 所示。

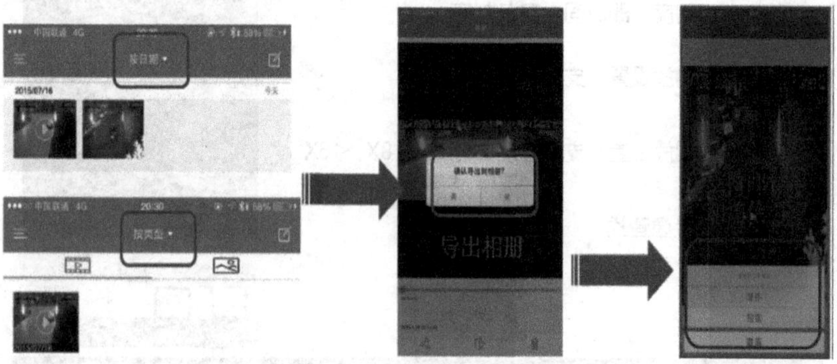

图 4.21　文件管理业务

视频，客户端本地保存的视频可以分享和导出到相册。

- 支持视频分享，视频分享可以选择邮件方式。
- 支持录像文件导出到相册。
- 支持删除录像视频文件。

图片，客户端本地保存的图片可以进行分享和导出到相册。

- 支持图片分享，图片分享支持邮件和短信两种方式。
- 支持图片文件导出到相册。
- 支持删除图片文件。

分享和导出到相册这两个功能方便了用户对敏感录像的传递和保存，同时也体现了商业监控系统的业务可扩展性和灵活性，为用户提供了友好的人机交互界面和用户体验。

EZTools 主要用于设备搜索、升级及参数的远程配置、存储时间及容量的快速计算，其简单易用的操作方式成为商业解决方案实战上的重要组成部分。

目前 Uniview 全系列 IPC 和 NVR 均支持被 EZTools 管理和配置。此工具集的出现大大提供了配置通过率，其集中体现了用户的零配置，自动搜索设备并修改设备的参数，同时不需要登录或者打开 NVR 和 IPC 就可以将 IPC 添加到 NVR 上，支持对 NVR 和 IPC 的在线升级和维护，方便了对设备的升级操作和收集信息和保存配置的操作。

EZTools 始终秉承极简使用的设计理念，让用户使用方便，管理容易，维护简便，帮助用户快速使用和维护设备。

在设备管理上，通过 EZTools 可实现：

- 通过搜索，可发现通信网络内的所有在线设备，实现自动添加。
- 登录设备，对设备进行配置、维护等操作。

进行设备管理操作前，请确认：

- 摄像机正常运行且网络通信正常。
- 设备已完成初始的配置。

搜索模式分为组播和按 IP 段搜索。组播指在局域网范围内发现设备。按 IP 段搜索是根据用户输入搜索范围的起止 IP 地址段，在指定的 IP 地址段内搜索设备(搜索遵循 ONVIF 协议)。所有搜索到的设备登录的用户名和密码均设置为默认值 admin。

系统默认的搜索模式为组播搜索，若需要也可指定 IP 网段搜索设备。搜索到的设备可以修改设备地址。修改设备地址是对设备的 IP 地址、子网掩码或默认网关进行更改。

登录是对 NVR 和 IPC 的管理的第一步，不登录 NVR 和 IPC 无法对 IPC 进行设置、无法升级和维护，更无法将 IPC 添加到 NVR 上。登录分为普通登录和批量登录。EZTools 登录配置如图 4.22 所示。

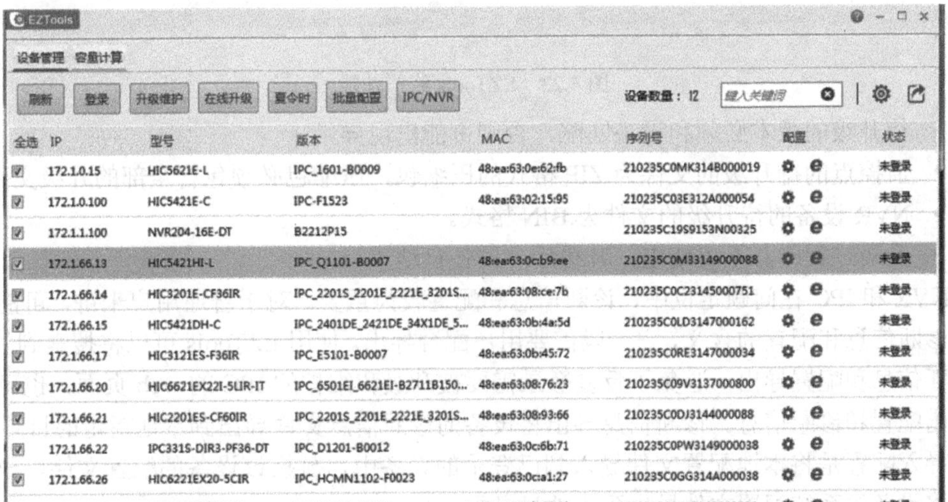

图 4.22 EZTools 登录功能

1. 普通登录

选择对应的单个设备，在搜索到的设备前面打勾并单击登录即可。

2. 批量登录

选择多个设备，单击升级维护或者在线升级即可，用户名和密码无误后可以实现批量登录。

其优点是简便后续的部分操作，为后续的升级维护、在线升级、夏令时、批量配置、IPC/NVR 功能做了第一步的操作。

升级指将搜索到的 NVR 和 IPC 进行本地升级，需要下载升级版本安装包到本地电脑，避免了反复登录需要被升级的 IPC 的 Web 页面。升级软件是部分用户认为比较繁琐的事情，使用 EZTools 后可以实现一键升级的操作。EZTools 维护功能如图 4.23 所示。

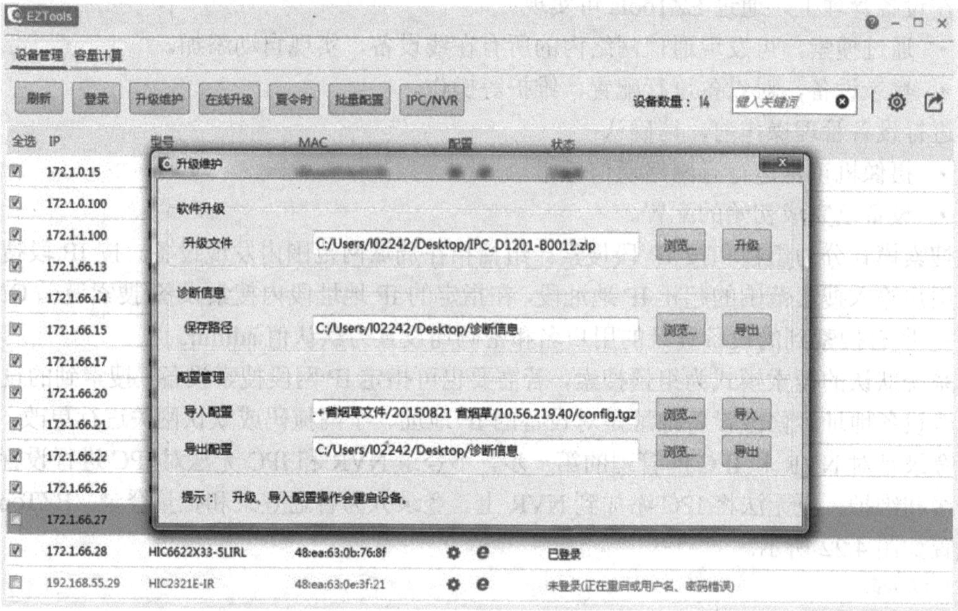

图 4.23 EZTools 维护功能

- 待升级的版本必须和设备匹配，否则可能出现异常。
- 监控点的待升级的文件为.ZIP 格式的压缩包，压缩包必须包含全部的升级文件。
- NVR 设备的待升级的文件为.BIN 格式。
- 升级过程中，不可断电；升级后，设备自动重启。

NVR 和 IPC 在问题定位中，诊断信息和配置较为重要。对于普通用户来讲，可能不理解其诊断信息和配置的含义，它一般需要用户配合导出。使用 EZTools 可以将搜索到的 IPC 的诊断信息和配置导出，避免了反复登录需要被升级和维护的 IPC 的 web 页面，也可以批量导出配置和诊断信息。诊断信息导出将设备的诊断信息文件导出到本地指定的目录中。

导入配置是将本地配置文件导入到已登录的设备中，替换该设备的配置文件。导出配置是将设备的系统配置文件导出到本地目录中。

在线升级是在网络在线状态下，对设备版本号进行检查，升级文件下载和自动升级。自动批量搜索云端服务器最新版本，其前提条件是 EZTools 所在 PC 连接公网，这时才能对 IPC/NVR 进行在线升级。建议同一型号设备选择批量升级，在线升级不需要提前下载升级版本安装包到本地电脑。EZTools 在线升级配置如图 4.24 所示。

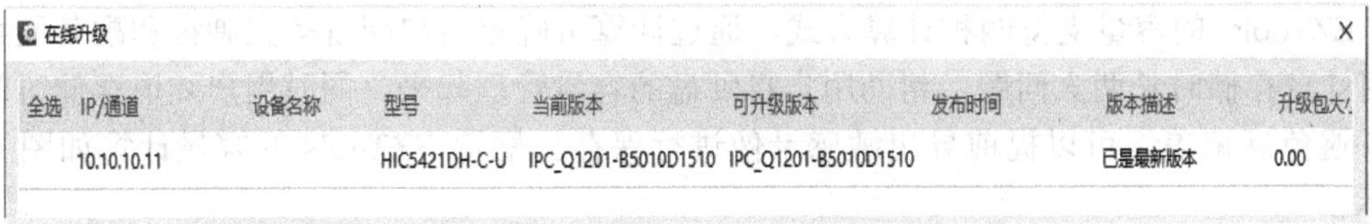

图 4.24　EZTools 在线升级功能

设置编码参数可以根据设备的支持情况和实际需求选择开启辅码流和第三码流。可以批量配置同一型号 IPC 的编码格式、分辨率帧率、码率、编码格式、图像质量和 I 帧间隔等参数信息。EZTools 批量配置如图 4.25 所示。

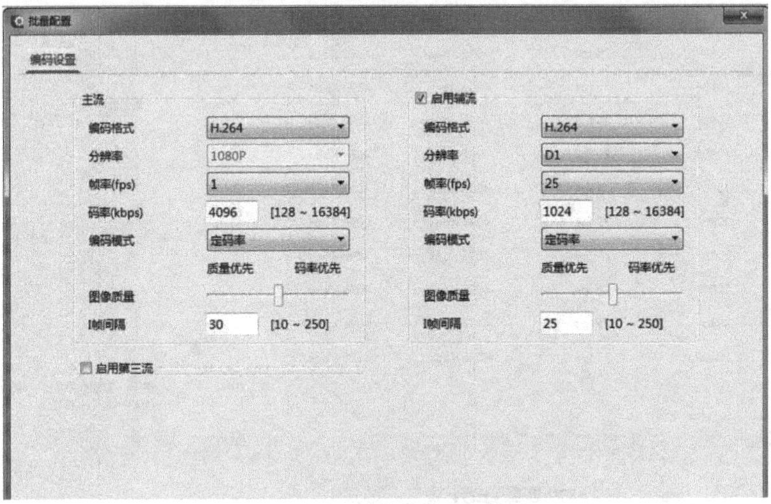

图 4.25　EZTools 批量配置界面

IPC/NVR 功能可以将搜索到的 IPC 添加到搜索到的 NVR 上，至少选择一个 NVR 并点击 IPC/NVR 即可进入添加界面，选择相应的 IPC 和 NVR，即可完成添加。使用 IPC/NVR 功能能使 IPC 以最简单的方式添加到 NVR 上，体现了极简使用设计理念。请注意，NVR 通道已满无法再添加 IPC、已添加到此 NVR 的 IPC 显示为红色。配置 EZTools 的 IPC/NVR 功能如图 4.26 所示。

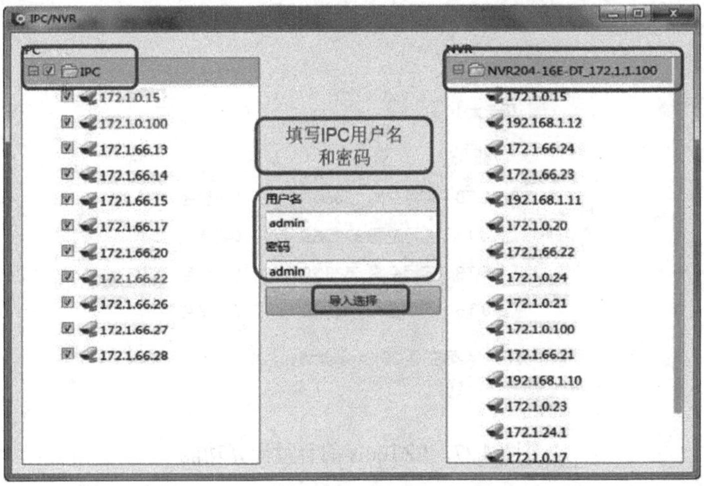

图 4.26　EZTools 的 IPC/NVR 界面

EZTools 的容量支持两种计算方式，通过计算可确定用户配备多大硬盘和配备硬盘后如何计算存储时长两大问题，帮助用户将硬盘的容量管理起来，同时用户知道存储时间后为了避免满覆盖，可以提前导出敏感录像进行保存。配置 EZTools 的容量计算如图 4.27 所示。

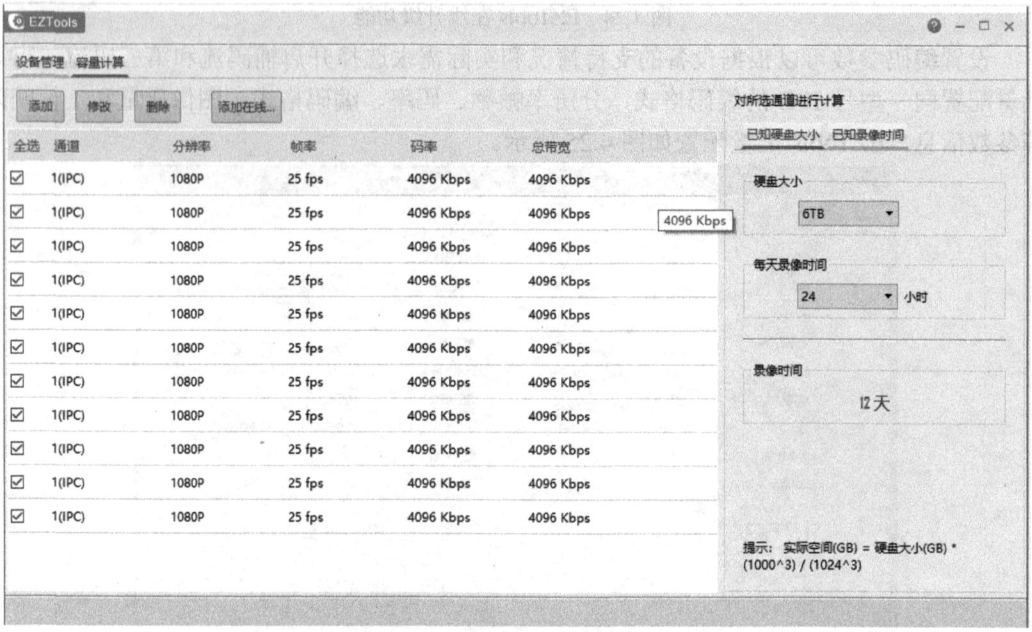

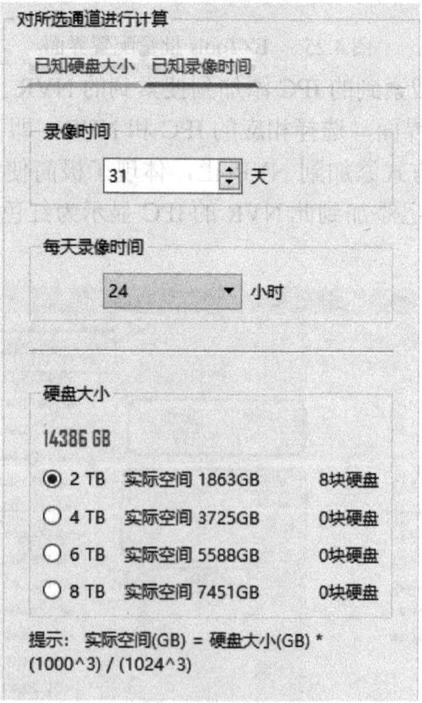

图 4.27 EZTools 的容量计算功能

- 添加：手动增加通道，配置通道码流、编码格式、分辨率、帧率、码率等参数。通过手动添加通道来模拟现场设备的实际情况，可以计算录像时间或者硬盘大小。

• 添加在线设备：搜索当前在网设备，根据在网设备实际码流、码率情况，可以计算录像时间或者硬盘大小。

4.4　商业监控系统应用场景

监控应用在不同行业(领域)，有共性的需求；但因自身的特点又有不同的需求，这就决定了监控系统多样化的业务需求。应用场景如图 4.28 所示。

图 4.28　商业解决方案的应用场景

平安工程是城域化、智能化的大规模治安监控，覆盖主要路口、重点单位和公共场所，要求高清接入实时的现场视频监控；高效可靠的存储策略，录像、图片随时调用、管理及回放；针对公安业务的多种实用功能，通过网闸实现安全的隔离；与 GIS 系统、接处警系统对接集成等。

园区和楼宇安保监控要求出入口、楼道、车间等区域概况的实时监控；与门禁、报警、消防等子系统对接联动；录像可靠存储及调阅等。

商场、连锁店铺监控要求出入口、柜台等重点区域的实时监控；总店对各分店的统一联网监控管理；录像取证等。校园监控要求出入口、公共区域人员动态、考场纪律等的实时监控；远程联网监考；录像调阅等。

公路、轨道交通监控要求道路交通状况、收费站或站台情况的实时监控；告警快速上报或联动；事故录像调阅取证等。

视频监控系统的设计来源于需求，需求是多种多样、千变万化的，但是都可以归纳为五个设计要素，即前端设计、传输设计、显示设计、控制设计和存储设计。

(1) 前端设计主要涉及视频采集设备的选型，如摄像机类型、分辨率、接口形式等的选择；编码器分辨率、接口形式、路数的选择。

(2) 传输设计主要是传输设备的选型、传输方案的设计，如光端机、交换机的选择；传输线缆、传输协议的选择。

(3) 显示设计主要是视频输出方式的选择、显示设备的选型，如显示设备类型、色彩、大小、分辨率的选择。

(4) 控制设计主要是对中心管理控制设备的选型。如DVP、NVR、管理服务器的选择。

(5) 存储设计主要是对视音频存储方式选择、存储设备的选型，如存储容量、阵列的选择。

商业解决方案应用场景比较广泛，常用于商业、社会资源的接入和小型园区等场所的接入。

咖啡店、快餐店是人群集中区，通常会部署视频监控系统以保障顾客和卖家的利益。一二台NVR，10～30个通道，通常采用桌面安装，使用本地人机的方式进行预览实况即可。本地人机预览组网，简单实用，适用于NVR本地局域网的使用。

社会资源的接入，主要指幼儿园或者是乡镇诊所。幼儿园的客户群体主要是当地的家庭，大部分家长希望能随时随地观看自己的孩子在幼儿园的实时活动的状态。这种应用场景下建议采用EZView的方式进行接入，以满足需求。

EZView，应用于Android和IOS系统，可在各移动应用商店免费下载安装，通过网络直接接入宇视科技视频监控产品，实现在移动终端上查看实况、云台控制、回放录像、推送告警、管理云端设备等。

大型商场和连锁店等场景，一般拥有多台NVR，拥有独立的监控室，对视频监控的场景和级别有一定的要求，建议采用EZStation方案进行部署以满足客户需求。

EZStation 2.0是宇视科技针对小型的视频监控解决方案而设计的设备管理套件，其部署简单、操作方便，特别适合应用在超市、车库、社区等视频路数较少的监控场合。

本章小结

本章主要介绍了商业监控系统的基本概念、商业解决方案及其原理等内容，然后对商业监控系统平台EZStation的功能配置做了详细的讲解。通过对本章的学习，读者能够对商业监控系统有较深入的理解，能够较熟练地配置EZStation的各种业务和维护EZStation设备。

第 5 章 监控设备的硬件安装与维护

学习目标

- 掌握监控设备到货时需要检查的项目；
- 掌握不同型号产品的安装方法；
- 了解常见问题的处理方法。

近年来，随着 IP 监控系统产品的多样化，监控设备的安装与维护已不再是简单插线、插电，而是需要一套完整的规范来指导监控设备的安装与维护。

本章重点介绍 IP 监控系统在安装和维护过程中的规范和工程实施过程，目的是帮助监控实施人员形成逻辑的、系统的规划方案和工程实施的思维模式，确保监控系统长期、稳定的运行。并对一些常见问题的处理思路和方法做简单介绍。

5.1　设备常见组网介绍

首先列举常见的几种组网，不同组网的应用场景和接线方式略有不同。

第一种组网方式：当 IPC 设备数量较少时，IPC 可以直接接入到 NVR 后面的 LAN 口上，并且通过 NVR 直接连接显示器显示输出。这样的组网不需要单独配置交换机，也不需要单独配置 PC，直接通过人机界面的方式即可管理整套系统，方便组网。部分款型 NVR 自带 POE 功能，可以省去单独拉电源线的步骤，直接给摄像机供电，使用方便。也不需要提前给 IPC 分配地址，NVR 会自动通过 DHCP 的方式下发地址。真正地做到即插即用。组网拓扑如图 5.1 所示。

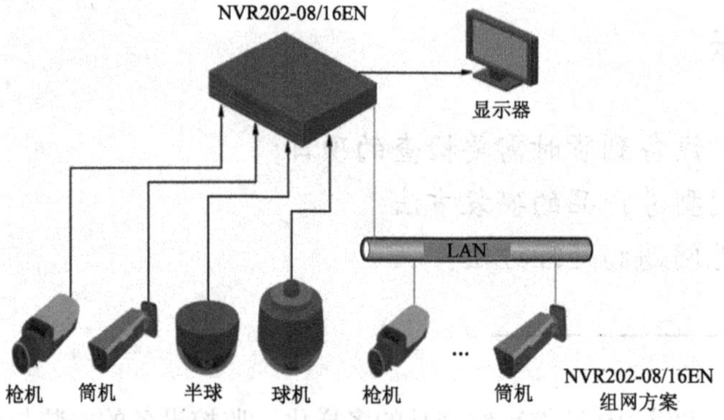

图 5.1　第一种组网拓扑图

第二种组网方式：当 IPC 数量较多，NVR 上的 LAN 口数量不足以接入所有 IPC 时，可以外挂交换机来接入所有的 IPC，并且该组网依然采用人机界面的方式管理监控系统，无需单独配置 PC，只需把外界显示器和 NVR 用视频线进行连接，即可显示输出。如果选用支持 POE 功能的交换机，依然可以不布电源线，通过交换机的 POE 功能直接给摄像机供电。组网拓扑如图 5.2 所示。

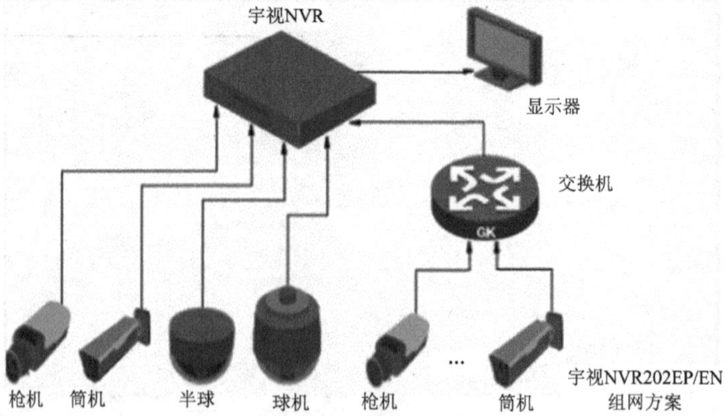

图 5.2　第二种组网拓扑图

如果需要远程监控的，也可以配合小型平台软件 EZStation 来实现。在远端设备侧按照之前的方式部署 NVR 和 IPC，还需要增加路由器将设备接入到公网。在另一端部署 PC 安装 EZStation 也同样要部署到公网，然后使用 EZStation 来实现远程的监控。EZStation 相对于手机 APP 功能更为丰富。远程 PC 管理设备拓扑如图 5.3 所示。

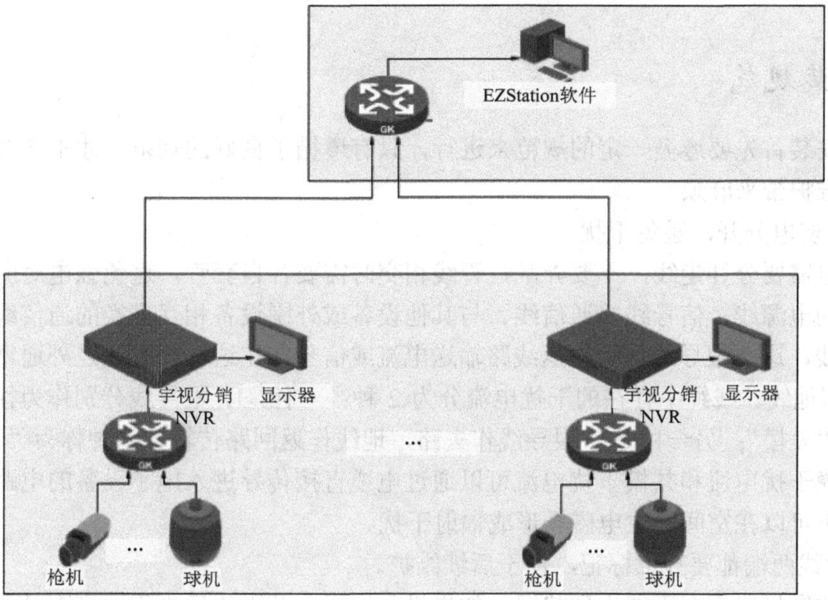

图 5.3　远程 PC 管理设备拓扑图

5.2　安装前的准备工作

设备到达现场后，需要严格按照收货流程来实施，以免出现不必要的损失和麻烦。

检查外观是到货验收的第一个步骤，也是其他实施步骤的基础。在外包装破损的情况下，内部设备的完好是无法保证的。如果外包装损坏了，需要立即开箱检查，看内部设备是否有损坏或丢失，避免收货后再发现异常导致责任无法认定等问题。

接下来检查发货清单和到货是否相符，以及设备清单和设备里的实际数量是否相符，特别要注意，铆钉、螺钉和 CS 转接环等小配件，不要忽略了这些物品，以免影响安装。

当检查完配件完整性后，需要将设备全部加电，检查功能是否正常，能否正常运行，以免安装完成后才发现问题，又要拆卸而导致不必要的麻烦。

收货流程如图 5.4 所示。

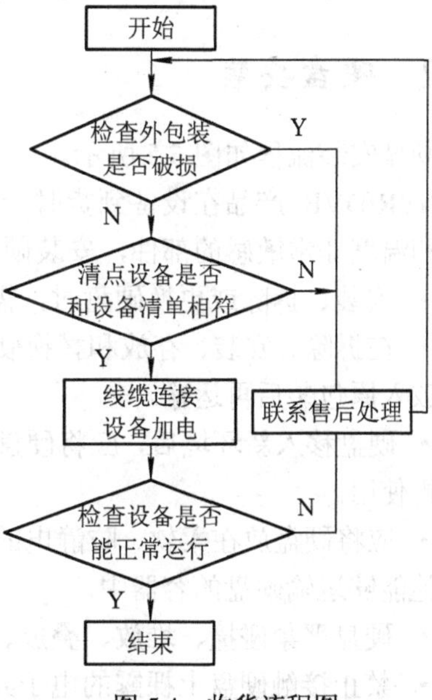

图 5.4　收货流程图

5.3 NVR 设备安装

5.3.1 安装规范

设备的安装首先要遵循一定的规范来进行，只有遵循了良好的规范，才不会对后期的正常使用及维护带来麻烦。

(1) 强、弱电分开，避免干扰。

强、弱电需要分开走线，不要弄乱，管线相交时需要各自套管，避免强电对弱电产生干扰。设备的电源线、信号线等通信线、与其他设备或外围设备相互交换的通信线路，至少有 2 根导线，这 2 根导线作为往返线路输送电流或信号。在这 2 根导线之外通常还有第 3 根导线，即地线。线缆中存在的干扰电流分为 2 种：一种是 2 根导线分别作为往返线路传输，称为“差模”；另一种是 2 根导线作去路，地线作返回路传输，这种称为“共模”。电缆上的差模干扰电流和共模干扰电流可以通过电缆直接传导进入电子设备的电路模块或其他设备，也可以在空间产生电磁场形成辐射干扰。

(2) 各种线两端都要打上标记，便于后续维护。

所有的线缆最终都有可能出现状况，如果没有标记，若干年后去逐一排查是非常困难的，良好的做标记的习惯可以减少维护成本，便于尽快找到问题并解决。

(3) 信号线、视频线中间不允许有端接点。

保证视频信号在传输过程中不会因为线缆问题造成信号失真。

(4) 各种信号线和电源线等在管线中必须保持平直，不能有打结扭曲的情况出现。

为了防止线缆在扭曲的情况下，损坏内芯造成传输故障。线缆外表皮一般都比较坚硬，但是内芯却容易损坏，一旦损坏很难排查，所以建议尽量不要将信号线和电源线打结扭曲。

5.3.2 硬盘安装

硬盘安装流程如图 5.5 所示。

NVR/DVR 产品在设备到货时一般不自带硬盘，需要自行准备硬盘。硬盘是对静电、震动和温度非常敏感的部件，安装硬盘的注意事项如下：

- 安装、拆除或更换硬盘时，需要佩戴防静电手腕或戴防静电手套。
- 在拆除、安装、存放和替换硬盘时，需要始终轻拿轻放。搬运主机前，请将硬盘取出并放入原包装后再运输。
- 硬盘移入新环境后，应将硬盘放在包装件中，并将包装件暴露在空气中至少 4 小时以上再使用。
- 应将硬盘放在柔软、防静电的表面。例如，应将硬盘放在工业标准的防静电泡沫块或其他能够运输硬盘的容器中。
- 硬盘严禁碰撞、堆放、叠放、斜置、翻转和跌落。
- 禁止接触硬盘上裸露的电子元件和电路。

• 不要破坏硬盘外观(如在标签上写字，划刻硬盘等)。

• 异常断电会影响硬盘寿命甚至造成硬盘损坏。在频繁断电的环境中，应为设备配置 UPS。

• 有害气体会腐蚀硬盘。机房有害气体的含量有限制值：二氧化硫(SO_2)含量平均值为 0.3 mg/m^3，最大值为 1.0 mg/m^3；硫化氢(H_2S)含量平均值为 0.1 mg/m^3，最大值小于等于 0.5 mg/m^3；二氧化氮(NO_2)含量平均值为 0.04 mg/m^3，最大值为 0.15 mg/m^3；氨(NH_3)含量平均值为 1.0 mg/m^3，最大值为 3.0 mg/m^3；氯(Cl_2)含量的平均值为 0.1 mg/m^3，最大值为 0.3 mg/m^3。

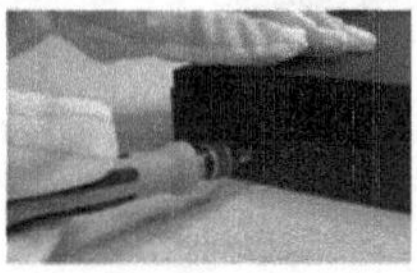

(1) 拧开固定机箱盖板的螺钉，取下盖板。

(2) 在硬盘上安装螺钉，每个螺钉拧2～3圈即可(建议在硬盘上预装对角2颗螺钉，方便固定)。

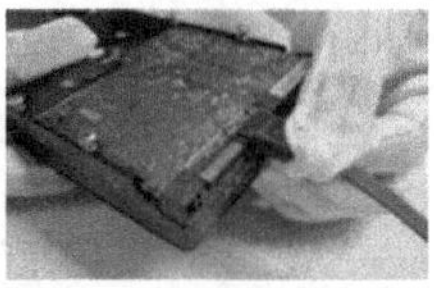

(3) 将数据线一端连接到硬盘。

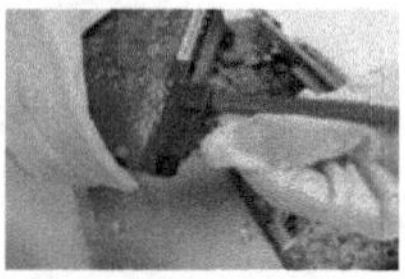

(4) 将电源线一端连接到硬盘。

(5) 将硬盘上的螺钉对准机箱底板的葫芦口按下(若安装1块硬盘，请将硬盘的接口朝左，若安装2块硬盘，2块硬盘的接口相对。)

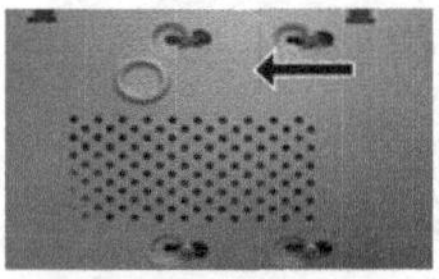

(6) 将设备机箱侧立，将螺钉滑到葫芦口另一端。

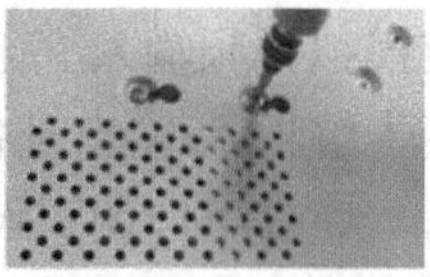

(7) 拧紧硬盘底部的螺钉。

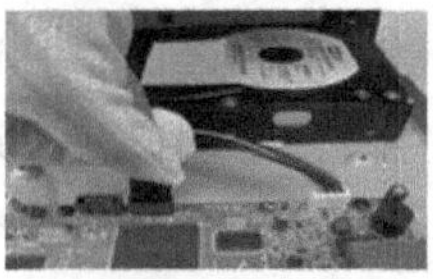

(8) 将数据线、电源线另一端连接到主板。

图 5.5　硬盘安装流程示意图

5.3.3　接口外观

接口外观如图 5.6 所示。

图 5.6　接口外观

宇视科技 NVR 部分款型后部自带交换 LAN 口，可给摄像机提供 POE 方式的供电，方便组网。NVR 设备具有免配置特性，不需要提前给 IPC 分配地址，NVR 会自动通过 DHCP 的方式下发 IPC 的 IP 地址。

NVR 设备的接口如图 5.7 所示。

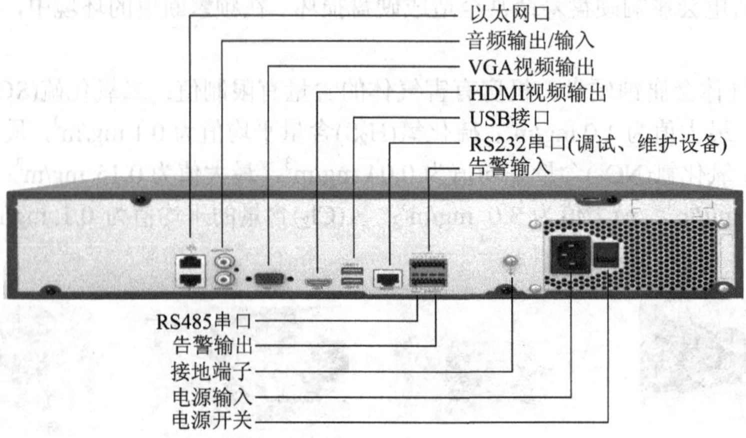

图 5.7　NVR 设备的接口图

所有接口的接线如图 5.8 所示。

NVR 上的接口，主要有：

- 音频接口——连接音频输入、输出信号。
- 视频接口——连接模拟视频输入/输出信号。
- 告警端口——连接告警输入/输出设备。
- RS232 端口——用于连接串口调试设备。
- RS485 端口——用于连接第三方设备。
- HDMI/VGA 输出口——人机界面视频输出口。
- 接地端子——接地线连接口。
- 电源接口——电源线连接口。

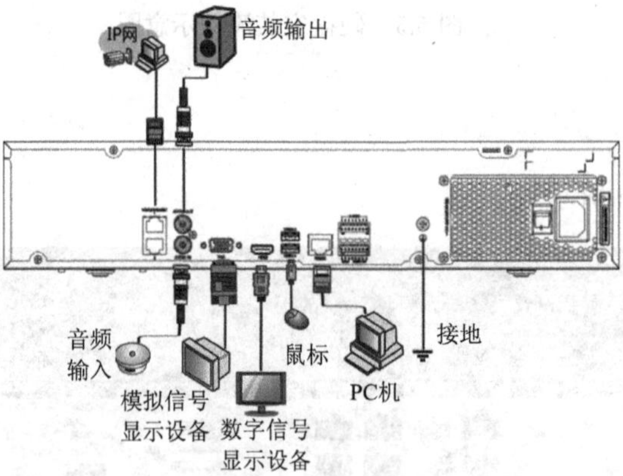

图 5.8　接线示意图

5.3.4　线缆连接

设备 RS485 接口为凤凰端子，可连接云台及第三方设备。以第三方设备为例，连接要求主要有两点：凤凰端子的 A 与第三方设备 RS485+连接；凤凰端子的 B 与第三方设备 RS485- 连接。

(1) RS485 连接，如图 5.9 所示。

(2) 报警输入输出连接，如图 5.10 所示。

• 报警输入为接地报警输入，外部告警设备需有电源供电。

• 报警输入要求为低电平电压信号。报警输入的类型不限，可以是常开型也可以是常闭型。

• 当报警设备需接入两台录像机或需同时接入录像机与其他设备时，需用继电器隔离分开。

• 产品使用接地报警，即当报警回路与地导通时报警。

• 录像机的报警输出不能连接大功率负载(125 V AC)，在构成输出回路时应防止电流过大导致继电器的损毁。使用大功率负载需要用接触器隔离。

• 告警输出端口(1+，1–)—(2+，2–)为内部继电器开关，默认为断开，有告警输出时闭合。

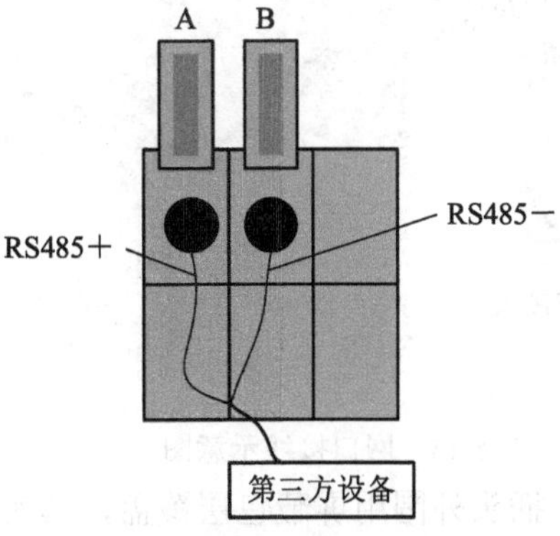

图 5.9　RS485 线缆连接图

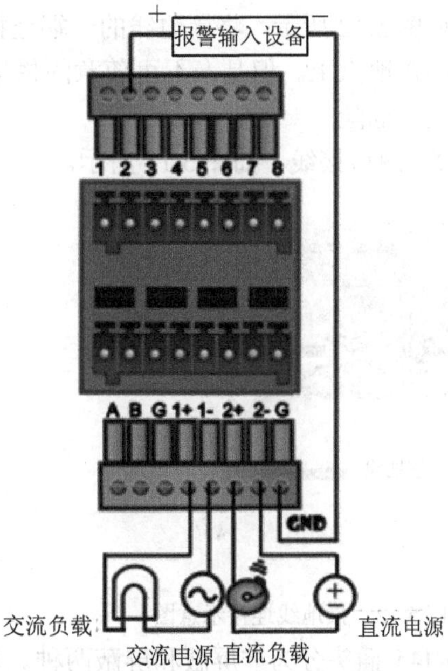

图 5.10　报警输入输出连线示意图

(3) 音视频信号连接，如图 5.11 所示。

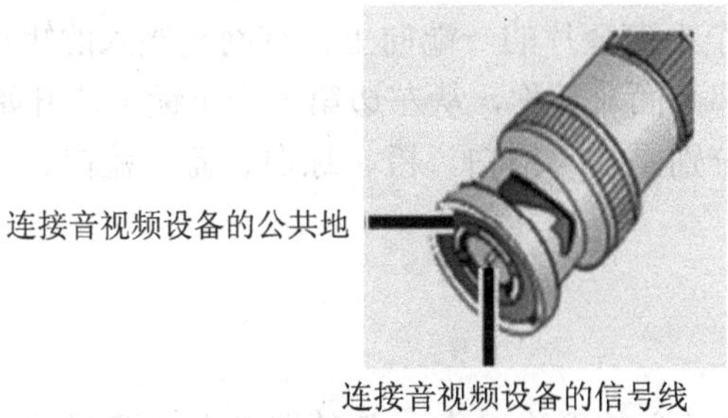

图 5.11　音视频信号连接示意图

音频线缆一般采用 4 芯屏蔽电线(RVVPS)或非屏蔽数字通信电缆(UTP)，要求有较大的导体截面积(如 0.5 平方毫米)。在不考虑干扰的情况下，也可以采用非屏蔽数字通信电缆，如综合布线系统中常用的 5 类双绞线(2 对或 4 对)。由于监控系统中监控摄像机的音频信号传到中控室采用点对点传输方式，用高压小电流传输，因此采用非屏蔽的 2 芯信号线缆即可，如采用聚氯乙烯护套软线 RVV 2 × 0.5 等规格。

· 音频线安装。音频线安装注意绕开有干扰源的路线，以免声音出现干扰。

· 前端设备音频输入。前端 EC(Embedded Controller，嵌入式控制器)设备音频接口有三种表现形式：MIC 接口、凤凰端子接口和 BNC 接口。目前的 EC 设备中仅有 EC1501-HF 可以对外提供幻象电源。在选择麦克风时，如果连接的是 EC1501-HF 设备，可以选择提供的幻象电源；如果连接的是其他的 EC 设备，要选择可自我供电的麦克风。IPC 不支持幻象供电的音频输入设备，建议接有源音频输入设备。

(4) 接地线连接，如图 5.12 所示。

为保证人身安全和设备安全(防雷、防干扰)，必须为设备提供良好接地。接地阻抗要求小于 5 Ω，长度不宜超过 30 m，可参考标准 YD5098-2001(通信局(站)防雷接地设计规范)。

如图 5.12 所示，将接地线的一端连接到设备的接地端子，再将接地线的另一端连接到可靠的接地点上。但是，不可随意的搭接，要用标准的象鼻接口进行压接，以免因接触不良而发生危险。

(5) 网口接线，如图 5.13 所示。

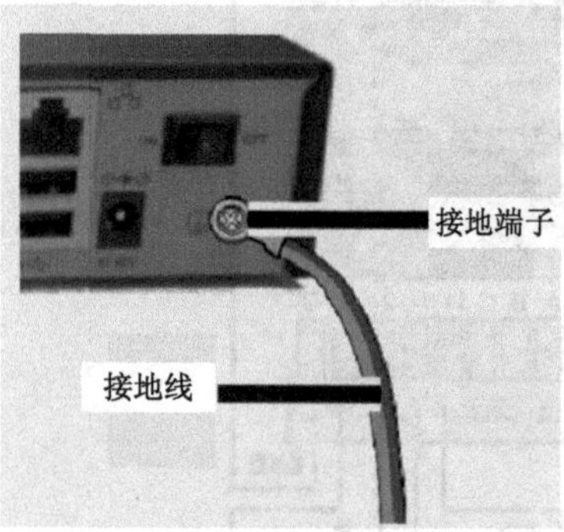

图 5.12　接地线连接示意图

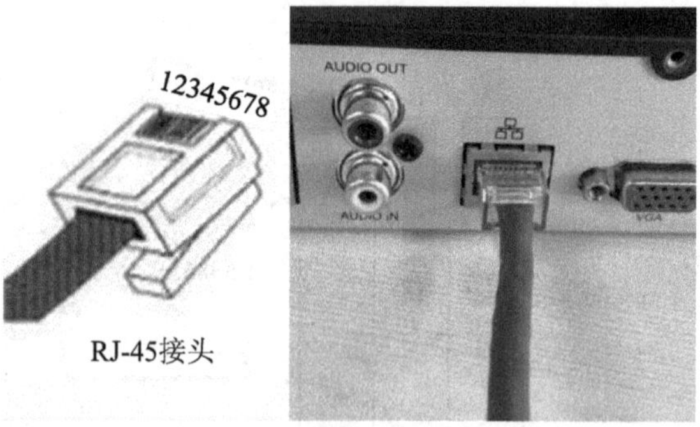

图 5.13　网口接线示意图

RJ45 插头分为非屏蔽和屏蔽两种。屏蔽的 RJ45 插头外围用屏蔽包层覆盖，其实物外形与非屏蔽的插头没有区别。还有一种专为工厂环境特殊设计的工业用的屏蔽 RJ45 插头，与屏蔽模块搭配使用。

手拿插头，将有 8 个小镀金片的一端向上，有网线接入的矩形大口的一端向下，同时将没有细长塑料卡销的那个面对着你，从左边第一个小镀金片开始依次是第 1～8 脚。这 8 个脚对应线的颜色一般分别是按“橙白、橙、绿白、蓝、蓝白、绿、棕白、棕的线序进行排列的。

5.3.5　注意事项

(1) 开机前确认。设备安装平稳可靠，各种螺钉没有遗漏并且拧紧；设备上未放置任何物品；已安装的电缆连接关系正确；选用电源与设备的标识电源一致。

(2) 开机。接通电源并启动设备电源开关，前面板的电源指示灯变亮即启动设备。

(3) 关机。长按前面板上的【开关】键 3 秒以上，确认后对设备进行关机。也可进入主菜单界面，单击<设备关机>，确认后对设备进行关机。

5.4　IPC 设备安装

5.4.1　设备安装规范

(1) 强弱电需要分开走线，不要弄乱，管线相交时需要各自套管，避免强电对弱电产生干扰。

(2) 信号线、视频线中间不允许有端接点。

为了保证视频信号在传输过程中不会因为线缆问题造成信号失真。

(3) 室外布线必须做好防水措施，室外供电需要在电源接入端加装防雷模块。

摄像机不同于 NVR，可能会安装在室外，所以防水和防雷工作一定要做好，以免设备进水或者遭遇雷击受到损坏。防雷模块的另一个作用是防止电压浪涌，当室外 220 V 供电电压不稳时，防雷模块可以避免雷击导致设备损坏。

(4) 有些带有网口防水防松脱帽切勿随意取下，以免进水或者松脱。

有些半球设备的尾线中是有防水防脱帽的。该物品的作用是防水和防止 RJ45 的网线松脱。随意取下可能会导致设备进水损坏或者网线松动导致视频画面丢失等故障。

5.4.2　点位选择

摄像机的点位选择非常重要，选择一个合适的位置，可以让监控的场景更加清楚，也会给安装带来便利。点位选择的要点如图 5.14 所示。

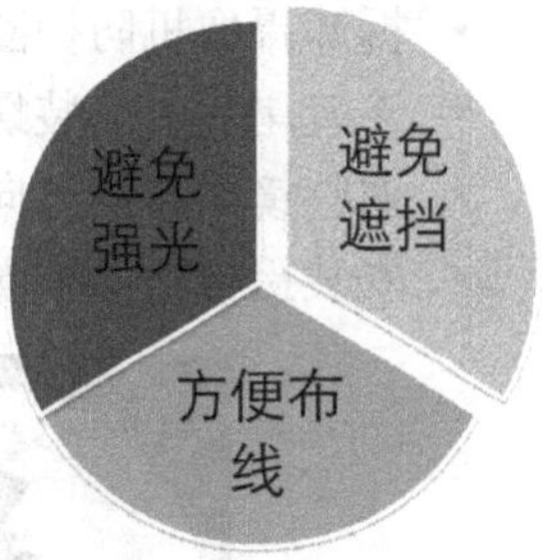

图 5.14　点位选择的要点

良好的点位，需要避开强光照射，以免出现强顺光下的过曝现象；当然摄像机不能被遮挡，否则监控场景就会不完整；另外，点位附近应方便布线，给安装施工带来便利，且会让设备的安装更加美观。

安装点位的选择要满足采集图像的要求，不同的场景有不同的选择。基本要求是安装点位采集图像清晰正常，可以根据要求调试达最佳效果。根据不同的场景可以将安装点位归于几个大类：

- 点：关注重点部位、物体及人物等监控画面的视角选择，如出入口大门、收银台、出入口人物相貌等。
- 线：关注的重点为通道、道路、走廊或者一段距离较长的监控画面的视角选择。
- 面：关注的重点为较大范围的监控点位的视角选择，如广场、店铺和高空监控等。

5.4.3　摄像机的安装方式

不同外观的摄像机有不同的应用场景，也有不同的安装方式。

一般来说，半球的安装方式有吸顶安装和墙壁安装；筒机的安装方式有支架安装或墙壁安装；球机的安装方式有支架吊装和壁装。

在不同的安装场景下需要选择合适的安装方式。例如，在室外墙壁上安装球机一般会选择支架壁装，而在室外立杆上安装球机则会选择支架吊装等。如图 5.15 所示。

半球
吸顶安装
墙壁侧装

筒机
支架安装

球机
支架吊装
支架壁装

图 5.15　摄像机的安装方式

1. 半球的安装

半球的安装以吸顶安装为例，墙面壁装类似于吸顶安装，如图 5.16 所示。五金配件需自行选购，安装前要确保天花板或墙壁的硬度能够承受设备的重量。

- 确定打孔位置，并打孔。
- 安装塑料膨胀管。
- 拆卸摄像机防护圈。
- 连接尾线，安装螺钉。
- 调整镜头监控方向。
- 安装摄像机防护圈。

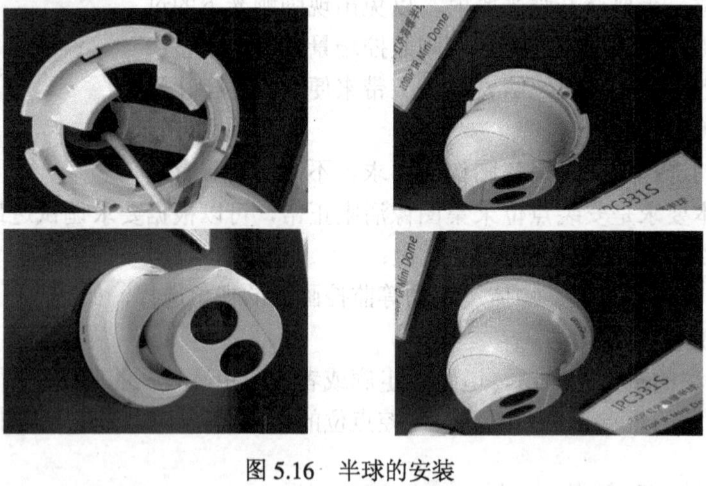

图 5.16　半球的安装

2. 筒机、枪机的安装

以支架(需另行选配)壁装为例，五金配件需自行选购，安装前要确保墙壁的硬度能承受设备的重量。筒机、枪机的安装如图 5.17 所示。

图 5.17　筒机、枪机的安装

- 确定打孔位置，安装支架。
- 安装摄像机，调整拍摄角度。
- 拧紧固定螺钉，安装完毕。
- 完成筒型或枪型摄像机的调焦。

一般而言，筒型机为室外型产品，枪型摄像机需要根据安装的位置选择室内\室外型护罩，选择护罩时，还应该考虑夏天散热以及冬天加热问题。

3．球机的安装

球机由于体积较大，且很可能需要安装 SD 卡，故整个安装过程需要严格按照如图 5.18 所示的安装步骤进行。

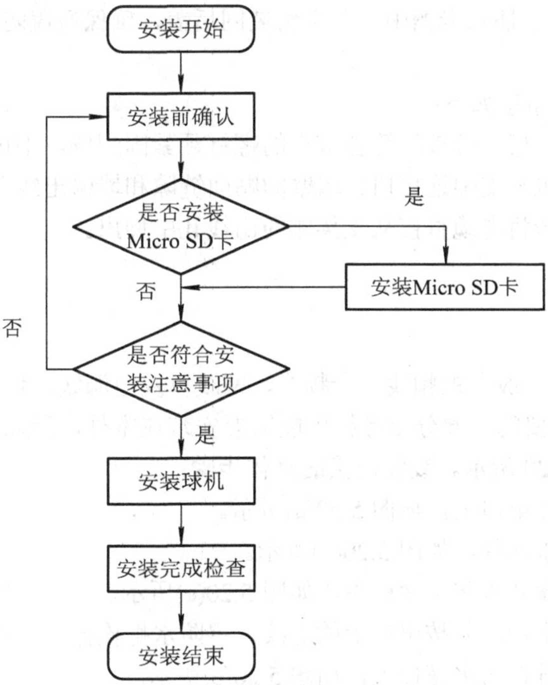

图 5.18　球机的安装流程

我们以 IPC622L 安装为例进行介绍，在安装前必须先确认以下两点：

(1) 安装处的强度。确认安装处强度能够满足承重要求，如安装处强度不够，建议在安装前对其加固。设备重量请参见具体设备快速入门中的技术规格。IPC622L 的重量为 5.28 kg。

(2) 防雷、接地要求。为设备电源接口选用合适的防雷保护装置。

若需要使用本地存储功能，应在设备中安装 Micro SD 卡(如图 5.19 所示)。

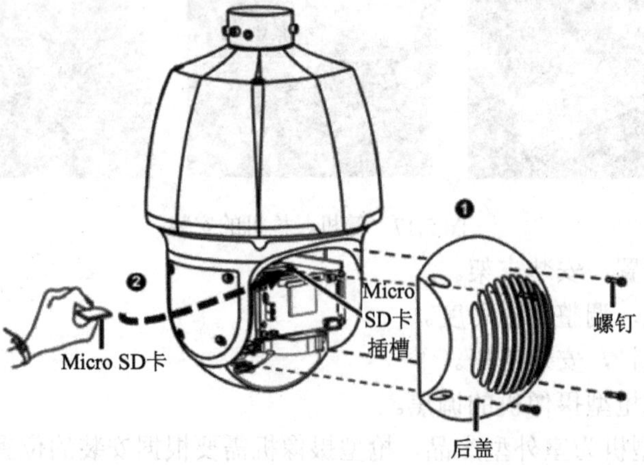

图 5.19　Micro SD 卡的安装

Micro SD 卡位于设备内部，需要拆卸后盖来进行安装。在设备上插入 Micro SD 卡后，不建议进行热插拔。安装 SD 卡的步骤如下：

(1) 将后盖上 4 个十字螺钉拆下。

(2) 将 Micro SD 卡插入卡槽中，并重新装回后盖，确保后盖防水圈安装到位，不要出现偏移或者缺失。

球机安装的注意事项如下：

(1) 连接球机的支架、转接环等各节点的螺钉须紧固到位，不可缺失。

(2) 请务必在球机与支架连接口、墙壁的贴面缝隙和墙壁出线孔处进行密封防水处理。

(3) 若要明装，请将电缆直接从支架侧的出线孔中伸出。

5.4.4　线缆连接

IPC 用到的线缆一般有视频线、音频线、网线以及电源线。遵循连接规范并且做好防水绝缘措施是非常必要的。部分摄像机可能需要安装在室外，所以网线连接处需要套接水晶头防水套，如图 5.20 所示。线缆连接的具体步骤：

(1) 将密封圈套在电口上，如图 5.20(a)所示。

(2) 依次套入防水部件，如图 5.20(b)所示。

(3) 将筒形防水圈塞入防水螺栓中，如图 5.20(c)所示。

(4) 将网线插入电口，并按电口上的螺纹，将防水螺栓拧上，如图 5.20(d)所示。

(5) 将防水螺帽拧在防水螺栓上，如图 5.20(e)所示。

(6) 完成网线防水连接，如图 5.20(f)所示。

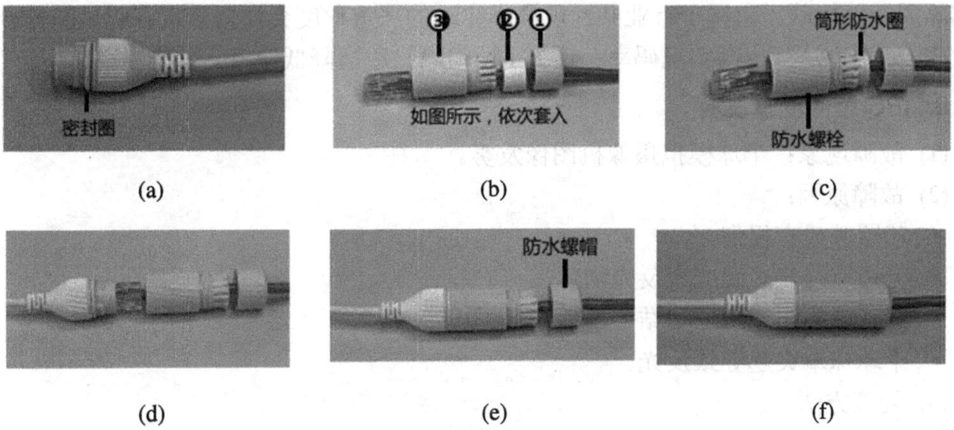

图 5.20　线缆的连接

需要注意的是：安装水晶头防水套时，在步骤(2)中可以先将水晶头压接后直接穿防水部件，也可以先将网线穿过防水部件，然后再压接水晶头。

对于其他一些音视频线或者电源线，可根据需要缠绕绝缘胶带和防水胶带。

5.5　设备维护

5.5.1　常见问题的解决思路

一般问题定位解决的处理方式可以按照以下四步来进行。

(1) 检查外观。出现故障时，先查看设备外观，如硬盘、半球球罩是否损坏(这种情况会影响正常使用)。

(2) 交叉验证。出现类似于模拟像机实况异常等问题，可以通过交叉互换视频线等方法来验证，排查故障点。

(3) 常见问题。参考常见问题处理指导，可快速解决一些之前出现过的问题。

(4) 及时反馈。若以上方法均无法解决，应及时反馈给相关工程师解决。

5.5.2　常见问题的处理

1. NVR/DVR 硬盘损坏

(1) 故障现象：硬盘在外观上存在损坏，导致插入后无法正常使用。

(2) 故障原因：人为损坏，或者是其他操作不当，导致硬盘外观遭到损坏。

(3) 处理方法：更换硬盘，小心使用。

2. 摄像机呼吸效应

(1) 故障现象：实况或者录像出现的律动现象，在纹理密集、场景复杂的区域容易出现，低码流会加重该现象。

(2) 故障原因：由于国际标准 H.264 协议采用 I 帧+P 帧的编码方式，导致图像会因为 I

帧间隔周期性律动，它属于行业共性现象；律动的严重程度会根据带宽有明显的差异。

(3) 处理方法：提高实况码率；增大I帧间隔；适当降低锐度。

3. IPC 夜间图像发雾

(1) 故障现象：半球模拟摄像机图像发雾。

(2) 故障原因：

- 球罩脏或有损伤。
- 旁边有强光光源或有反光物体。
- 遮光圈丢失或与球罩结合不紧密。
- 半球球罩突起导致反光。

(3) 处理方法：

- 球罩脏或有损伤时更换、清洗球罩。
- 旁边有强光光源或有反光物体时调整摄像机位置。
- 遮光圈丢失或与球罩结合不紧密时确认遮光圈问题。
- 半球球罩突起导致反光时球头避开半球球罩突起。

4. 模拟摄像机输出图像黑屏

(1) 故障现象：模拟摄像机输出图像黑屏。

(2) 故障原因：视频电缆线的芯线与屏蔽网短路、断路。

(3) 处理方法：检测 BNC 接口的芯和屏蔽层是否短路；替换 BNC 线缆。

5. 模拟摄像机视频丢失或视频信号时有时无

(1) 故障现象：模拟摄像机信号时有时无、显示视频丢失。

(2) 故障原因：连接模拟摄像机的同轴线缆问题或BNC 接口问题。

(3) 处理方法：替换同轴线缆；检测 BNC 接口。

本 章 小 结

本章主要介绍了监控设备常见组网方式、监控设备安装前的准备工作、NVR 设备的安装、IPC 设备的安装以及设备维护的思路和处理方法，是对前面知识的总结和提炼。通过对本章的学习，读者能够掌握小型监控系统的安装流程以及安装过程中需要注意的问题。

附录

课 程 实 验

实验1 摄像机操作及维护实验

1.1 实验内容与目标

1. 实验内容

本实验的主要内容就是对摄像机进行配置，主要包括摄像机的基本配置、业务配置、摄像机配置中遇到的问题及其解决方法。

2. 实验目标

- 掌握摄像机的基本配置；
- 掌握摄像机告警布防配置；
- 掌握摄像机的系统维护方法。

1.2 实验组网图

本实验的系统基本实验组网图如附图1.1所示。

附图1.1 系统基本实验组网图

1.3 实验设备和器材

本实验所需的主要设备和器材如附表1.1所示。

附表1.1 实验设备和器材

设备和器材名称	型　号	数　量	描　述
摄像机	HIC5421DH-C-U	1	如：10.10.10.11
PC	—	1	如：10.10.10.200
交换机	H3C S3600	1	—
网线	—	2	—

1.4 实验准备

搜索IPC地址的工具有EZTools、IPCtools、EZStation。本实验以EZTools为例展开介绍。

1.5 实验过程

1. 摄像机的基本配置

步骤一：安装 EZTools 工具。

双击打开 EZTools 安装源文件，如附图 1.2 所示。

附图 1.2 EZTools 源文件

点击“下一步”，进行 EZTools 的安装，如附图 1.3 所示。

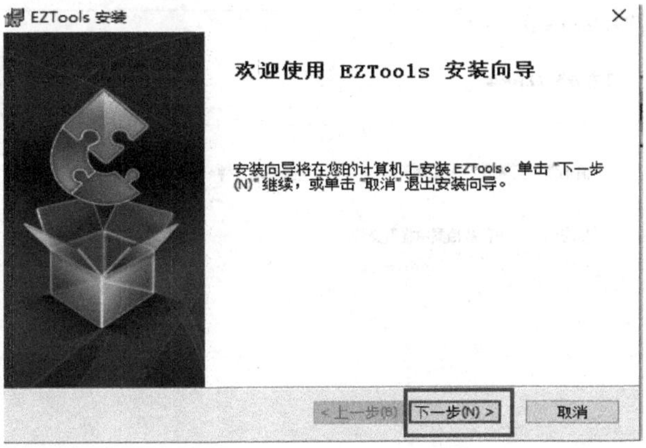

附图 1.3 EZTools 软件的安装

选择文件下载存储位置后点击“下一步”，这里我们一般不将软件安装在默认目录下，需要更改安装的目录位置，如附图 1.4 所示。

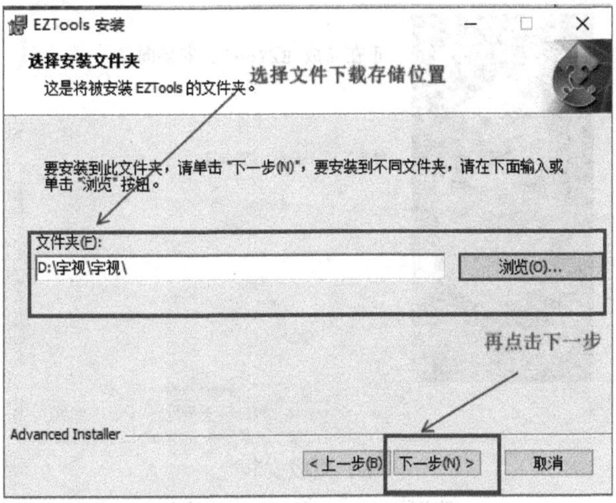

附图 1.4 选择安装软件的位置

点击“安装”，如附图 1.5 所示开始安装。

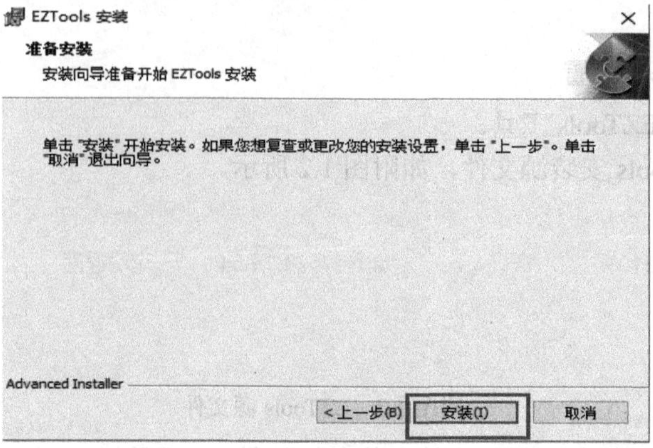

(a) 准备安装

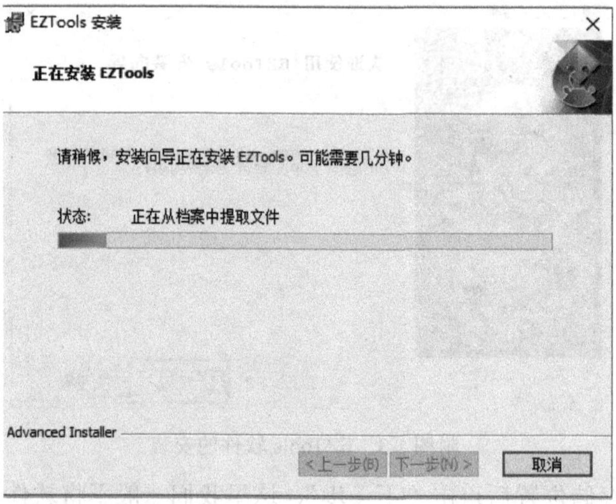

(b) 正在安装

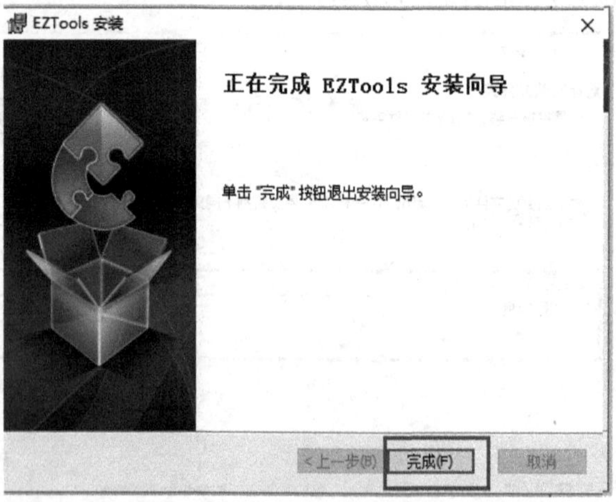

(c) 完成安装

附图 1.5　安装 EZTools 软件

步骤二：修改设备的 IP 地址。

打开 EZTools 软件，查看 IPC 地址。如果摄像机、PC 不是所规划 IP 地址，例如 IP 为 10.10.10.200，子网掩码为 255.255.255.0，则可通过 EZTools 修改 IP 地址，如附图 1.6 所示。

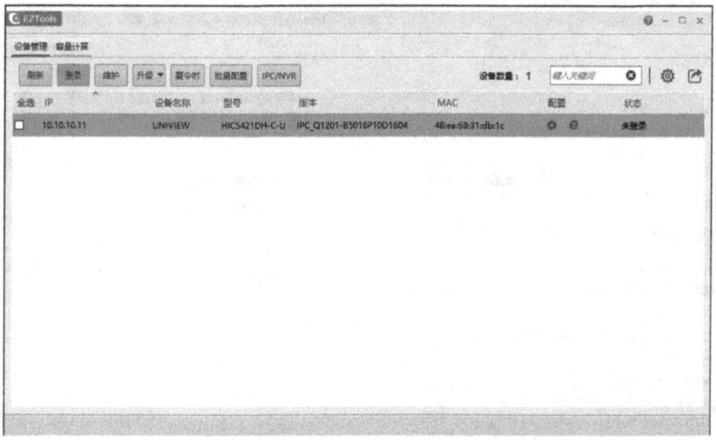

(a) 查看 IPC 地址

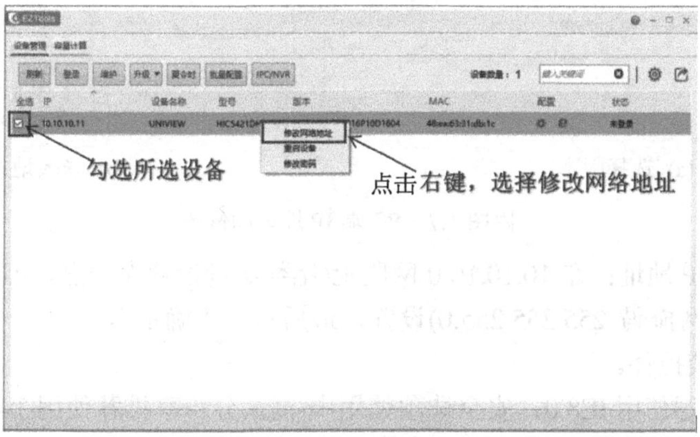

(b) 修改 IPC 地址

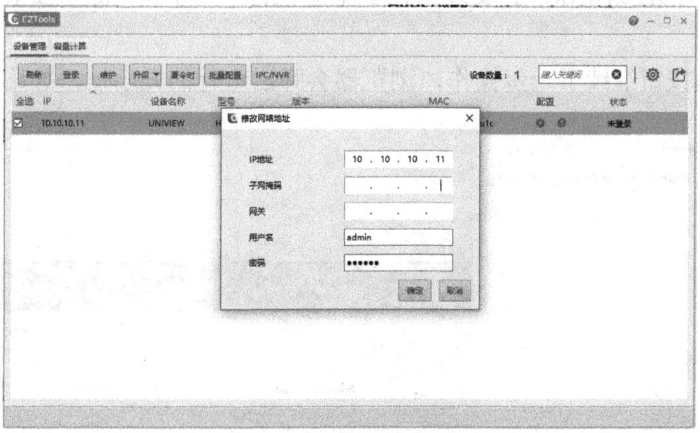

(c) 配置修改后的地址

附图 1.6 修改设备的 IP 地址

配置 IP 地址及子网掩码，本例 IP 为 10.10.10.200，子网掩码为 255.255.255.0。

然后修改PC的IP地址，找到PC所在的网络配置以太网，右键先点击“以太网属性”，再点击“Internet 协议版本4(TCP/IPv4)”，进行设置，如附图1.7所示。

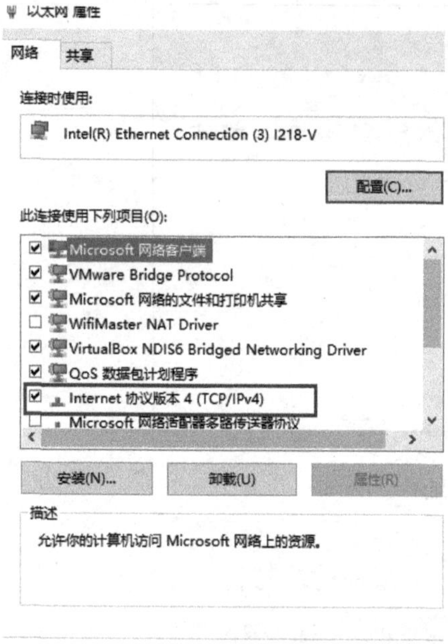

(a) 选择版本

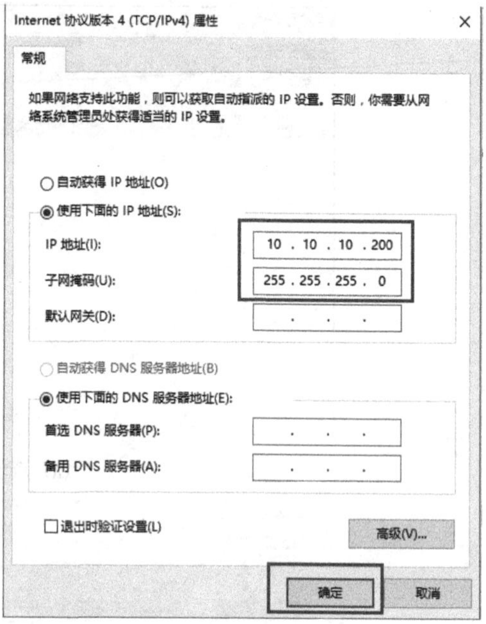

(b) 修改地址

附图1.7　PC端IP地址的修改

设置自己的IP地址：在10.10.10.0网段上(尾数尽量设置大一点，但应小于255，例如10.10.10.200，子网掩码 255.255.255.0)设置，最后点击“确定”。

步骤三：安装控件。

客户端IE推荐使用IE8.0，安全选项使用中-高，分辨率推荐使用1440×900。

在IE浏览器地址栏中输入服务器的IP地址。首次登录会提示需要安装控件，安装控件时，请关闭所有IE浏览器，且安装路径中不能包含中文字符，尽量安装在默认的安装目录下。

点击<下载>按钮继续下一步操作，浏览器会弹出运行的提示框，如附图1.8所示。

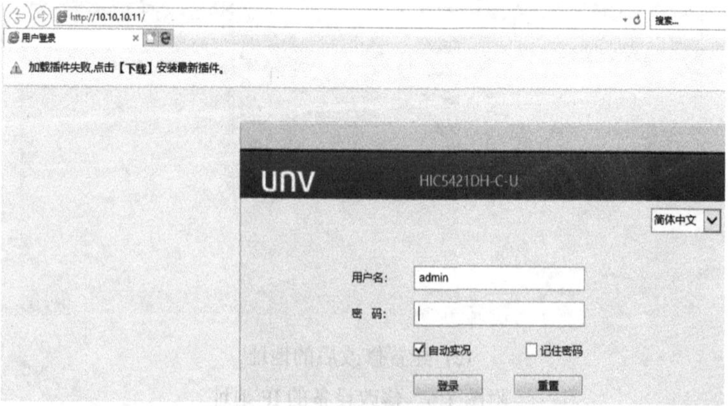

附图1.8　下载安全控件

直接点击下载文件的按钮，客户端开始从服务器上下载安装程序，下载完成后会提示是否运行此软件，点击 运行(R) 按钮，然后按照安装向导的提示安装控件。安装过程中请关闭所有 IE 浏览器。

安装完成之后重新开启 IE 进入 IPC Web 客户端，默认用户名为 admin，密码是 admin，如附图 1.9 所示。

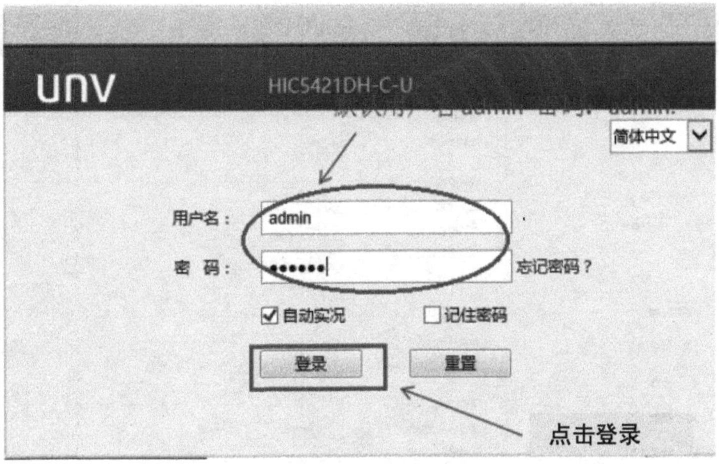

附图 1.9 登录 IPC 客户端

进入界面，就可以看到摄像机所拍摄的画面，如附图 1.10 所示。

附图 1.10 摄像机所拍摄的画面

步骤四：系统参数配置。

在系统参数配置中可以配置和实况相关的基本内容，主要包含录像和截图的保存路径、处理模式、媒体流传输协议等。

在登录界面首页，通过【配置】→【常用】→【本地配置】进入配置，如附图 1.11 所示。

(1) 录像分段类型：分为按时长分段和按文件大小分段。按时长分段是以本地录像的单个录像文件时长来分段，比如每段时长 2 分钟；按文件大小分段是以本地录像的单个录像文件大小来分段，比如每段存储容量大小为 5 MB。修改此参数，下次进行本地录像时才生效。

(2) 处理模式：当网络良好时，建议选择实时性优先；当网络存在延时时，建议选择流畅性优先；若要求实况时延比实时性优先更低，则建议选择超低时延。

(3) 视频像素格式：客户端 PC 视频数据格式。RGB32 适用于较老的显卡，若客户端 PC 显卡支持 YUV420，建议选择“YUV420”。

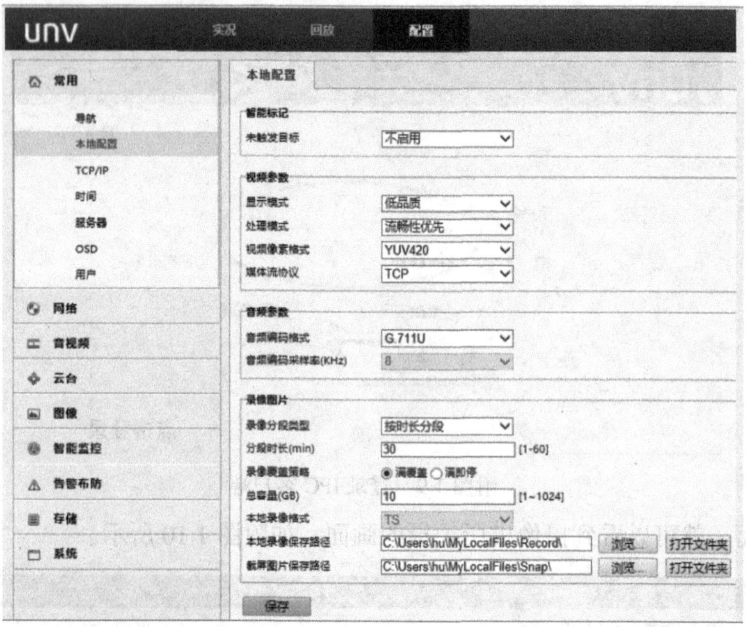

附图 1.11　本地配置界面

设置设备的 IP 地址等通信参数，以便在实际使用环境中保证其他设备正常通信。

登录系统后点击【配置】→【常用】→【TCP/IP】或【配置】→【网络】→【TCP/IP】进入网口设置页面进行 IP 获取方式的修改，如附图 1.12 所示。设备提供两种获取 IP 方式：

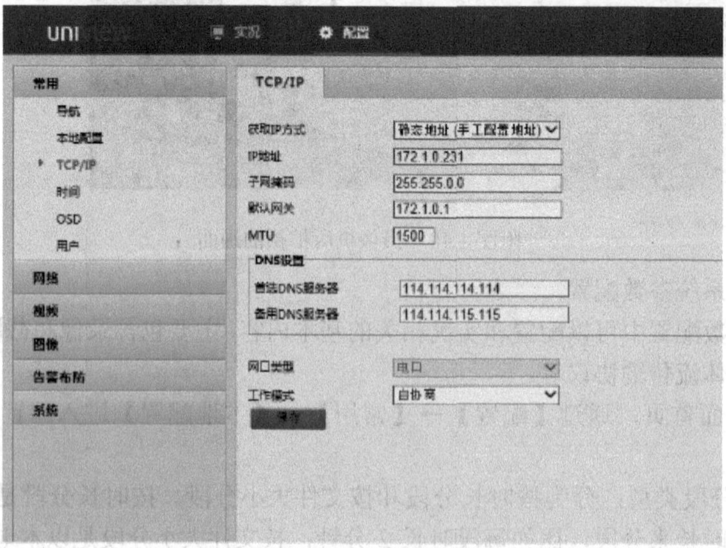

附图 1.12　TCP/IP 配置

• 静态地址(手动配置地址)：输入设备的 IP 地址、子网掩码和默认网关，并确保设备的 IP 地址全网唯一。

• DHCP：自动获取 IP 地址，设备出厂默认开启。

步骤五：OSD 配置。

OSD 是指与视频图像同时叠加显示在屏幕上的字符信息。OSD 内容包括时间、自定义等多种信息。

登录系统后点击【配置】→【常用】→【OSD】进 OSD 配置页面，如附图 1.13 所示。

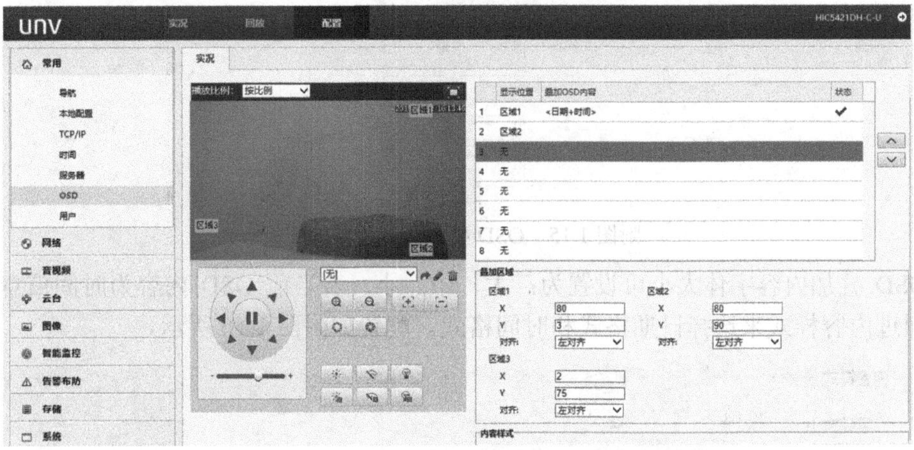

附图 1.13 OSD 配置

在叠加 OSD 区域，配置显示位置、叠加 OSD 内容、叠加区域和内容样式。

在显示位置处选择 OSD 显示的区域位置，目前支持八个区域的配置。

叠加 OSD 内容是可选的，有“时间”和“自定义”选择，也可以直接手动填写。配置结果如附图 1.14 所示。

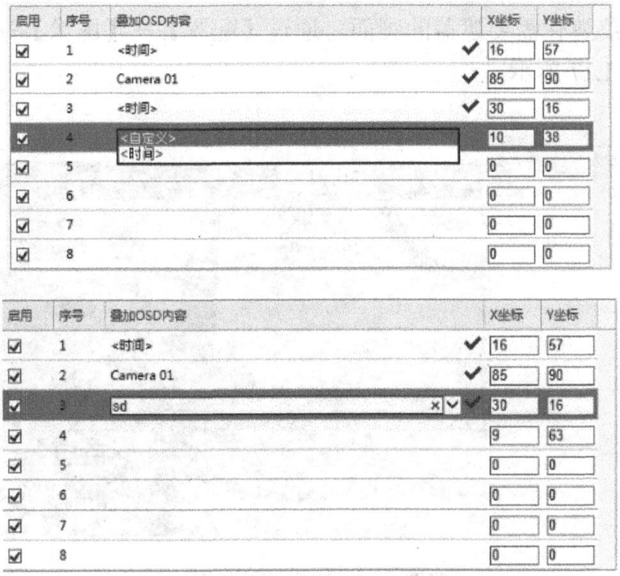

附图 1.14 叠加 OSD 内容的配置

可以使用鼠标手动拖动选取叠加区域的位置，也可在叠加区域中通过设置坐标值来实现位置选取，如附图 1.15 所示。

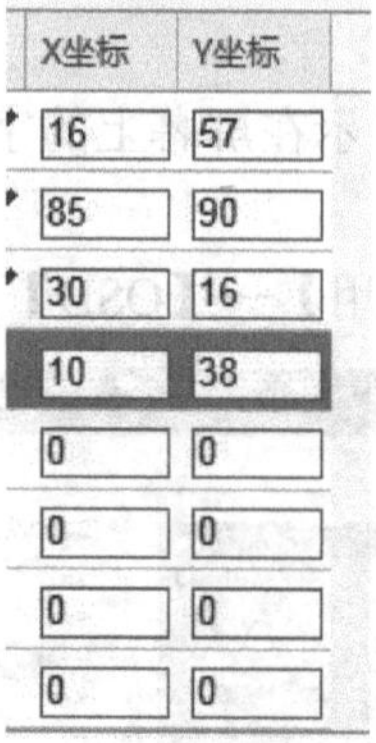

附图 1.15　OSD 叠加区域位置的配置

OSD 叠加内容字体大小可设置为：大、中、小。若当前 OSD 内容为时间信息，则还可以通过内容样式来选择日期格式和时间格式。配置如附图 1.16 所示。

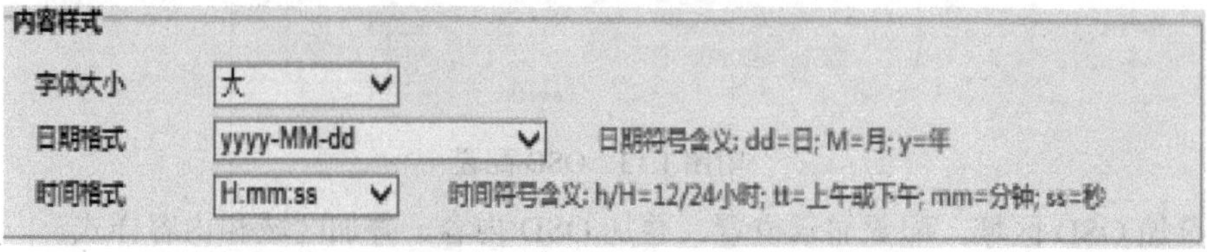

附图 1.16　OSD 叠加内容样式的配置

在某些场合，需要对监控现场图像中的某些敏感或涉及隐私的区域(如银行取款柜台的密码键盘区域)进行屏蔽，此时可设置隐私遮盖。进行云台转动、变倍时，隐私遮盖也将随之移动、缩放，始终遮住需要遮盖的画面。通过【配置】→【图像】→【隐私遮盖】进入区域配置，如附图 1.17 所示。

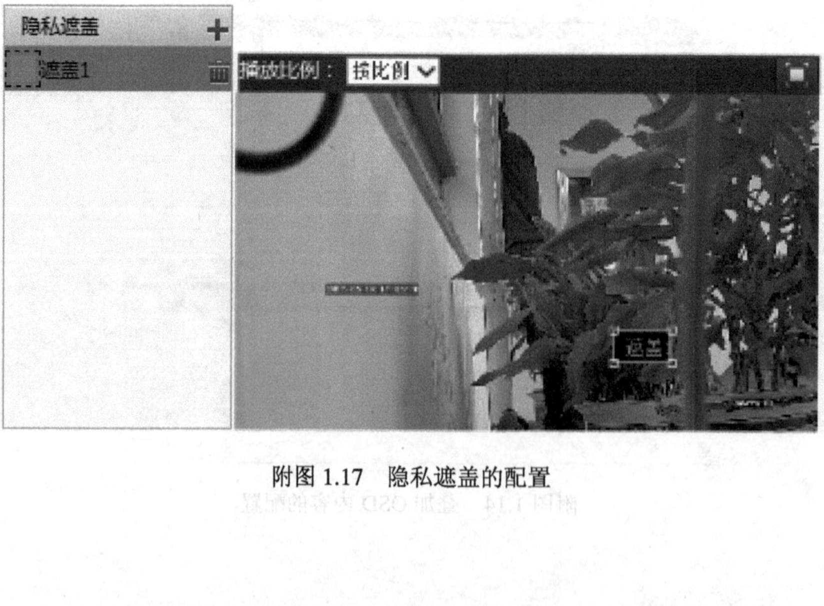

附图 1.17　隐私遮盖的配置

配置完成后，最终的 OSD 效果如附图 1.18 所示。

附图 1.18 OSD 配置效果

2．告警布防配置

步骤一：检测区域划分。

登录系统后，点击【配置】→【告警布防】→【运动检测告警】进入运动检测告警设置界面。在检测区域中点击 按钮，然后，在左侧的图像栏中根据需要使用鼠标绘制检测区域，如附图 1.19 所示。

附图 1.19 运动告警监测配置

步骤二：区域配置。

区域绘制好后，在区域配置栏中进行灵敏度、检测物体的大小及物体运动持续时长参数配置。当检测区域中有运动物体时，就可在区域配置栏的下方看到有告警上报，如附图 1.20 所示竖条部分即表示有告警上报。

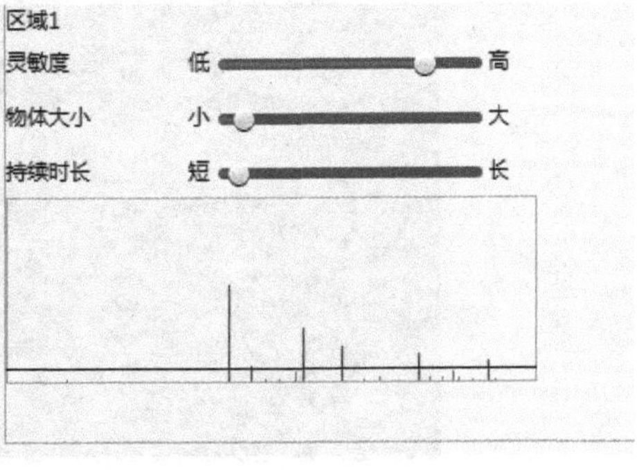

附图 1.20 告警区域配置

步骤三：启用布防计划。

根据需要开启布防计划，计划以周为单位完成每天的计划配置。以全天 24 小时开启布防计划为例，完成配置如附图 1.21 所示。

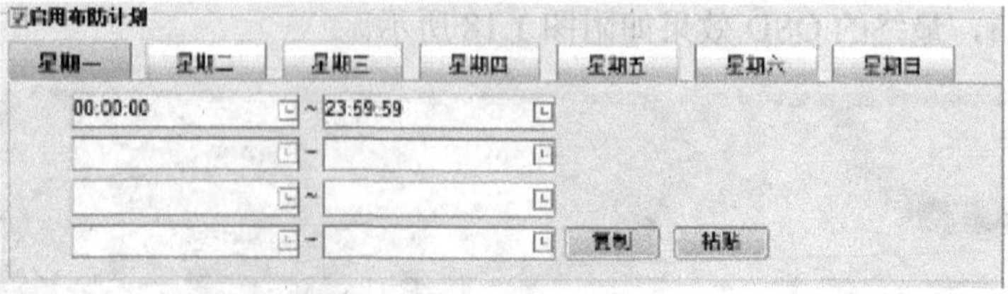

附图 1.21　启用布放计划配置

最后点击最下方 保存 按钮保存配置。至此，完成了整个运动检测告警的所有配置。

3. 系统维护

(1) 版本升级需要先准备好摄像机系统升级所需的软件版本，登录系统后点击【配置】→【系统】→【维护】进入设备维护界面，在软件升级中点击升级文件中的按钮选择版本文件，如附图 1.22 所示。

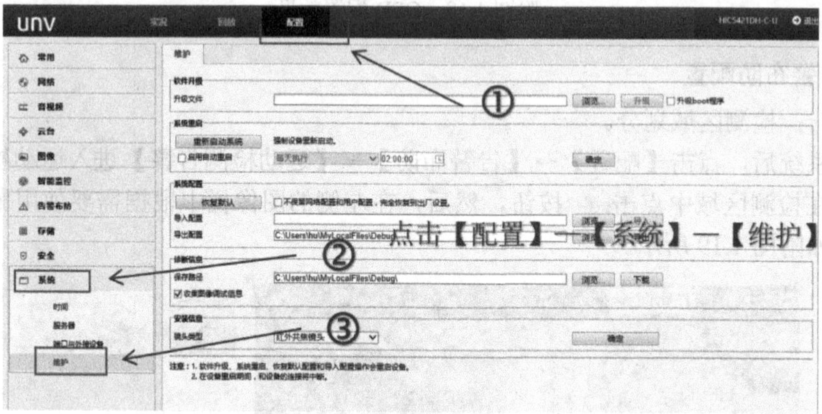

附图 1.22　系统升级配置

然后点击 升级 按钮设备即可完成自动升级，升级成功后需要重启设备，如附图 1.23 所示。

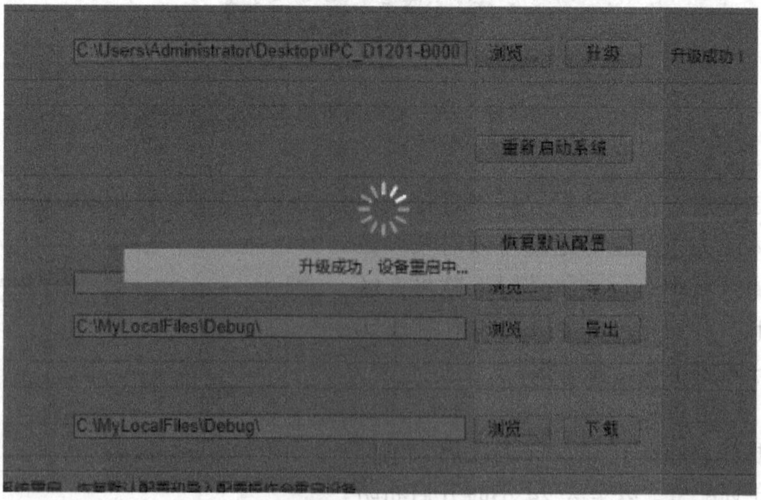

附图 1.23　升级完成

(2) 截图信息收集，如附图 1.24 所示。

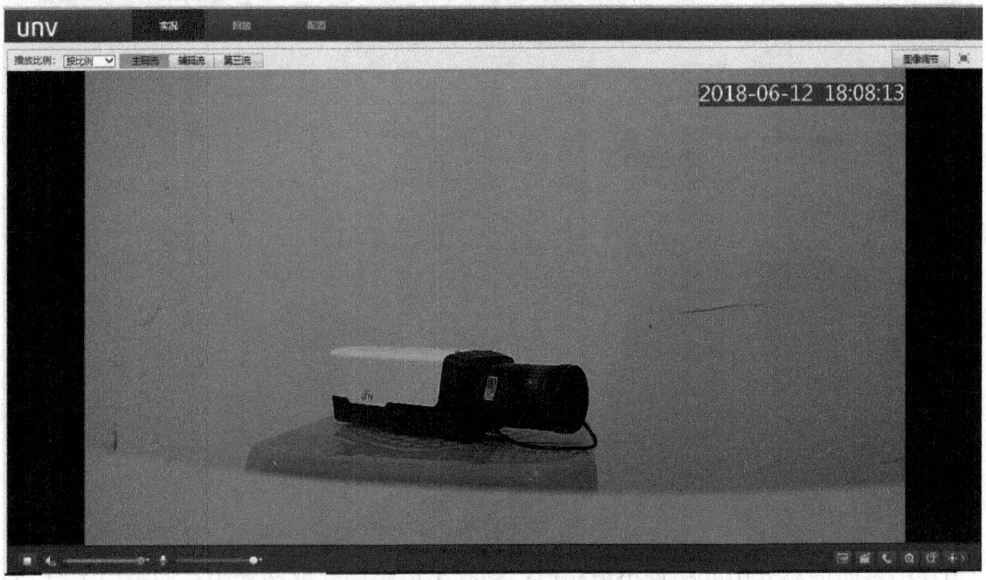

附图 1.24　截图信息收集配置

收集完截图信息后查看截图信息，如附图 1.25 所示。

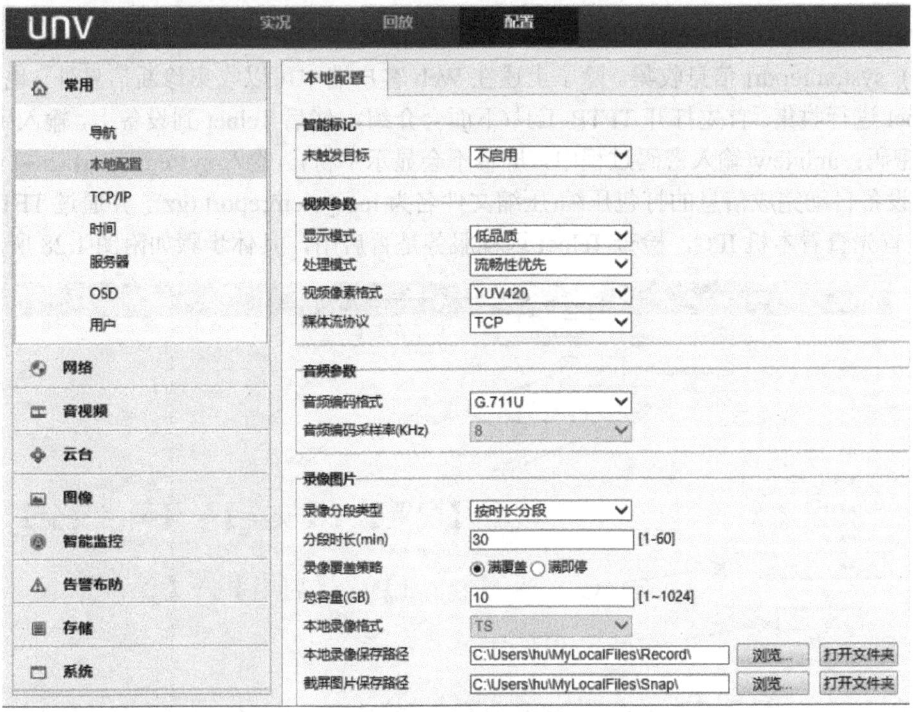

附图 1.25　查看截图信息

(3) 诊断信息收集登录系统后点击【配置】→【系统】→【维护】进入设备维护界面，在诊断信息的保存路径配置框中完成诊断信息保存路径的配置，点击“下载”按钮，即完成日志和配置信息的导出。如附图 1.26 所示。

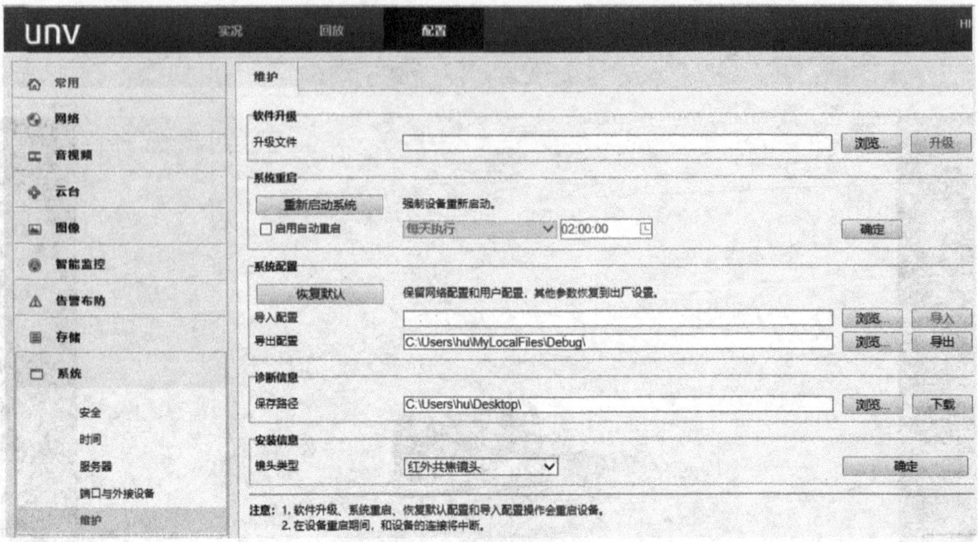

附图 1.26　诊断信息收集

当弹出诊断信息导出成功提示信息后，则表示信息已经成功导出，如附图 1.27 所示。

附图 1.27　导出诊断信息

(4) systemreport 信息收集。除了上述在 Web 客户端中可以收集诊断信息外，也可以通过 Telnet 进行收集。首先打开 TFTP 工具(下面会介绍)，然后 Telnet 到设备上，输入用户名：root，密码：uniview(输入密码过程中，屏幕不会显示字符)。输入 systemreport.sh + 电脑 IP 地址，设备自动完成信息的打包压缩(压缩文件名为 ipcsystemreport.tgz)，并通过 TFTP 工具导出。首先查看本机 IPC，检查 Telnet 远程服务是否启用，具体步骤如附图 1.28 所示。

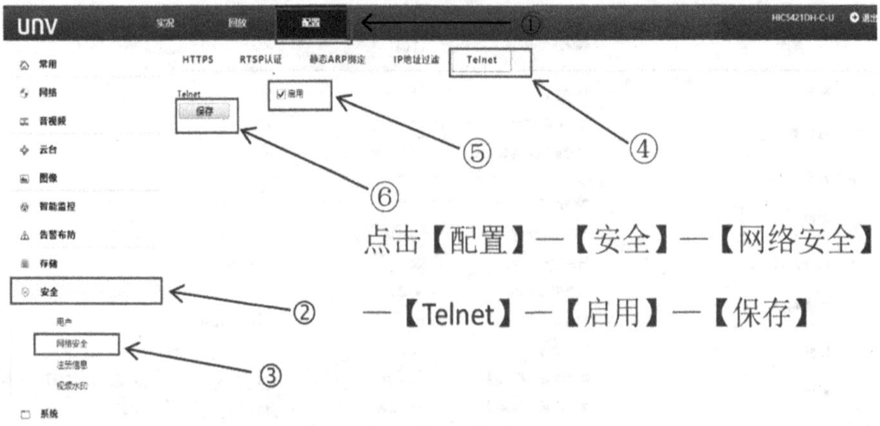

附图 1.28　启用 Telnet 服务的步骤

进入本机 PC 的 CMD 命令行，如附图 1.29 所示。

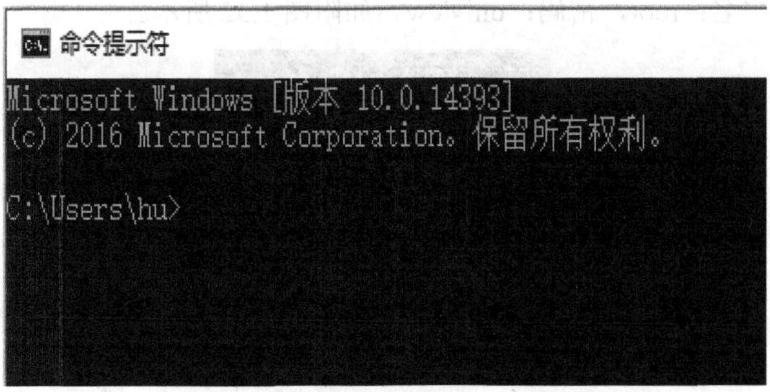

附图 1.29 PC 的 cmd 命令行

打开 TFTP 工具，我们这里用的是 TFTPD32 软件，将 current directory(当前目录)改为自己所能找到的位置，或直接为显示的桌面目录位置，Server interface (服务接口)就是你输入的你自己 PC 的 IP 地址。如附图 1.30 所示。

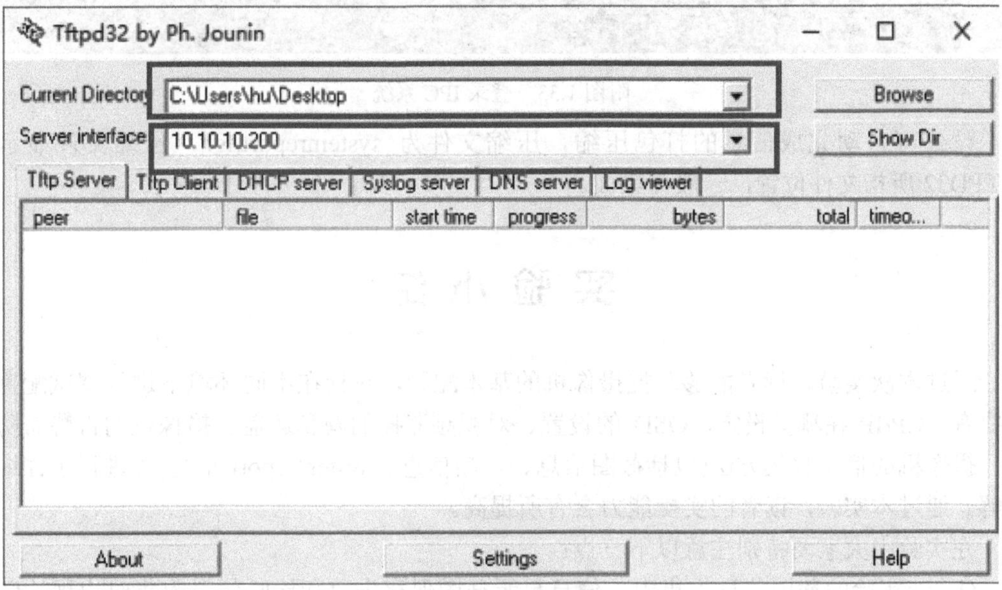

附图 1.30 TFTP 配置

通过 Telnet 远程连接到设备上，如附图 1.31 所示。

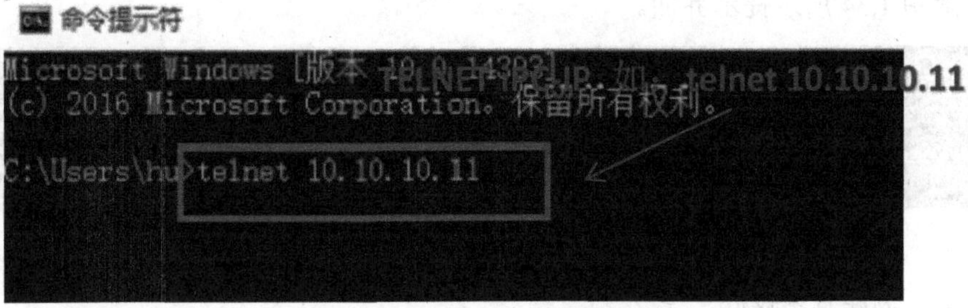

附图 1.31 进行远程连接配置

输入默认用户名：root，密码：uniview，如附图 1.32 所示。

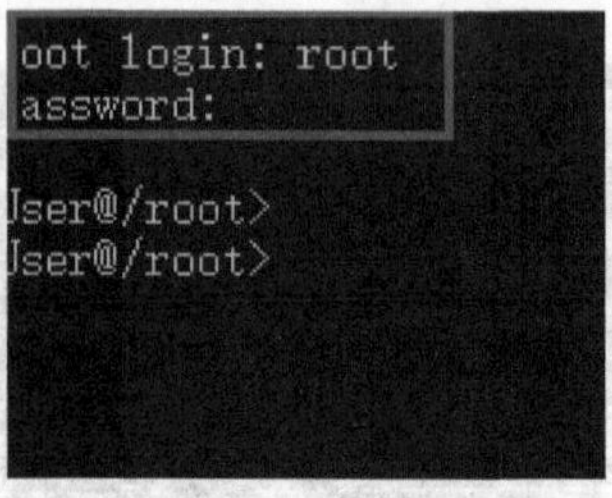

附图 1.32　输入用户名和密码

进入 root 用户后，输入 systemreport.sh+自己的 PC 地址，例如：systemreport.sh 10.10.10.200，如附图 1.33 所示。

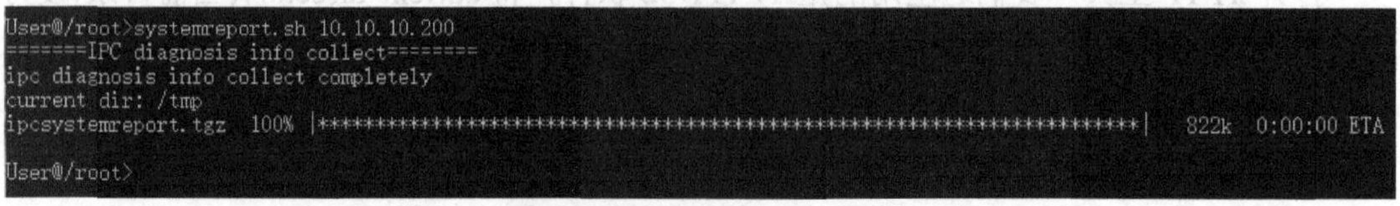
User@/root>systemreport.sh 10.10.10.200
=======IPC diagnosis info collect========
ipc diagnosis info collect completely
current dir: /tmp
ipcsystemreport.tgz 100% |**| 822k 0:00:00 ETA
User@/root>

附图 1.33　登录 IPC 系统

设备可自动完成信息的打包压缩，压缩文件为 systemreport.tgz。压缩文件显示在 TFTPD32 所指文件位置，一般为桌面。

实 验 小 结

通过本次实验，读者能够掌握摄像机的基本配置，包括在不同环境下进行调试配置，主要有 TCP/IP 在哪里设定、OSD 的设置、对视频监控的隐私遮盖、摄像机的告警布防配置、摄像机的信息收集方法(包括截图信息、诊断信息、systemreport 信息)等进行了详细的讲解。通过本实验，读者的实操能力会有所提高。

在实验中大家要特别注意以下三点：

(1) 若实验的截图信息收集中，信息显示截图保存失败和诊断信息收集时出现诊断信息导出失败，就是本机 PC 上 IE 设置的问题。

(2) ststemreport 信息收集操作需要在 CMD 中进行 Telnet 连接。如果 Telnet 连接失败，则出现如附图 1.34 所示提示界面。

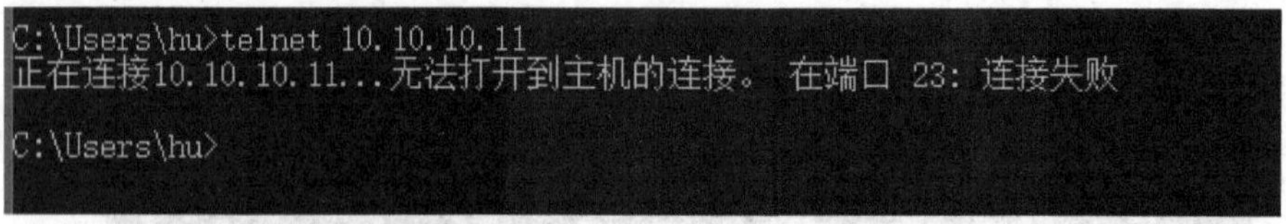
C:\Users\hu>telnet 10.10.10.11
正在连接10.10.10.11...无法打开到主机的连接。 在端口 23: 连接失败
C:\Users\hu>

附图 1.34　Telnet 连接失败的界面

原因一：网线是否接好。

原因二：IPC 设置 Telnet 是否启用。

(3) 压缩包 ipcsystemreport.tgz 需要通过 TFTP 小工具导出到 PC 上。TFTP 小工具需要配置文件保存路径和 TFTP 服务器运行电脑的 IP(即本实验的 PC 地址)。

实验 2 NVR 操作及维护实验

2.1 实验内容与目标

1. 实验内容

本实验的主要内容为 NVR 设备在浏览器中的配置，主要包括 NVR 的基本配置、业务配置、NVR 配置中遇到的问题及其解决方法。

2. 实验目标

掌握 NVR 在 WebUI 中的配置方法。

2.2 实验组网图

本实验的 NVR 实验组网图如附图 2.1 所示。

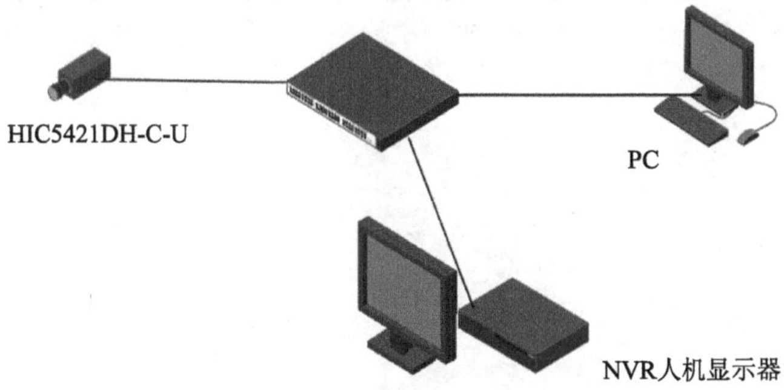

附图 2.1 NVR 实验组网图

2.3 实验设备和器材

本实验所需要的主要设备和器材如附表 2.1 所示。

附表 2.1 实验设备和器材

设备和器材名称	型 号	数 量	描 述
PC	—	1	10.10.10.200
摄像机	HIC5421DH-C-U	1	10.10.10.11
人机显示系统	MW3222-B	1	—
NVR	NVR B100-E4	1	10.10.10.50
网线	—	3	—
交换机	H3C S3600	1	—

2.4　实验准备

1. IP 地址

通过 EZTools 修改 HIC5421、NVR 的 IP 地址(例如摄像机：10.10.10.11，NVR：10.10.10.50。子网掩码都为 255.255.255.0)。

2. IP 地址搜索工具

NVR 的搜索工具为 EZTools。

2.5　实验过程

WebUI 业务的配置如下。

1. 修改摄像机及 NVR 的 IP 地址

通过 EZTools 登录摄像机和 NVR，如附图 2.2 所示。

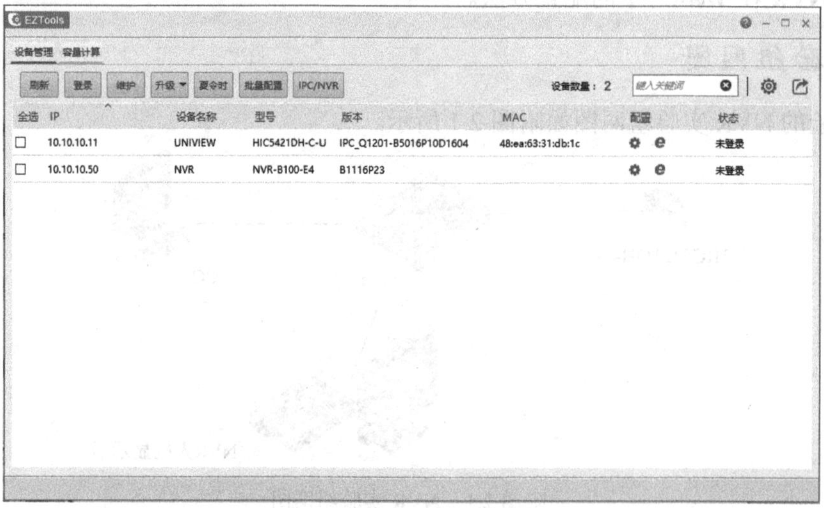

附图 2.2　使用 EZTools 登录摄像机和 NVR

勾选所需要的设置的 IP 地址，点击修改网络地址，如附图 2.3 所示。

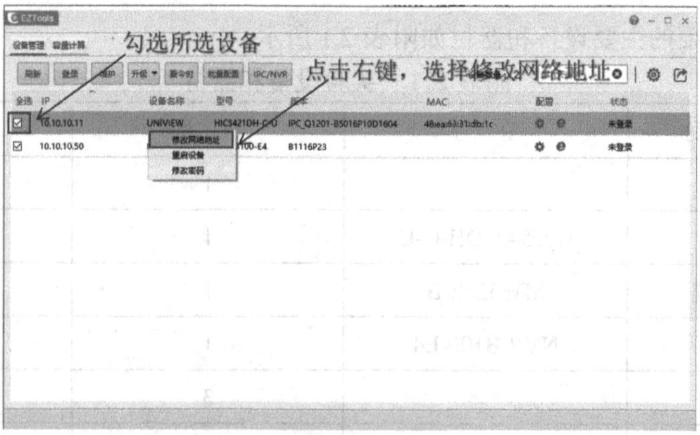

(a) 选择修改内容

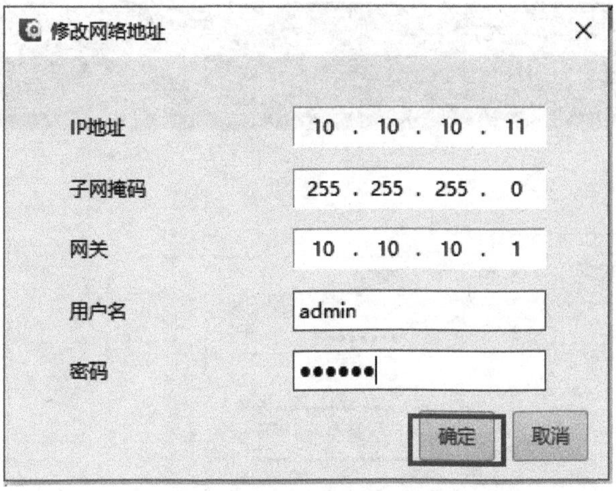

(b) 修改网络地址

附图 2.3 修改摄像机的 IP 地址

修改 NVR 的网络地址，如附图 2.4 所示。

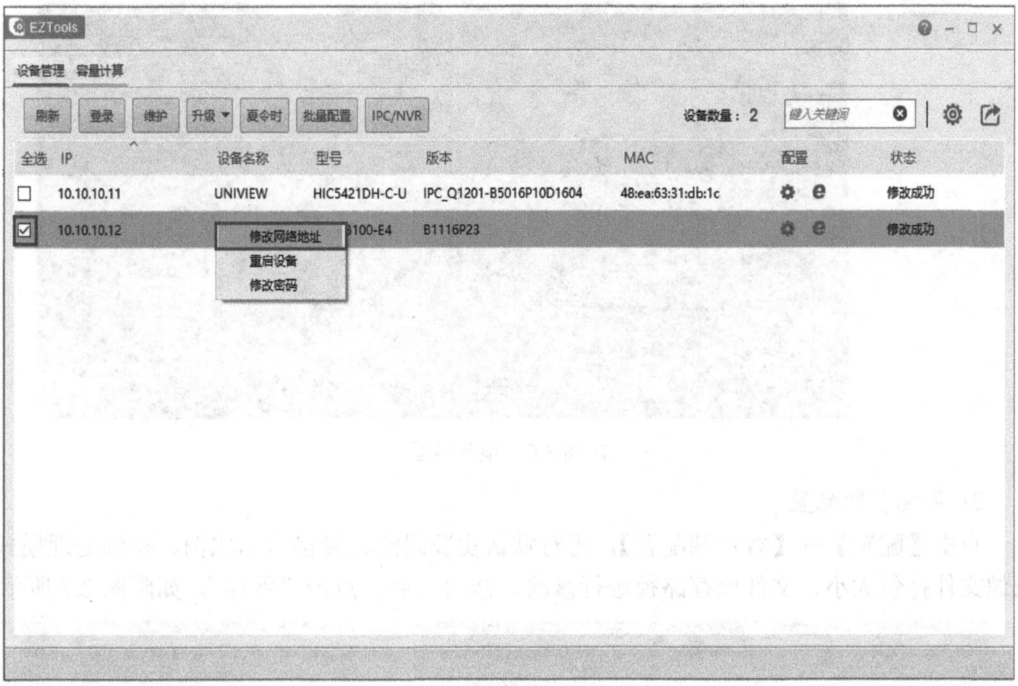

附图 2.4 修改 NVR 的 IP 地址

修改 IP 地址、子网掩码完成后，点击“确定”按钮。

2. WebUI 业务操作

1) 人机界面登录

按照实验组网图完成设备物理连接，人机界面启动完成后，输入用户名 admin，密码 123456，点击“登录”，进入系统主菜单。如附图 2.5 所示。

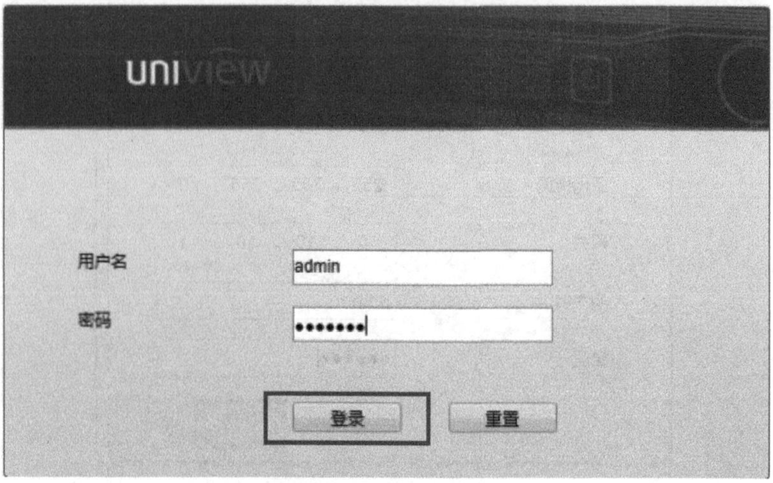

附图 2.5　人机界面登录

进入“预览”界面，如附图 2.6 所示。

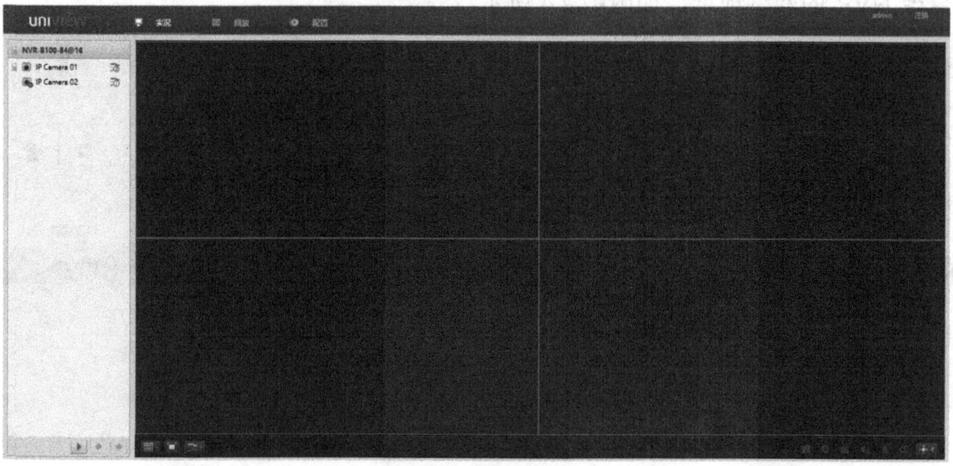

附图 2.6　预览界面

2) 系统参数配置

点击【配置】→【客户端配置】，可对默认实况码流、窗格显示比例、视频处理模式、录像文件打包大小、文件保存路径进行修改，修改之后，点击“保存”。如附图 2.7 所示。

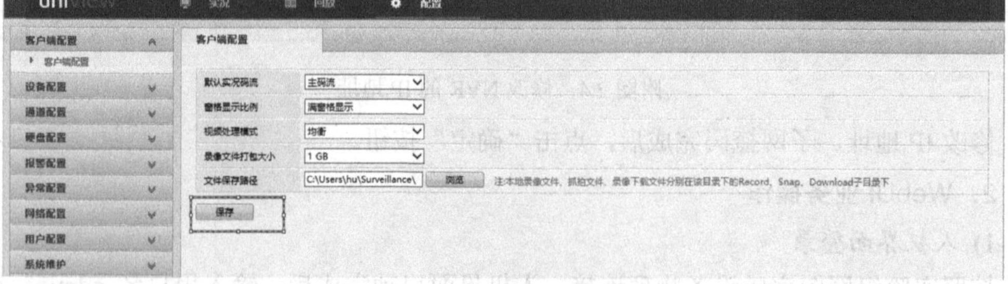

附图 2.7　客户端配置

点击【配置】→【网络配置】→【TCP/IP】，可设置网络参数、IPV4 地址、子网掩码及默认网关等参数，设置完成后点击“保存”，如附图 2.8(a)和(b)所示。

(a) 配置 TCP/IP 协议

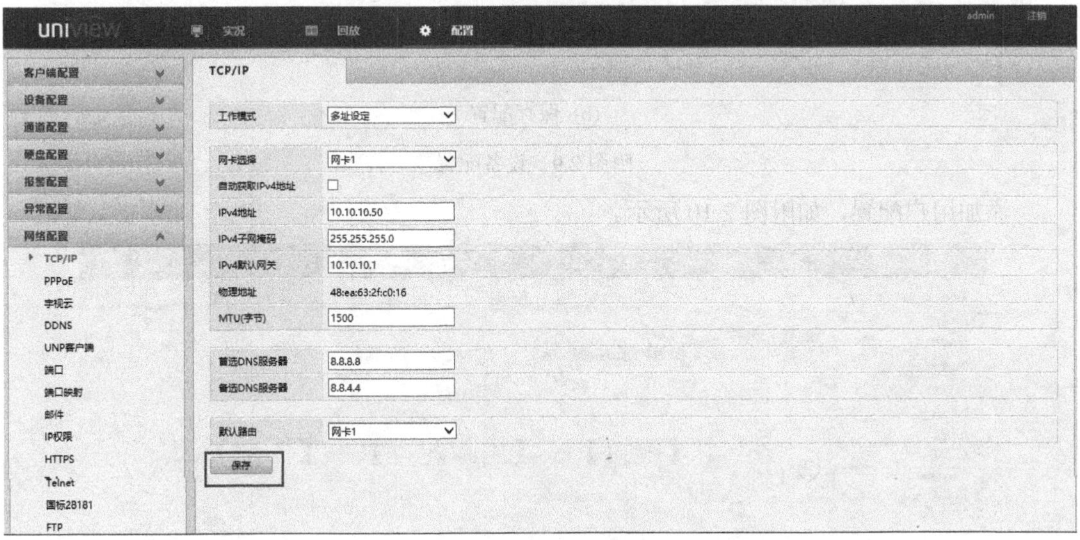

(b) 保存配置

附图 2.8　配置并保存 TCP/IP

点击【配置】→【设备配置】→【基本配置】，可配置设备名称、设备编号，可查看设备型号、软件版本等参数。注意这里的 IPC 可自动添加并对其参数进行更改，之后点击“保存”即可保存其配置的参数。如附图 2.9(a)和(b)所示。

(a) 基本配置

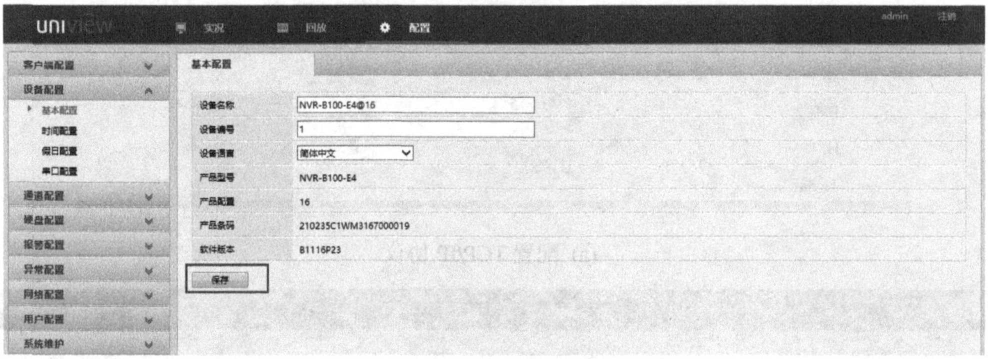

(b) 保存配置

附图 2.9　设备配置

添加用户配置，如附图 2.10 所示。

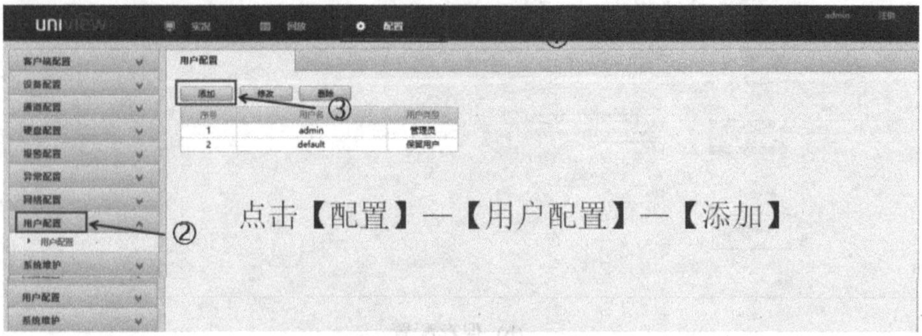

附图 2.10　添加用户配置

添加用户信息后，点击“保存”，如附图 2.11 所示。

附图 2.11 保存配置

查看用户，如附图 2.12 所示。

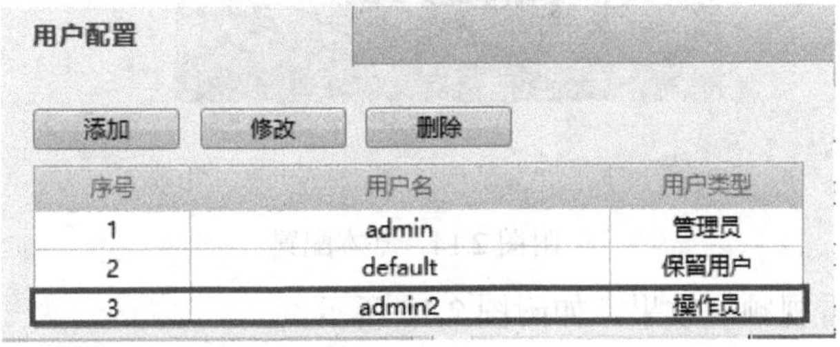

附图 2.12 查看用户

3) 通道参数配置

在主菜单中选择通道配置，进入通道配置界面，其中包含了通道配置，基本配置，图像配置，编码配置以及抓图参数。通过通道配置，我们可以手动或搜索添加 IPC，也可以修改已经添加的 IPC 注册信息以及 IP 等参数。如附图 2.13 所示。

附图 2.13 通道配置

点击【配置】→【通道配置】→【基本配置】，可配置通道名称、OSD 右对齐、日期时间格式并显示通道名称、时间等，如附图 2.14 所示。

附图 2.14　基本配置

添加后，可查看视频的效果，如附图 2.15 所示。

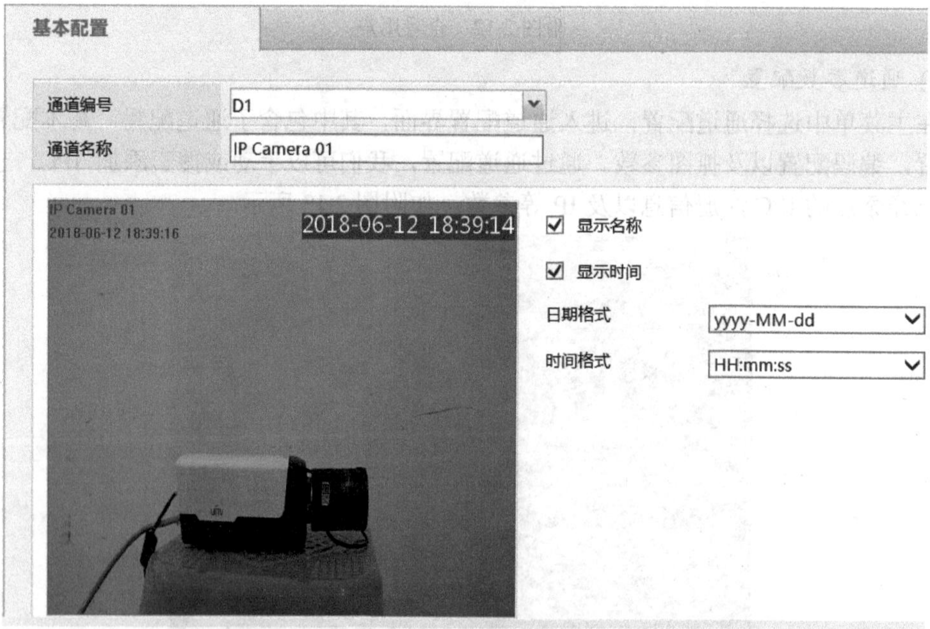

附图 2.15　添加后的效果

点击“保存”，如附图 2.16 所示。

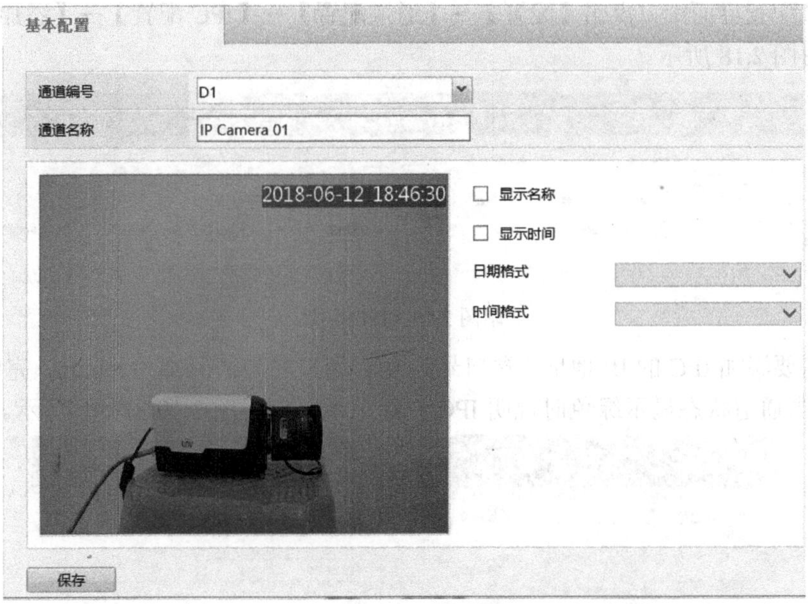

附图 2.16 保存配置

点击“实况”可查看配置效果，如附图 2.17 所示。

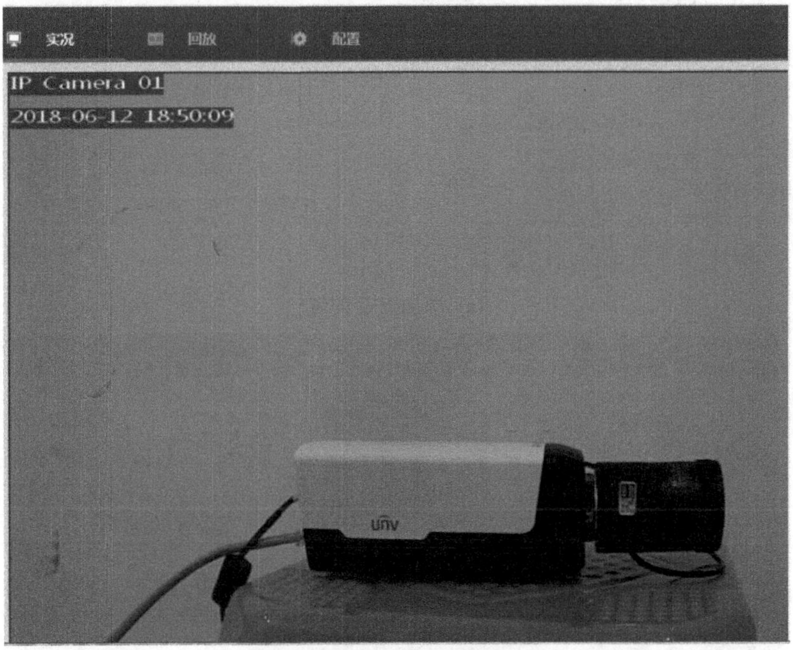

附图 2.17 实况查看效果

添加 IPC 的方式有三种，手动添加、搜索添加和 IPC 自动添加。IPC 自动添加与搜索添加可以将与 NVR 同一局域网内的 IPC 自动添加上，若局域网内 IPC 与 NVR 在不同网段，则 NVR 自动将 IPC 的 IP 地址修改成同一网段。

下面介绍在 Web 界面中，用宇视协议进行 IPC 添加的操作。

在 IPC 配置界面中，点击【配置】→【通道配置】→【IPC 配置】→【添加】添加 IPC 选项，如附图 2.18 所示。

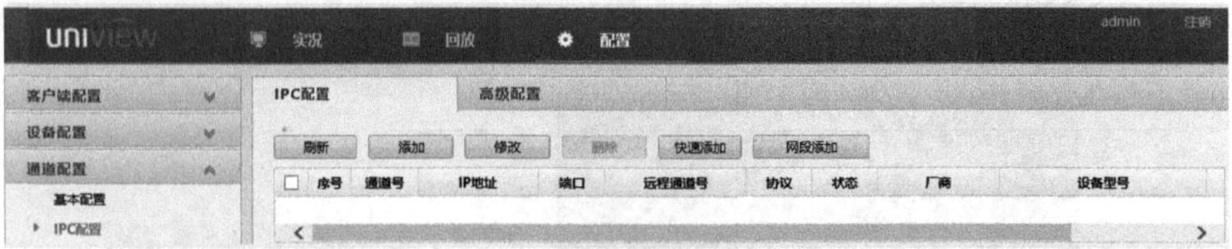

附图 2.18　IPC 配置

输入需要添加 IPC 的 IP 地址，端口号为 81，用户名与密码都为 admin，完成之后点击“确定”，当通道状态显示绿色时说明 IPC 已经上线。如附图 2.19(a)和(b)所示。

(a) 添加 IPC 配置

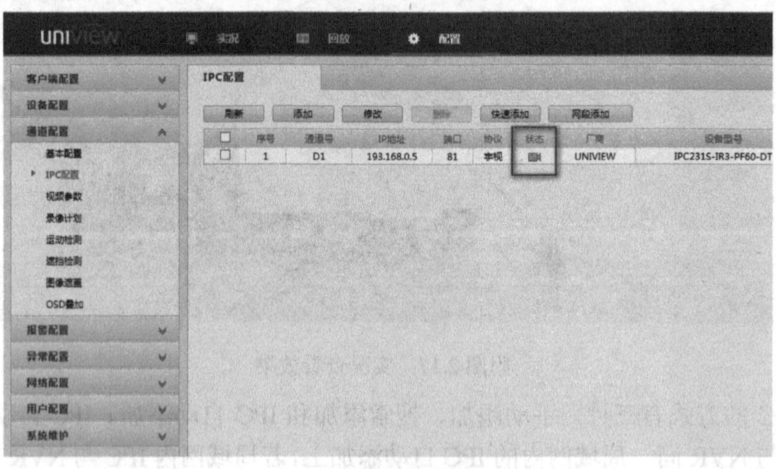

(b) 查看 IPC 状态

附图 2.19　添加 IPC

或者，通过快速添加和网段添加进行 IPC 添加操作，如附图 2.20(a)和(b)所示。

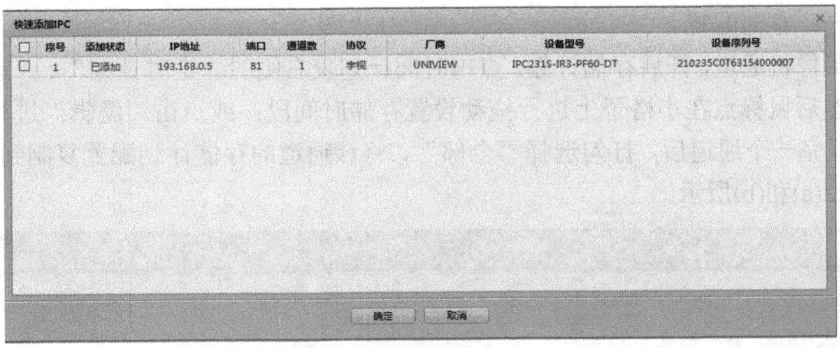

(a) 快速添加 IPC 配置

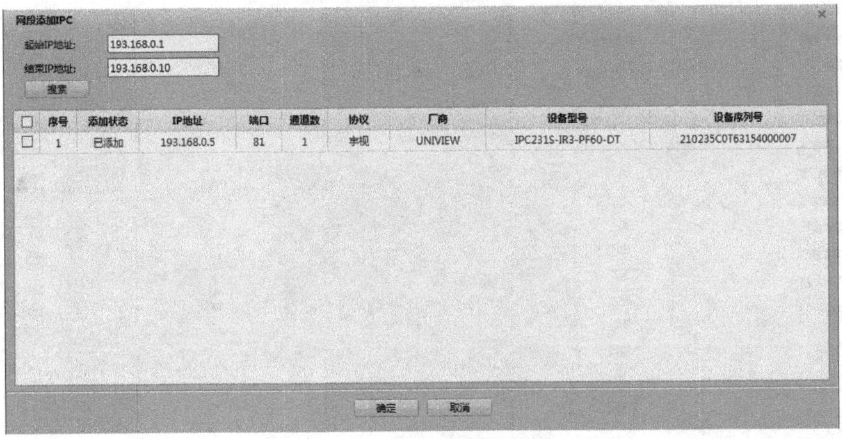

(b) 网段添加 IPC 配置

附图 2.20 快速添加 IPC 配置和网段添加 IPC 配置

4) 建立实况配置

第一种方法：双击左边资源树的摄像机图标，从窗格左右上下依次建立实况。

第二种方法：拖动摄像机到对应窗格建立实况。

第三种方法：点击左下角的 ▶ ，开始所有预览。点击 ■ 关闭所有实况。如附图 2.21 所示。

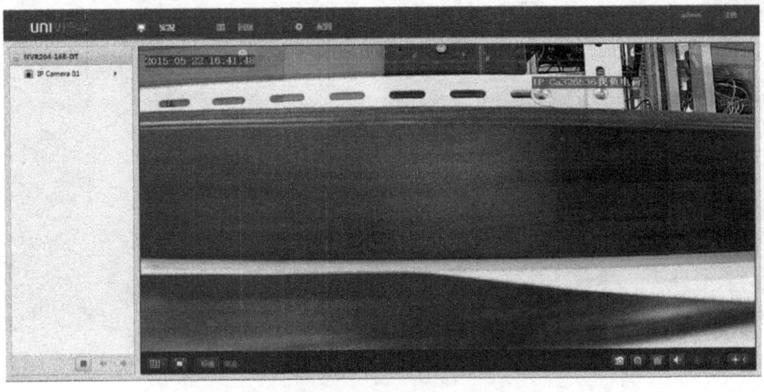

附图 2.21 建立实况配置

5) 存储回放业务配置

步骤一：存储配置。

选择摄像机通道，开启存储计划。点击时间计划表右侧的“定时计划”、“运动告警”等选项，然后鼠标点在小格子上进行拖动设置存储时间段；或点击“编辑”进行存储计划配置。配置完一个通道后，打勾选择“全部”，将该通道的存储计划配置复制到其他通道。如附图 2.22(a)和(b)所示。

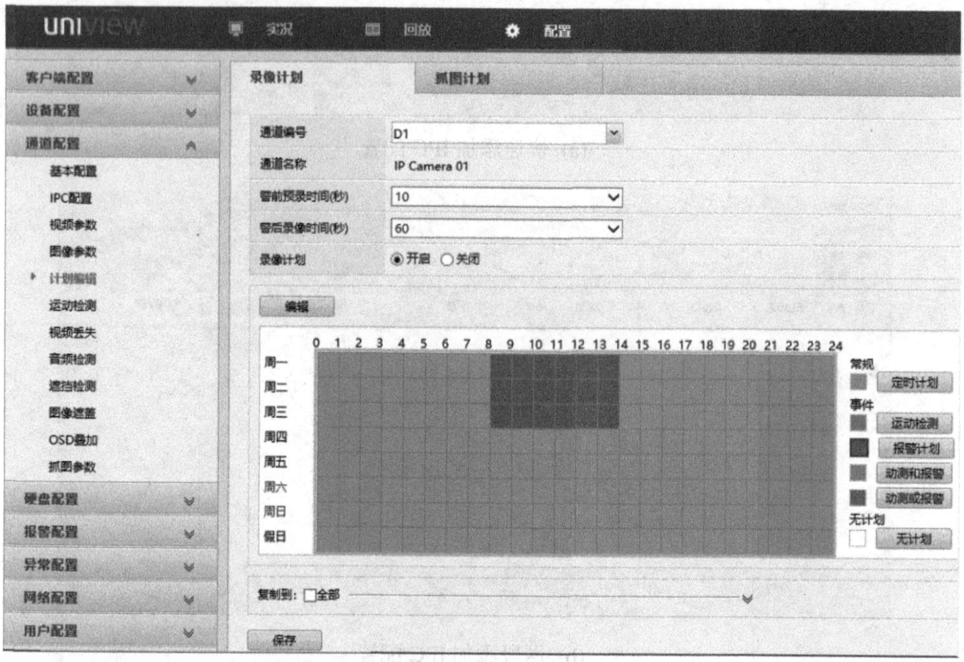

(a) 录像计划配置

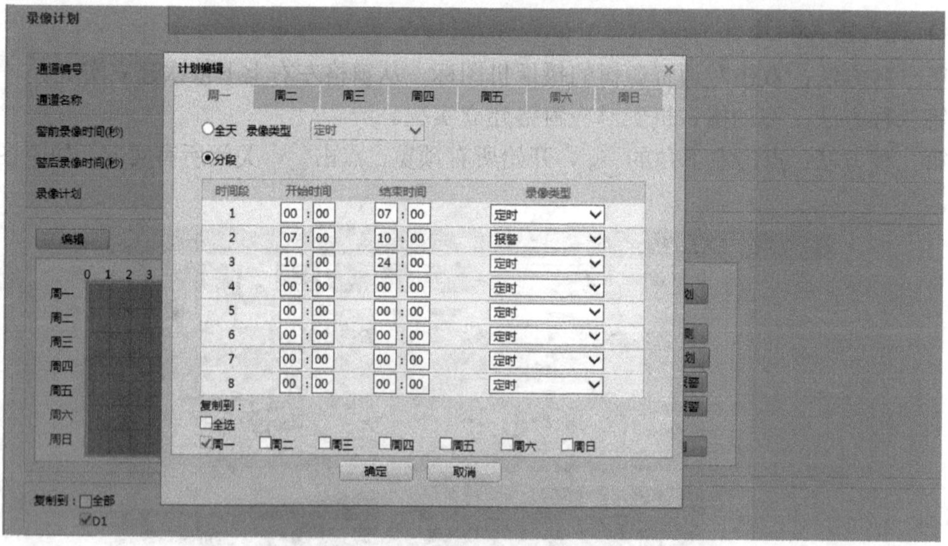

(b) 计划编辑配置

附图 2.22　存储配置

步骤二：录像回放操作。

(1) 勾选需要回放的摄像机，在日历中单击相应的日期后，录像时间轴上将显示当天的录像情况，拖动播放条定位需要播放录像的开始时间。若需要精确查询，请在日历下方输入准确的时间后单击确定键，定位到具体时间。

(2) 点击进度条下方的按钮，进行回放操作。如附图 2.23 所示。

附图 2.23 录像回放配置

说明：

日历中日期右上角显示的颜色不同表示录像的录像状态不同：

- 蓝色表示该摄像机录像时间满 24 小时。
- 黄色表示该摄像机录像时间未满 24 小时。
- 无颜色表示该摄像机录像全天 24 小时未录像。

步骤三：录像下载。

(1) 进入“回放”界面，选中左侧需要查询的摄像机。单击摄像机右侧的下载按键。如附图 2.24 所示。

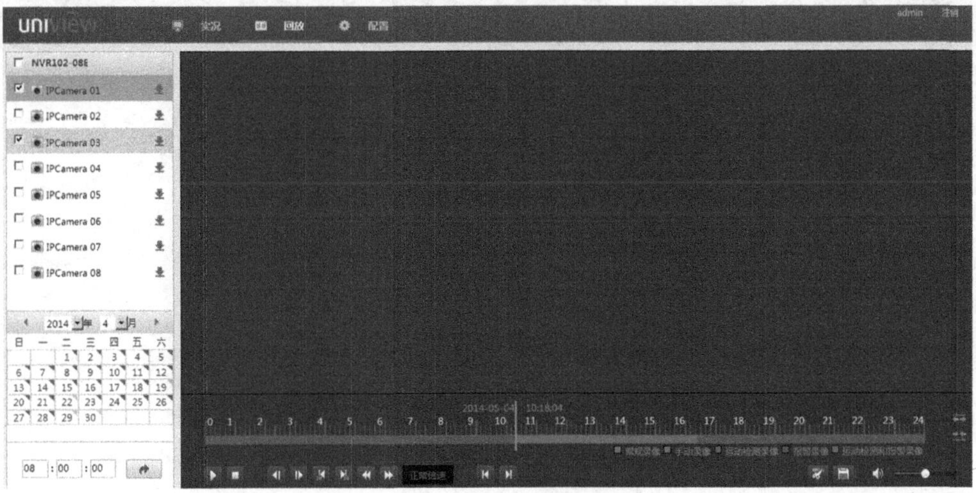

附图 2.24 录像下载配置

(2) 输入开始时间和结束时间，单击<查询>，列表中将显示在查询时间段内的所有录像。勾选待下载的录像文件，选择下载速度，如附图 2.25 所示。

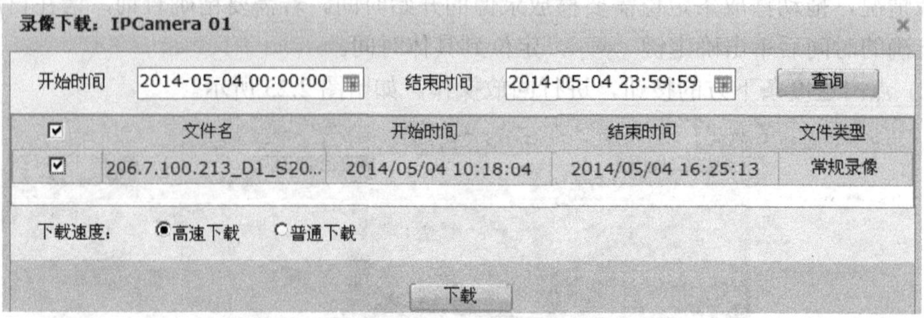

附图 2.25　选择时间及下载速度

(3) 单击<下载>，页面上方将显示下载进度。单击将显示下载任务列表，如附图 2.26 所示。

附图 2.26　下载任务列表

说明：下载后的录像默认存放地址为：C:\Users\Administrator\Surveillance\Download。如果需要更改保存路径，则进入客户端配置，浏览文件保存路径后，保存配置，如附图 2.27 所示。

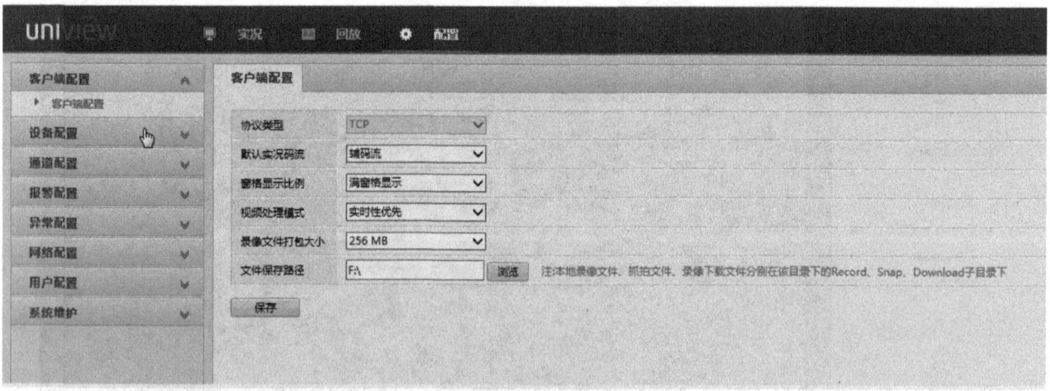

附图 2.27　录像存放位置配置

6) 告警业务操作

步骤一：运动检测告警源配置。

点击“运动检测”，通过鼠标左键拖动释放进行检测区域配置，鼠标左键拖动灵敏度游标或者在正方框里输入数字进行灵敏度配置。如附图 2.28 所示。

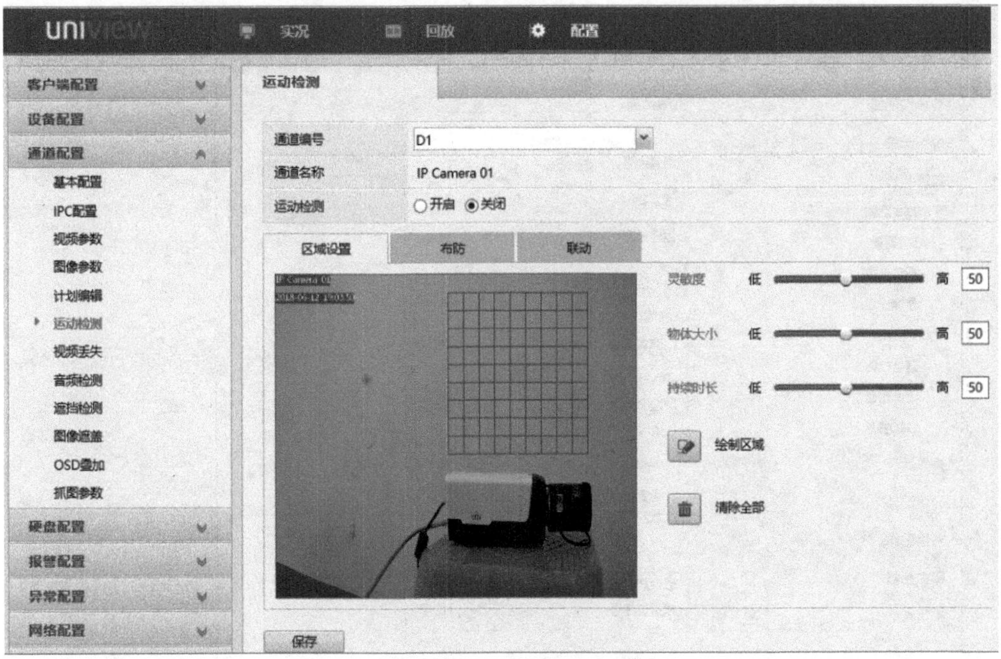

附图 2.28　运动检测配置

步骤二：配置布防计划。

配置布防计划，将鼠标点在小格子上进行拖动配置布防时间段，如附图 2.29 所示。

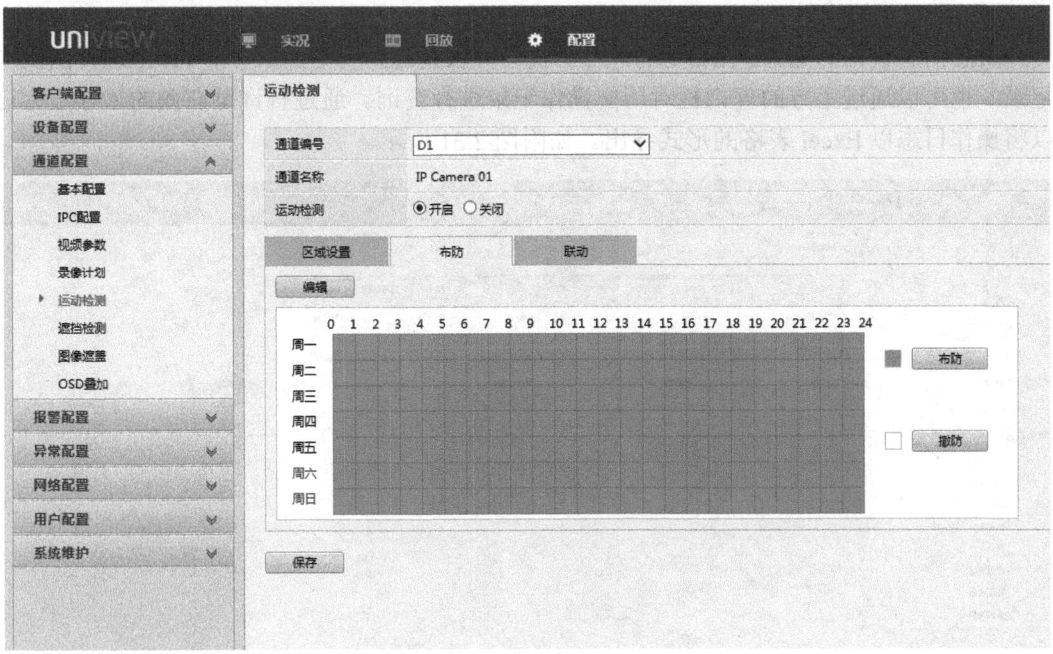

附图 2.29　布防计划配置

步骤三：联动动作。

联动动作，打勾配置告警联动到声音告警报警、存储。如附图 2.30 所示。

附图 2.30　联动动作配置

7) NVR 系统维护

日志信息查询的配置。在日志查询中，我们可以查询到用户当天在 NVR 上进行的操作记录，也可以通过上方的查询栏对历史操作记录进行查询。通过查询键右侧的“导出”可以将操作日志以 Excel 表格的形式导出。如附图 2.31 所示。

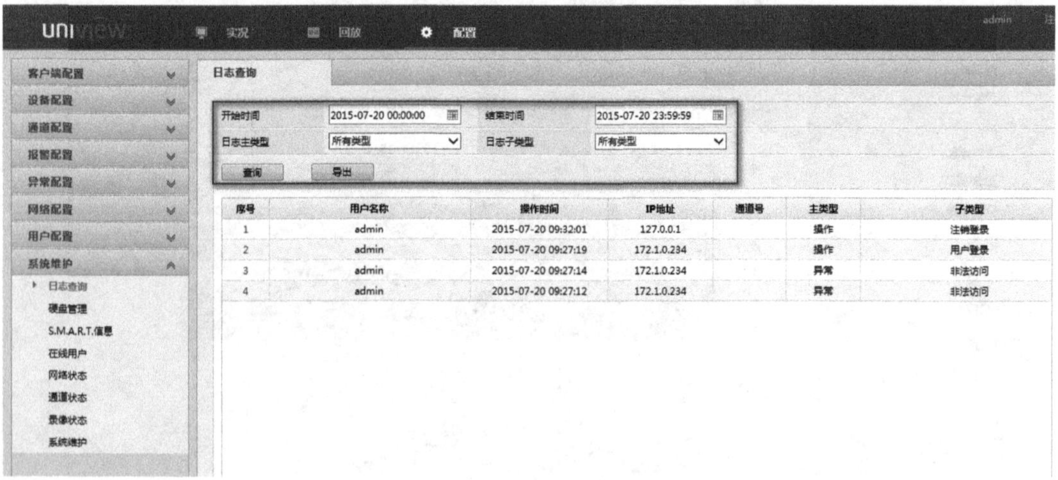

附图 2.31　日志信息查询配置

硬盘管理，可以检测硬盘状态，如附图 2.32 所示。

附图 2.32 硬盘管理配置

通过 S.M.A.R.T.信息我们可以查看硬盘温度，整体评估以及其他状态信息，从而判断硬盘状态好坏。如附图 2.33 所示。

附图 2.33 S.M.A.R.T.信息查询

在通道状态中，可以查看每个通道的在线离线情况和离线的原因，告警检测功能是否开启，如附图 2.34 所示。

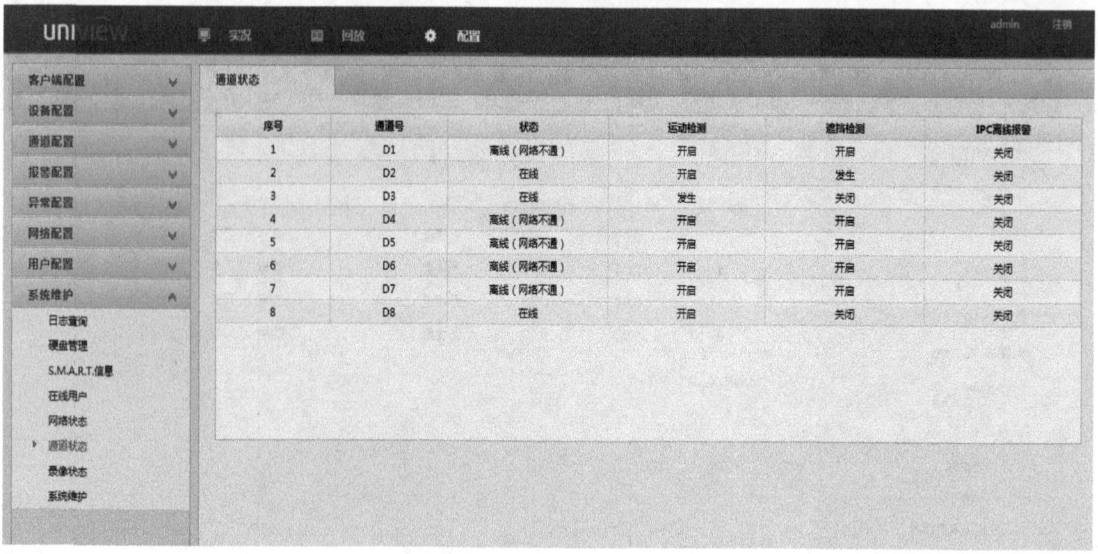

序号	通道号	状态	运动检测	遮挡检测	IPC离线报警
1	D1	离线（网络不通）	开启	开启	关闭
2	D2	在线	开启	发生	关闭
3	D3	在线	发生	关闭	关闭
4	D4	离线（网络不通）	开启	开启	关闭
5	D5	离线（网络不通）	开启	开启	关闭
6	D6	离线（网络不通）	开启	开启	关闭
7	D7	离线（网络不通）	开启	开启	关闭
8	D8	在线	开启	关闭	关闭

附图 2.34　查看通道状态

录像状态查询，如附图 2.35 所示。

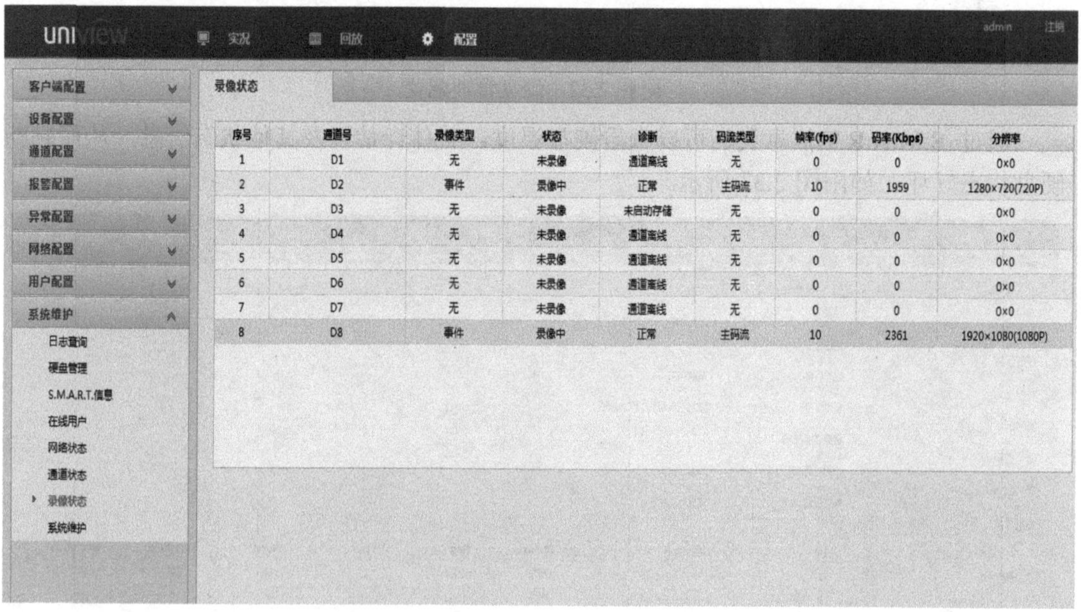

序号	通道号	录像类型	状态	诊断	码流类型	帧率(fps)	码率(Kbps)	分辨率
1	D1	无	未录像	通道离线	无	0	0	0×0
2	D2	事件	录像中	正常	主码流	10	1959	1280×720(720P)
3	D3	无	未录像	未启动存储	无	0	0	0×0
4	D4	无	未录像	通道离线	无	0	0	0×0
5	D5	无	未录像	通道离线	无	0	0	0×0
6	D6	无	未录像	通道离线	无	0	0	0×0
7	D7	无	未录像	通道离线	无	0	0	0×0
8	D8	事件	录像中	正常	主码流	10	2361	1920×1080(1080P)

附图 2.35　查看录像状态

系统维护包括重启、简单恢复、完全恢复、导出配置、导入配置、本地升级、云升级和诊断信息。

本地升级的方式与 IPC 的 Web 界面升级方式一样，在本地准备好 NVR 对应的升级版本后通过本地升级的“浏览”将升级版本中的 program.bin 导入，具体做法参考实验 1 中 IPC 的版本升级步骤。

云升级是 NVR 已经注册在 mycloud 服务器上，并且与 mycloud 服务器保持网络畅通的情况下使用的，点击“检查更新”后若存在更新的版本，则 NVR 可以通过网络进行云升级。

诊断信息是分析 NVR 故障的必备信息，在 NVR 出现问题并无法通过简单操作恢复时，需要将诊断信息导出进行分析。系统维护的信息查询如附图 2.36 所示。

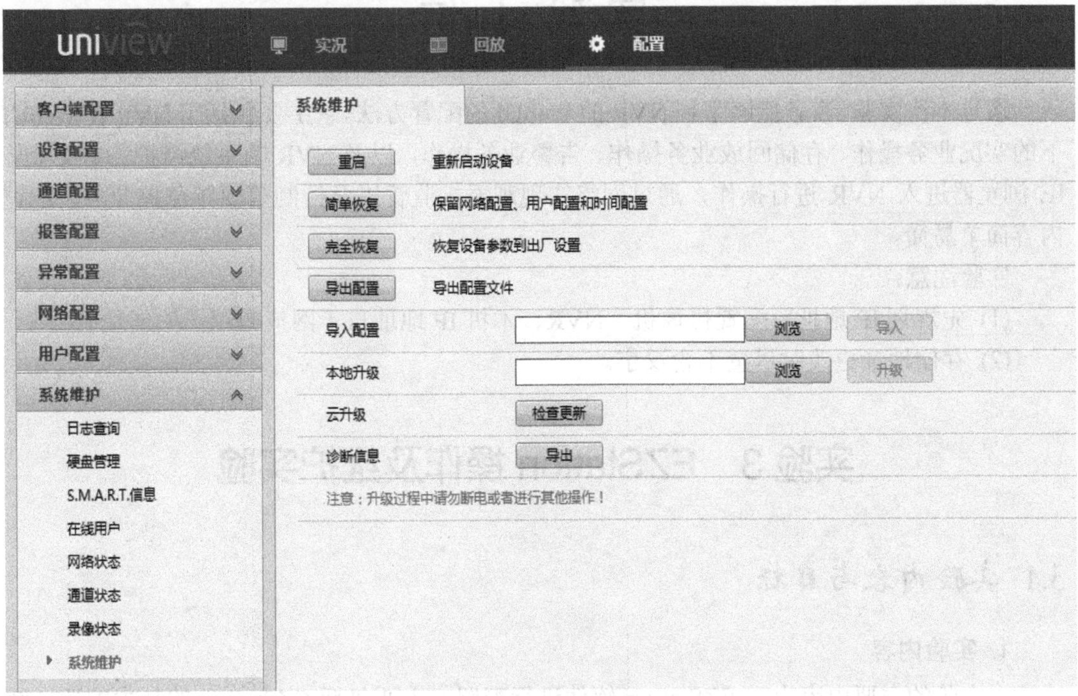

附图 2.36 系统维护信息查询

抓包信息收集，首先需要 telnet 到设备上，抓包使用的命令为 tcpdump，该命令的参数如下：

- -s 用于指定抓取报文的大小。
- port 用于指定所抓取报文的端口。
- -w 用于指定抓取文件保存的名称。
- -host 用于指定抓取报文的主机。
- -i 用于指定抓取报文的网口。
- -v 用于统计抓取到的报文个数。

例如，tcpdump –s 0 –w nvr.cap host 172.1.0.232 and port 81 –v 抓取在 nvr 上 IP 地址为 172.1.0.232 的 IPC 且端口号为 81 的报文，如附图 2.37 所示。

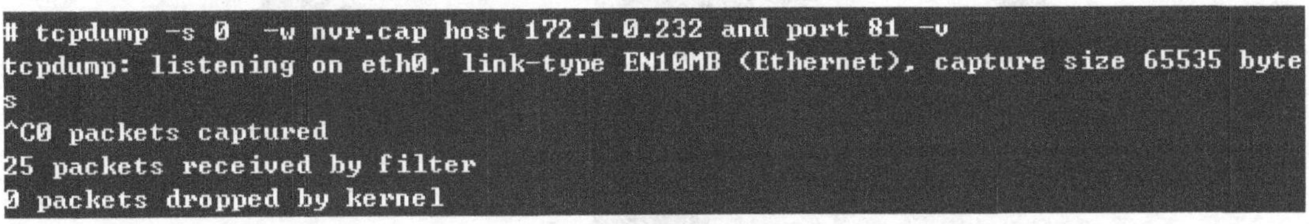
tcpdump -s 0 -w nvr.cap host 172.1.0.232 and port 81 -v
tcpdump: listening on eth0, link-type EN10MB (Ethernet), capture size 65535 byte
s
^C0 packets captured
25 packets received by filter
0 packets dropped by kernel

附图 2.37 抓包信息举例

报文收集完成后，需要使用 TFTP 工具把报文导出，方法是在命令行中输入 tftp -pl +XXX.cap(XXX 为报文名称) +IP 地址(PC 的 IP 地址)。例如，tftp –pl nvr.cap 172.1.0.234。

实验小结

通过本次实验，读者能够掌握NVR的WebUI的配置方法。它主要包括了NVR在WebUI下的实况业务操作、存储回放业务操作、告警业务操作，以及NVR的系统维护。本实验从IE浏览器进入NVR进行操作，通过网络实现观看、监管以及控制等视频监控业务，配置内容简单易懂。

实验注意：

(1) 先规划IP地址，配置摄像机、NVR、本机IP地址与子网掩码；

(2) 存储地址更改时尽量不含汉字。

实验3　EZStation操作及维护实验

3.1　实验内容与目标

1. 实验内容

本实验的主要内容为对EZStation软件进行配置，主要包括EZStation的基本配置、解码上墙配置、系统维护等内容。

2. 实验目标

- 掌握EZStation的基本配置；
- 掌握EZStation的业务配置；
- 掌握EZStation的常用维护方法。

3.2　实验组网图

本实验的系统规划及安装实验组网图如附图3.1所示。

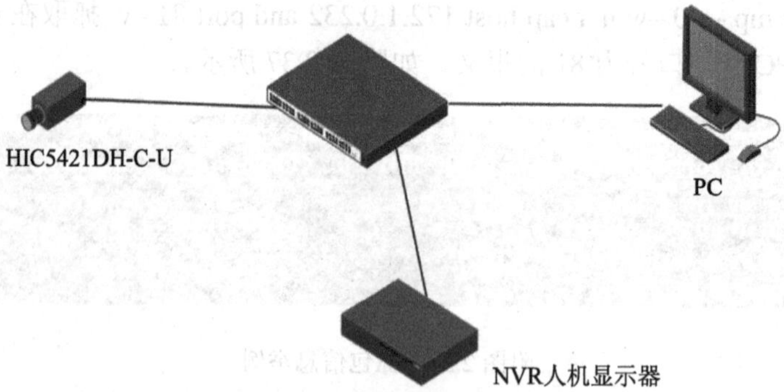

附图3.1　系统规划及安装实验组网图

3.3 实验设备和器材

本实验所需的主要设备和器材如附表 3.1 所示。

附表 3.1 实验设备和器材

设备和器材名称	型 号	数 量	描 述
摄像机	HIC5421DH-C-U	1	10.10.10.11
PC	—	1	10.10.10.200
NVR	NVR B100-E4	1	10.10.10.50
网线	—	3	—
交换机	H3C S3600	1	—

3.4 实验准备

步骤一：软件下载。

通过登录官网中的【产品】→【客户端软件】下载，如附图 3.2 所示。

附图 3.2 EZStation 软件下载

步骤二：软件安装。

将软件

下载到桌面后，根据提示进行安装。如附图 3.3 所示。

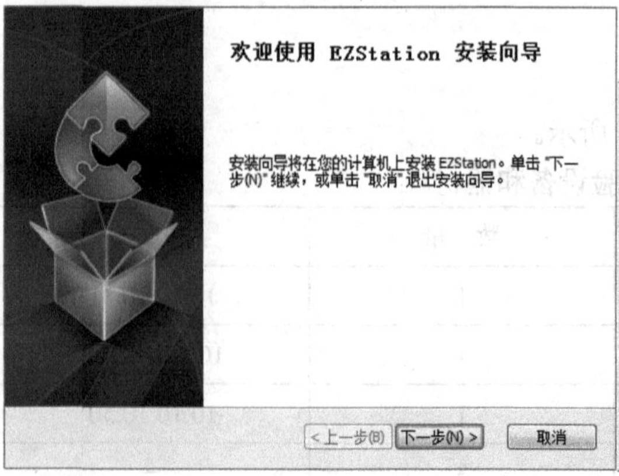

(a) 安装向导

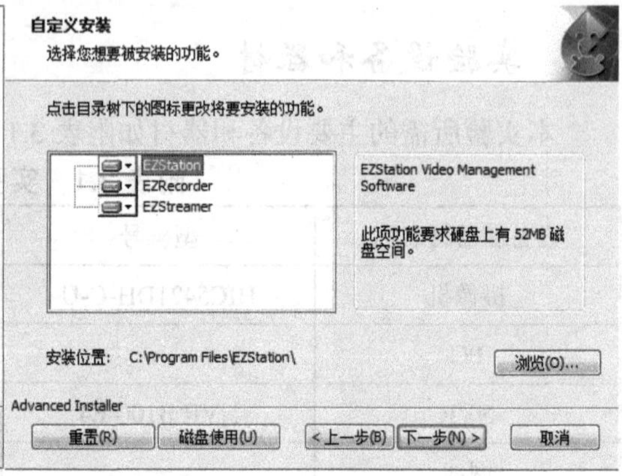

(b) 自定义安装

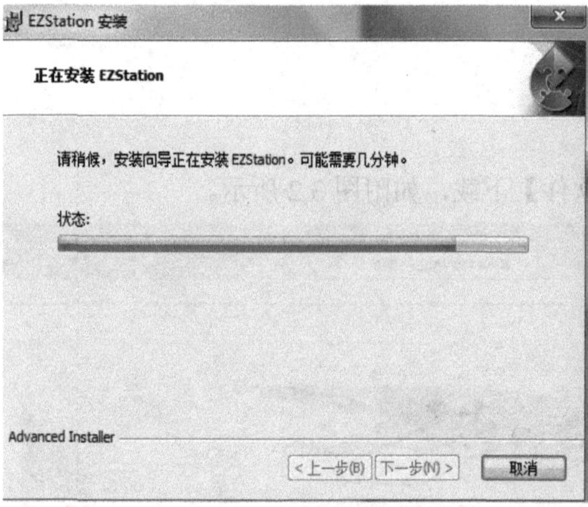

(c) 开始安装

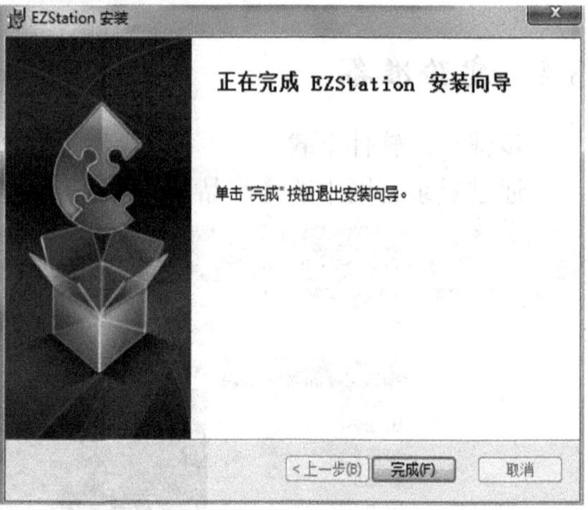

(d) 完成安装

附图 3.3 EZStation 安装过程

安装完成后，桌面会出现 

和 

。

EZStation 作为视频监控设备的集中管理平台，可以对设备进行参数配置、系统维护、录像查询以及其他基本监控业务的操作。

EZRecorder(存储服务器)主要负责接收前端数据并存储，同时提供视频点播服务。

3.5 实验过程

EZStation 业务操作如下。

1. 基本配置

步骤一：界面登录与系统配置。

打开 EZStation，在登录界面输入用户名：admin，密码：admin，即可登录 EZStation 系统。如附图 3.4 所示。

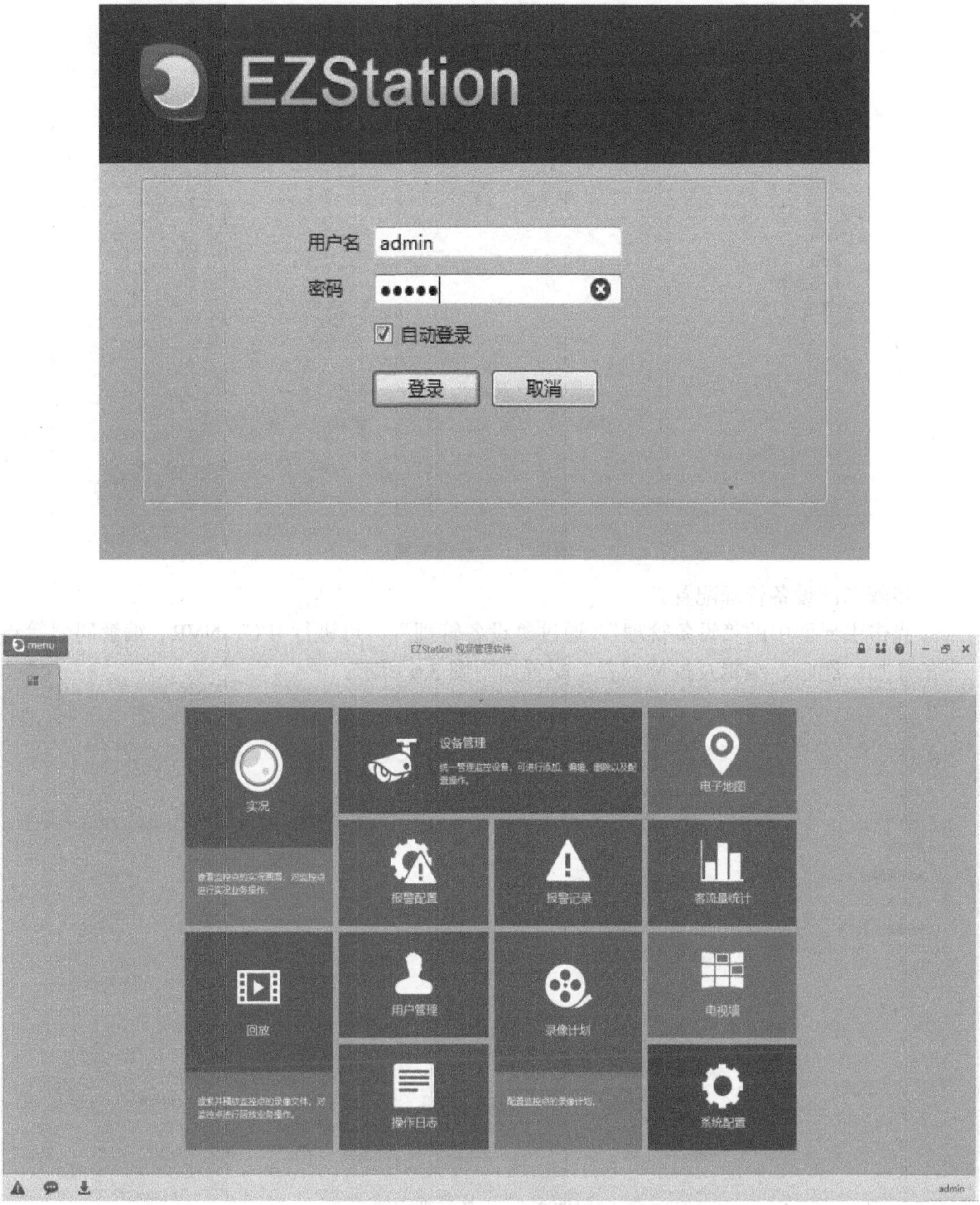

附图 3.4 登录 EZStation 系统

进入系统配置，可以对音视频、系统及业务进行配置。其中在音视频中可以配置处理模式、显示模式、媒体流传输协议及图片录像保存路径等参数。配置如附图 3.5 所示。

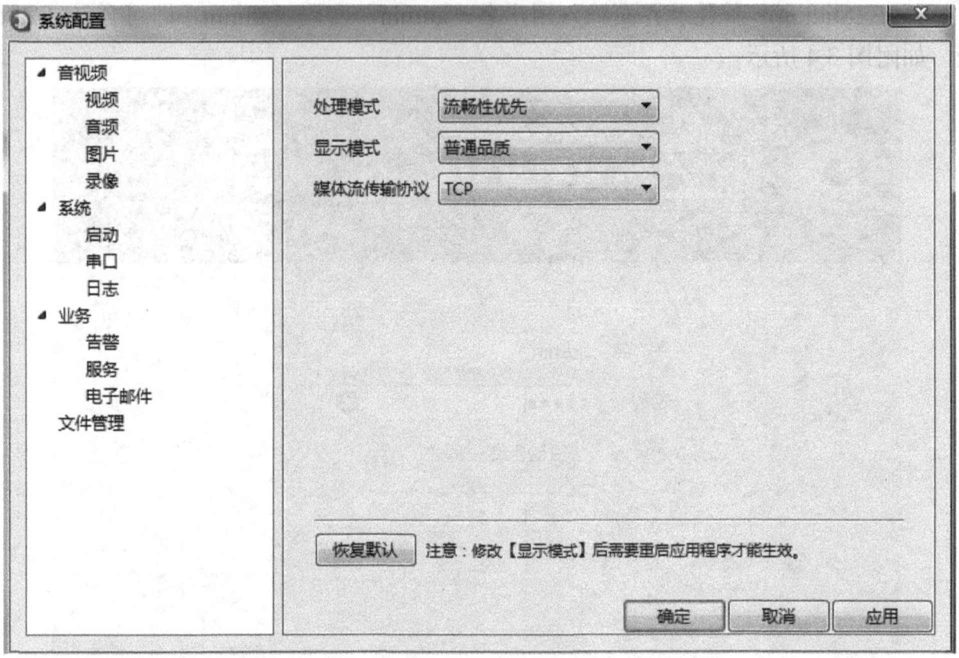

附图 3.5　系统配置

步骤二：设备管理配置。

点击主界面中的“设备管理”，通过“设备管理”，可进行 IPC、NVR、编解码器等设备的添加、删除、编辑及批量配置，配置如附图 3.6 所示。

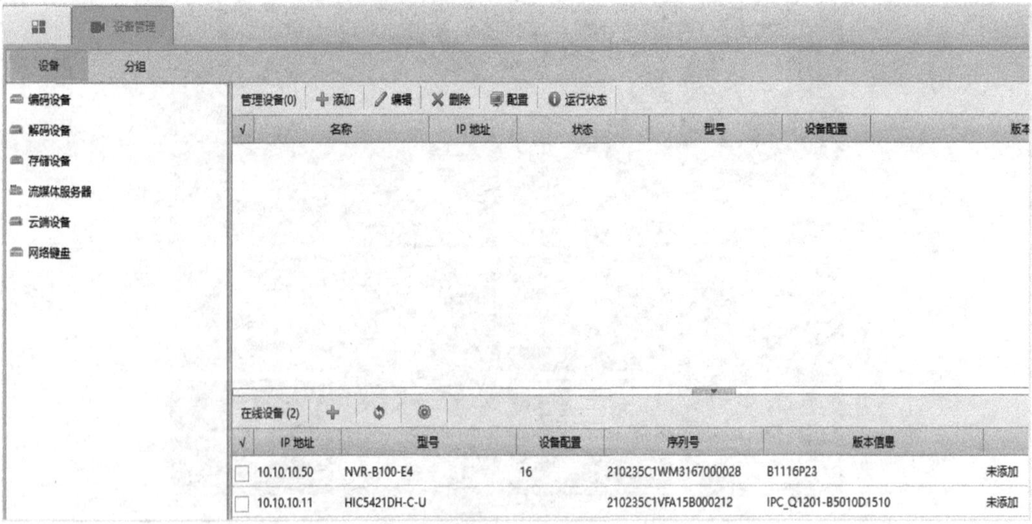

附图 3.6　设备管理配置

添加设备的方式有搜索与手动添加两种，其中搜索功能通常用于搜索局域网内的监控设备及查询这些设备的 IP(在实验 1 与实验 2 的实验准备中有所提及)，如附图 3.6 所示。进入“设备管理”后，右下方会自动显示局域网内的在线设备，在需要管理的设备前打勾，并点击 ✚ 进行添加，配置如附图 3.7 所示。

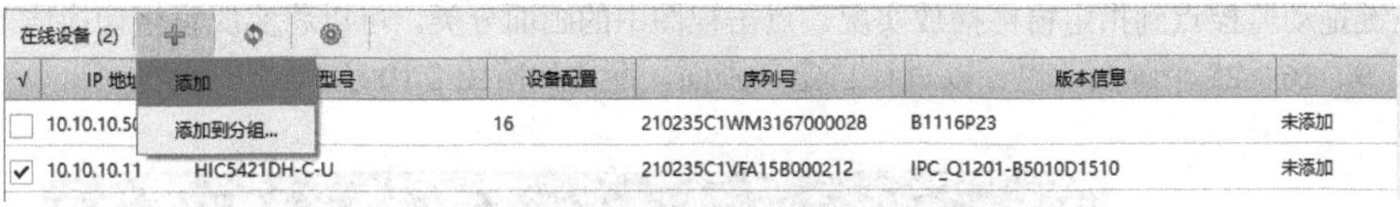

附图 3.7　搜索添加设备配置

若局域网内加入新的设备或列表显示的设备不全，可以点击 进行刷新在线设备列表。

手动添加设备，如附图 3.7 所示，点击 添加，输入相应设备的名称、IP、端口号、用户名和密码，确认后点击添加即可。配置如附图 3.8 所示。

附图 3.8　手动添加设备配置

通过“云端设备”，可以登录 Mycloud 账号进行远程访问，前提是需要 PC 连入外网。配置如附图 3.9 所示。

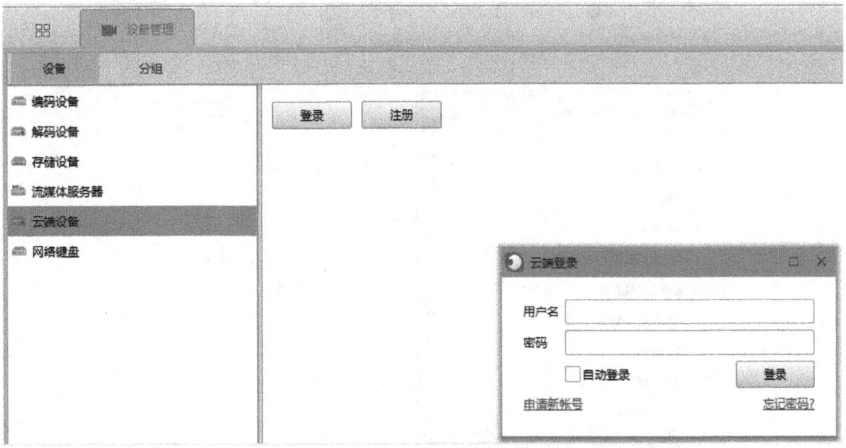

附图 3.9　云端登录配置

步骤三：实况。

点击主界面中的“实况”，进入实况播放界面。双击监控点，空闲窗格播放实况或鼠标左键拖动监控点到指定窗格播放实况。点击视图中的画面分类，可以将实况窗格切换成1、4、9、16、25个画面，也可以进行自定义画面。配置如附图3.10所示。

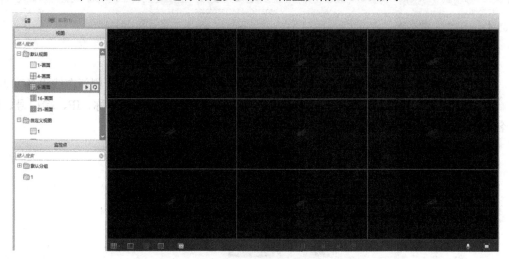

附图3.10　实况播放配置

步骤四：用户管理。

用户是系统管理和操作的实体。在分配了相应的角色权限后，用户登录到系统即可以执行相应的系统管理和操作。

系统有一个默认用户：admin(初始密码为admin)。admin用户是系统超级管理员用户，具有最高权限，任何用户都不能修改、删除admin用户(只有密码可修改)，并且只有admin用户才能关闭EZStation。

在主界面单击<用户管理>，然后单击“添加”，选择用户类型(管理员或操作员)，输入用户名及密码，并配置用户的权限。配置如附图3.11所示。

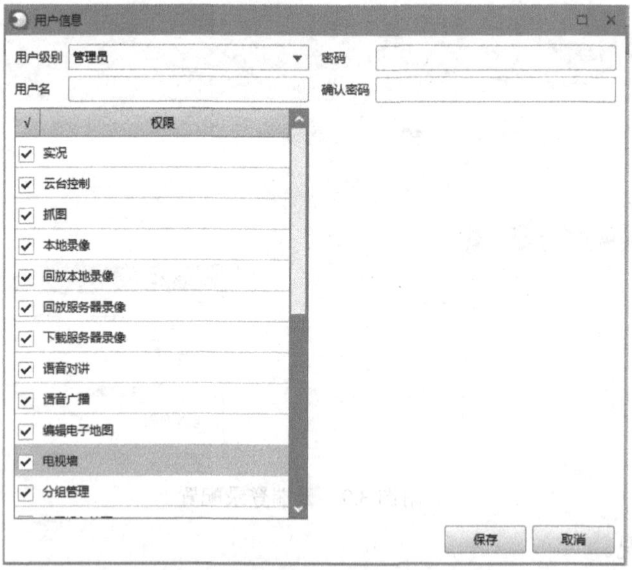

附图3.11　用户信息配置

对所需的用户进行选择，即可进行编辑与删除操作。

2. 录像配置

录像配置分为远程录像配置与本地录像配置。

1) 本地录像配置

进行本地录像时，点击实况窗格左下角的 ，EZStation 会将录像保存在本地，路径可以在【系统配置】→【音视频】→【录像】中修改。配置如附图 3.12 所示。

附图 3.12　录像配置

2) 远程录像配置

步骤一：存储配置。

在配置计划录像之前，首先要选择存储服务器。若直接把 IPC 添加到 EZStation 上，则配置录像计划时需要配置存储服务器，通常以 PC 的硬盘作为存储服务器；若把 NVR 添加到 EZStation 上，则 NVR 即为存储服务器。

打开 EZRecorder，等待 EZRecorder 加载完成后回到 EZStation，在控制面板中选择“设备管理”，并按如下步骤添加存储设备。

点击 添加，在设备信息中输入相应的设备名称、PC 的 IP 地址、端口号(默认 28000)、用户名与密码(与 EZRecorder 保持一致)，完成后点击确定。配置如附图 3.13(a)和(b)所示。

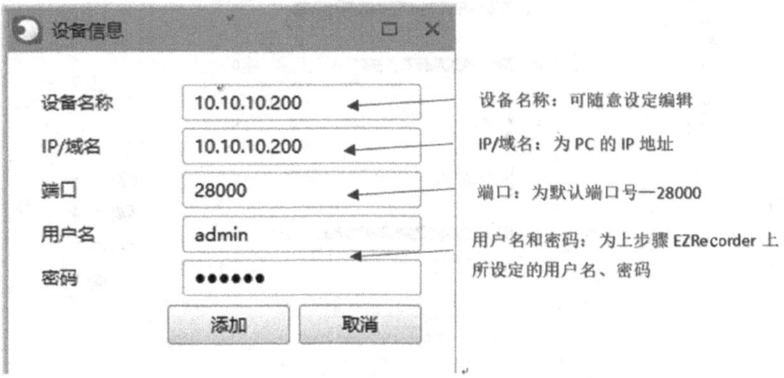

(a) 添加存储设备配置

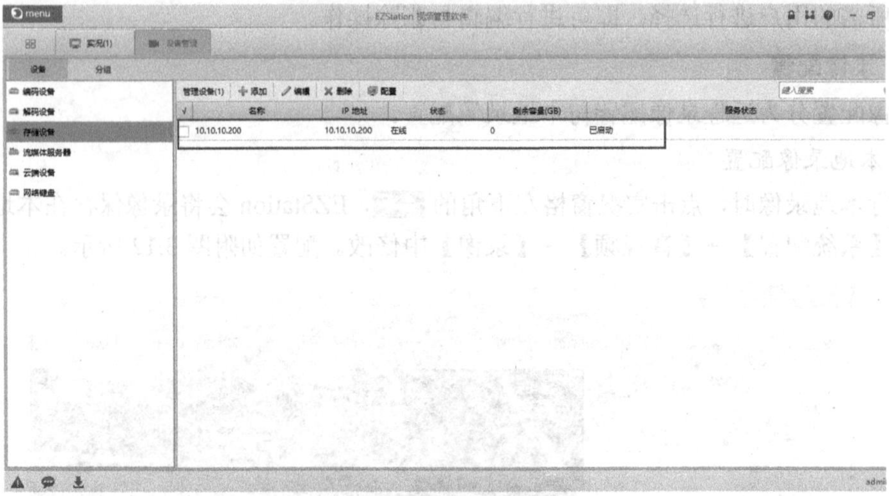

(b) 存储设备添加成功

附图 3.13　存储配置

接下来对服务器存储容量进行分配。选中刚才配置的存储服务器，点击右键中的“配置”，配置如附图 3.14 所示。

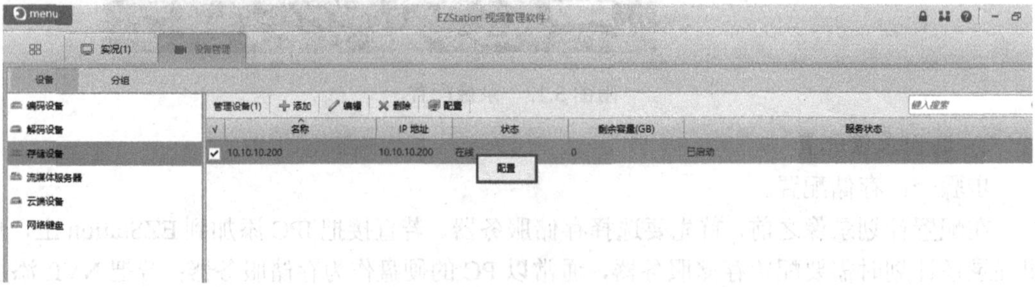

附图 3.14　存储容量分配配置一

或者，选中后直接点击正上方的“配置”，选择存储设备配置中的【存储】→【磁盘】，如附图 3.15 所示。

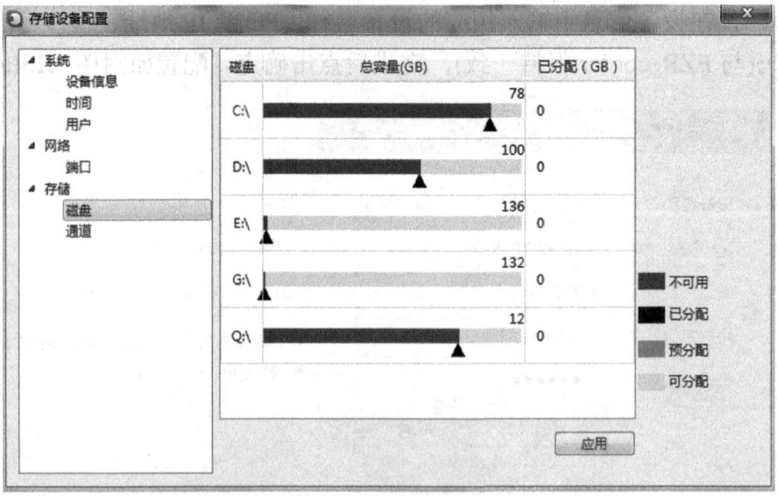

附图 3.15　存储容量分配配置二

拖动磁盘中的资源条可对存储服务器进行容量分配。红色代表当前容量不可用，蓝色代表已分配，绿色代表预分配，灰色代表可分配。完成后点击“应用”，此时系统会提示配置成功。配置如附图 3.16 和附图 3.17 所示。

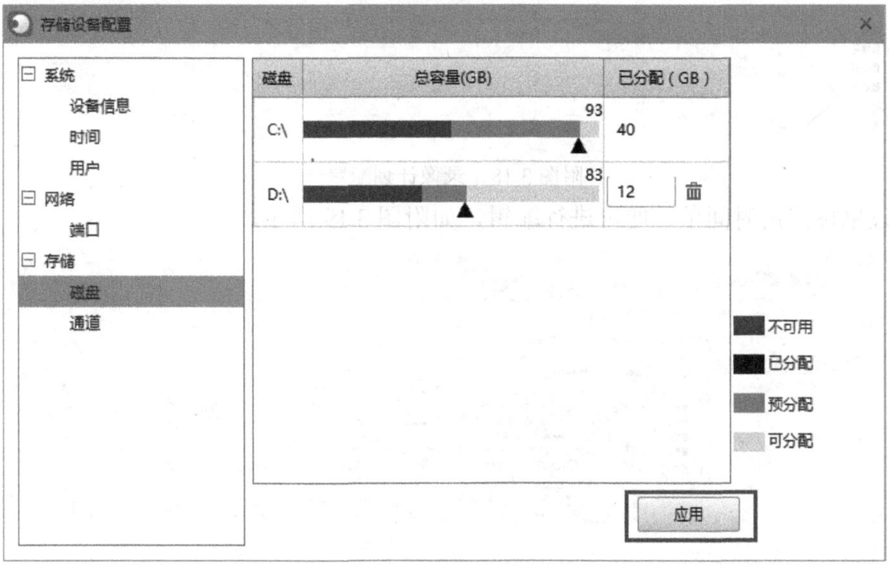

附图 3.16　预分配容量配置

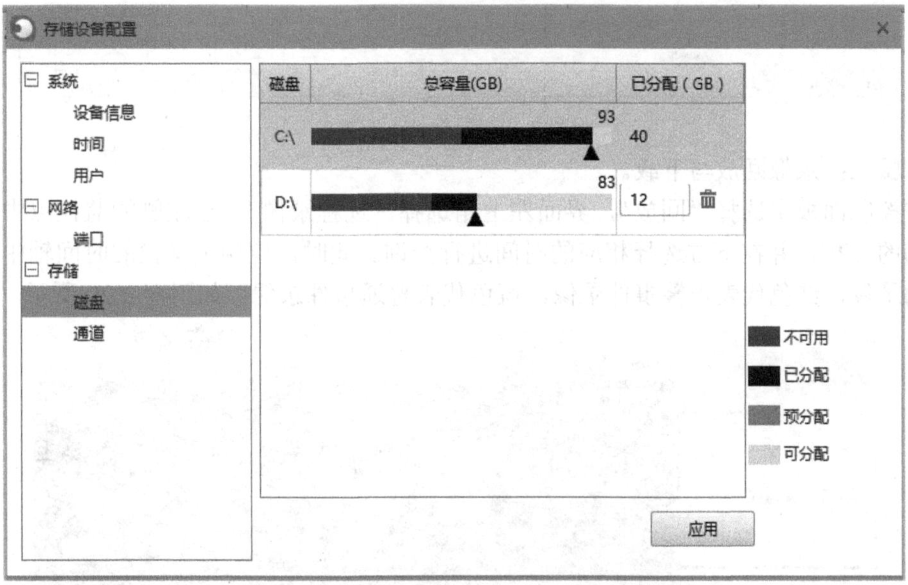

附图 3.17　分配完成后的显示

步骤二：计划录像配置。

控制面板中选择“录像计划”，按如下步骤配置计划录像。

在监控点中选择所需要配置计划录像的摄像机，然后绘制录像计划，可以擦除不需要录像的时间段，每天时间分段上限为 4 段，接下来选择相应的存储服务器，确认配置无误后点击保存。此时系统会提示配置成功。配置如附图 3.18 所示。

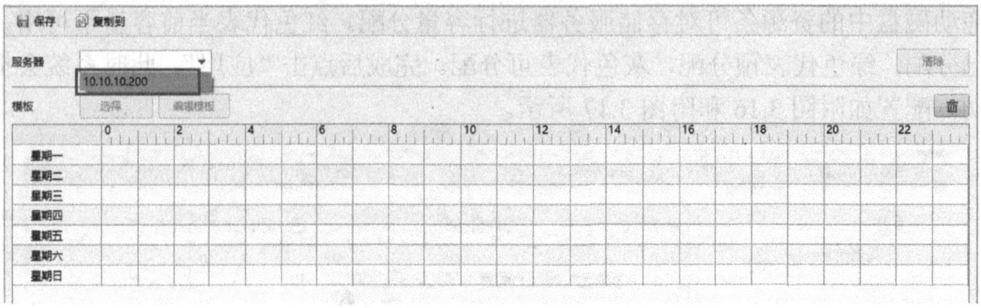

附图 3.18　录像计划配置一

通过鼠标点击时间条，便可进行编辑，如附图 3.19 所示。

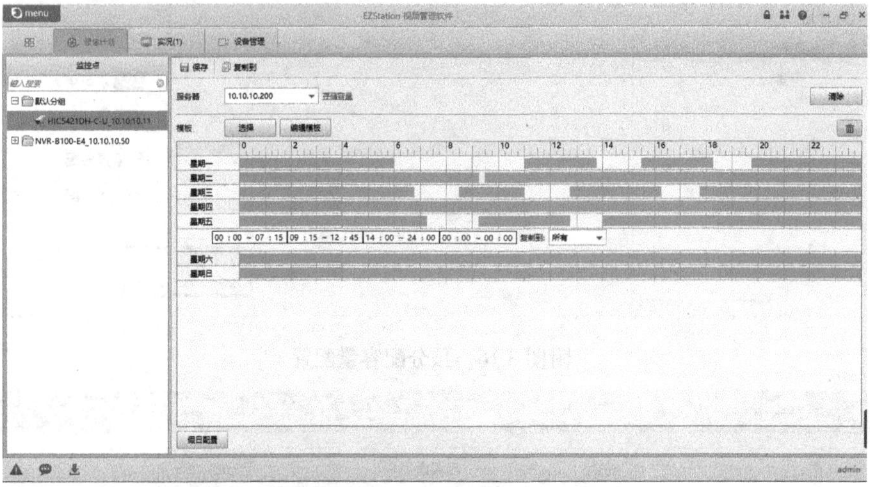

附图 3.19　录像计划配置二

步骤三：录像回放与下载。

在控制面板中选择“回放”，界面左上角选择“远程录像”。在左侧的监控点中选中需要查询的 IPC，并在下方选择相应的时间进行查询。此时，控制工具栏的时间轴中会出现相应的录像，红色代表告警事件录像，蓝色代表普通事件录像，如附图 3.20 所示。

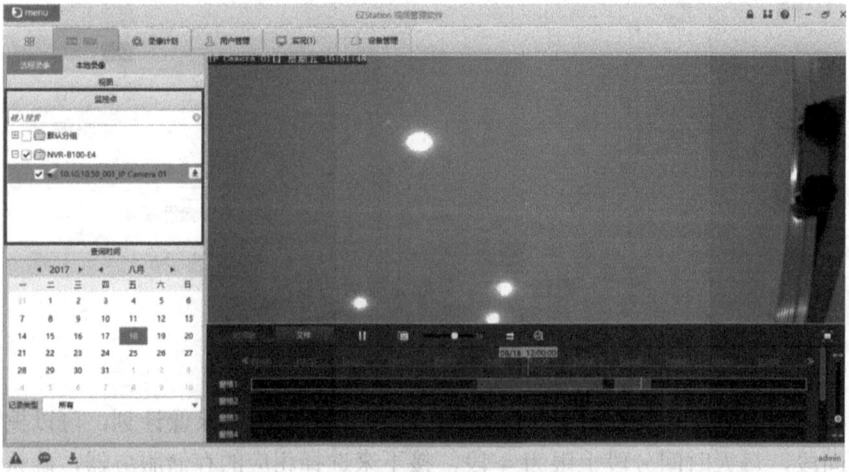

附图 3.20　录像的回放配置

若要下载当前录像，则在回放窗格左下方选择“文件”，此时控制工具栏如下图所示，点击类型右侧的 进行录像下载。如附图 3.21 所示。

附图 3.21　录像下载配置

下载状态可以在【任务管理】→【录像下载】中查看，也可以点击软件左下方的 中查看。如附图 3.22 所示。

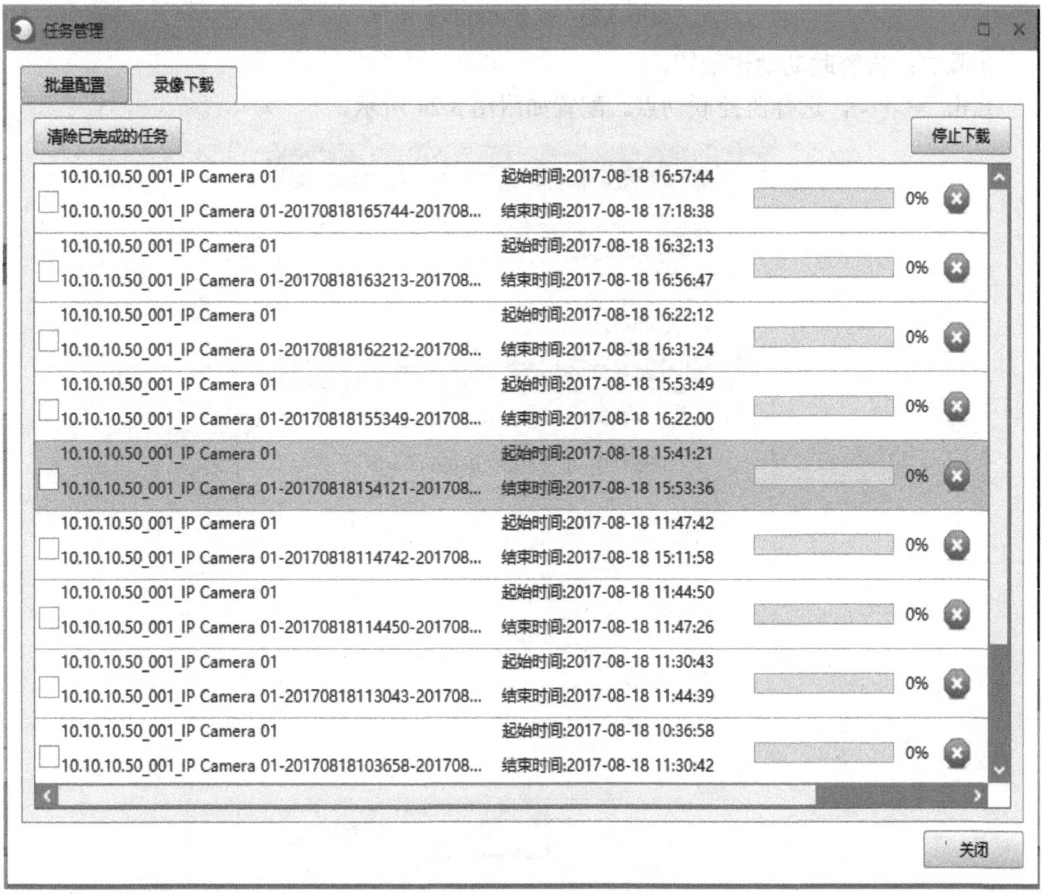

附图 3.22　查看下载录像的状态

3. 告警管理

步骤一：告警配置。

通过控制面板进入告警配置界面，首先在左侧选择产生告警的设备类型，并在监控点中选择告警设备。然后右侧选择相应的设备告警。下面以存储服务器为告警设备，并以设备上线报警为告警类型进行配置，配置如附图 3.23 所示。

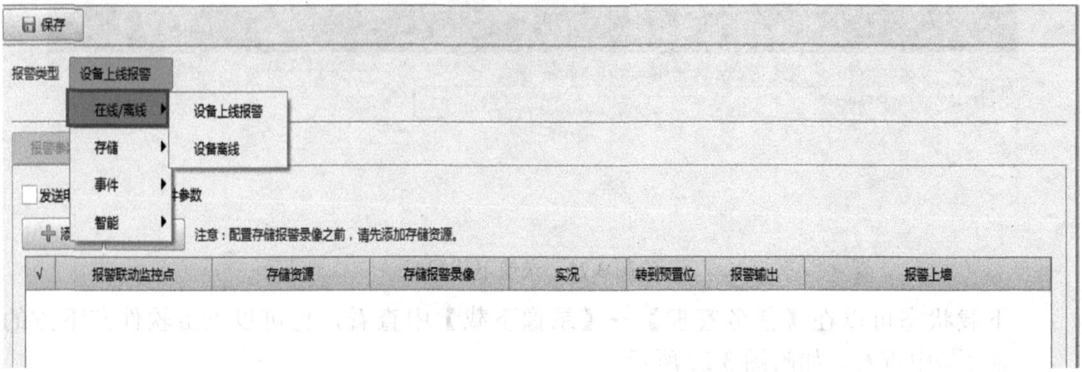

附图 3.23　设备上线报警配置

步骤二：告警联动动作配置。

点击[添加]，选择监控联动点。配置如附图 3.24 所示。

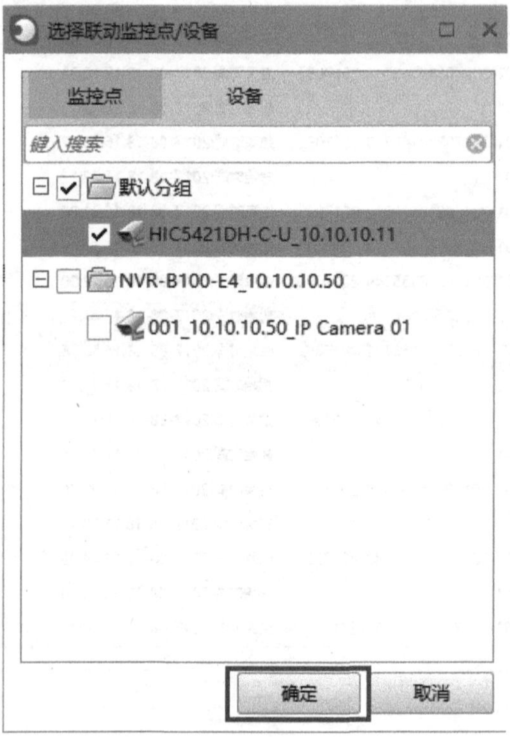

附图 3.24　选择监控联动点配置

添加成功后，监控联动点会出现在下方的列表中，之后可以进行相应的联动动作配置。“转到预置位”只有在球机提前配有相应的预置位情况下才可进行配置。完成后点击保存。这里我们以 HIC5421DH-C-U 作为监控联动点，并配置了存储告警录像，实况联动到窗格 1 等联动动作。配置如附图 3.25 所示。

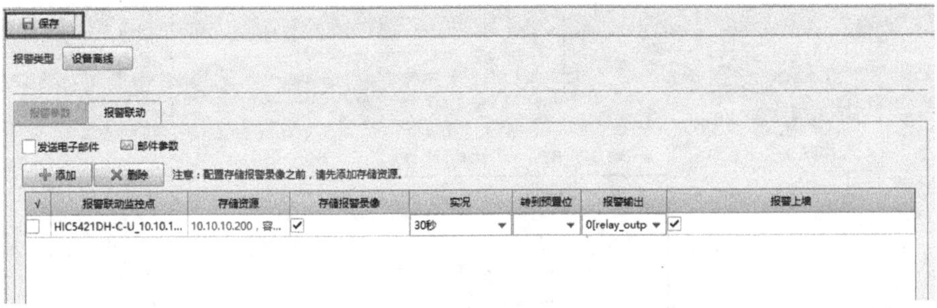

附图 3.25 报警联动配置

4. 解码上墙配置

步骤一：添加解码器。

进入“设备管理”，在左侧设备中选择解码器，点击“添加”。在设备信息中输入相应的设备名称、地址及用户名和密码(默认都为 admin)，完成后点击“添加”。如附图 3.26 和附图 3.27 所示。

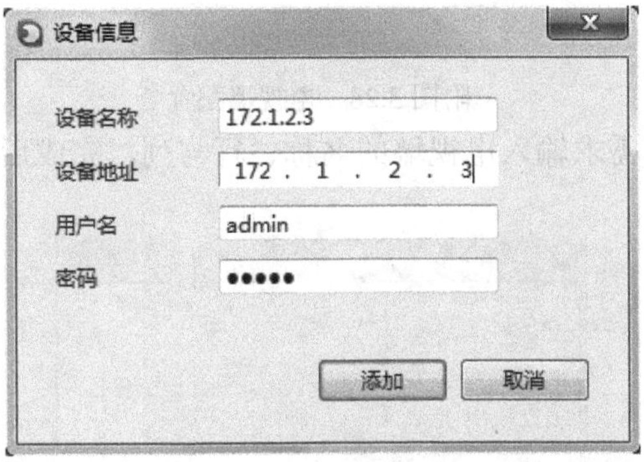

附图 3.26 登录解码器一

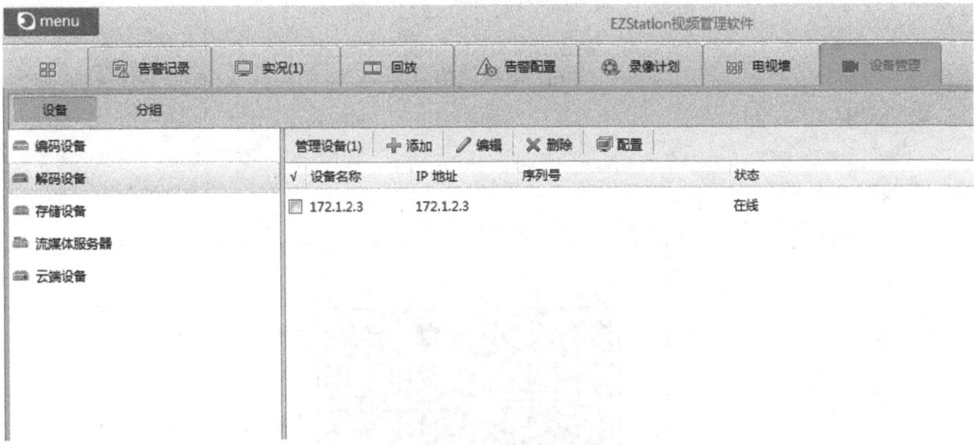

附图 3.27 登录解码器二

步骤二：电视墙配置。

在控制面板中选择“电视墙”，在左侧“操作”与“配置”中选择“配置”。配置如附图 3.28 所示。

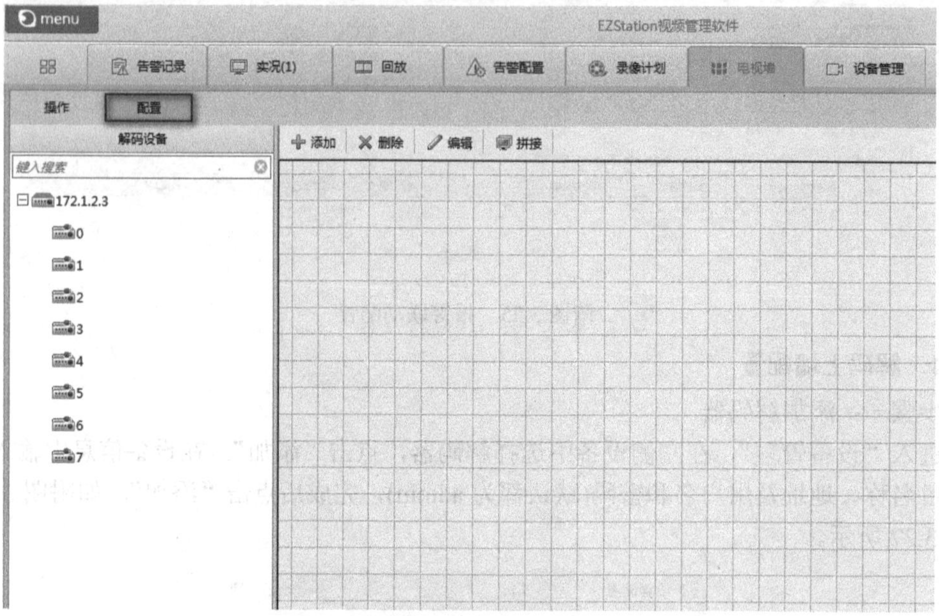

附图 3.28　电视墙配置

点击“添加”，根据需求输入电视墙的名称、行与列，完成后点击“确定”。配置如附图 3.29 所示。

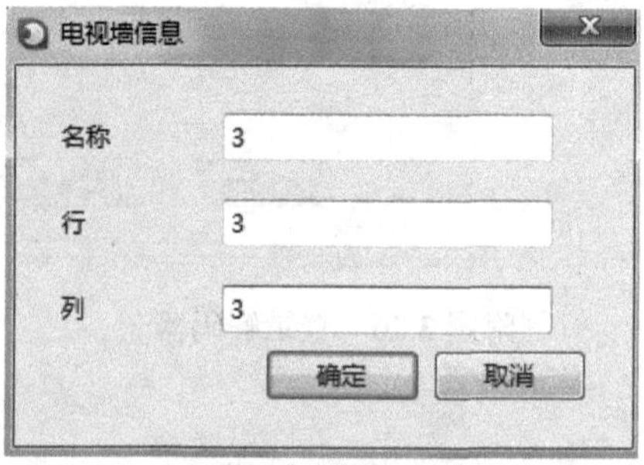

(a) 电视墙信息

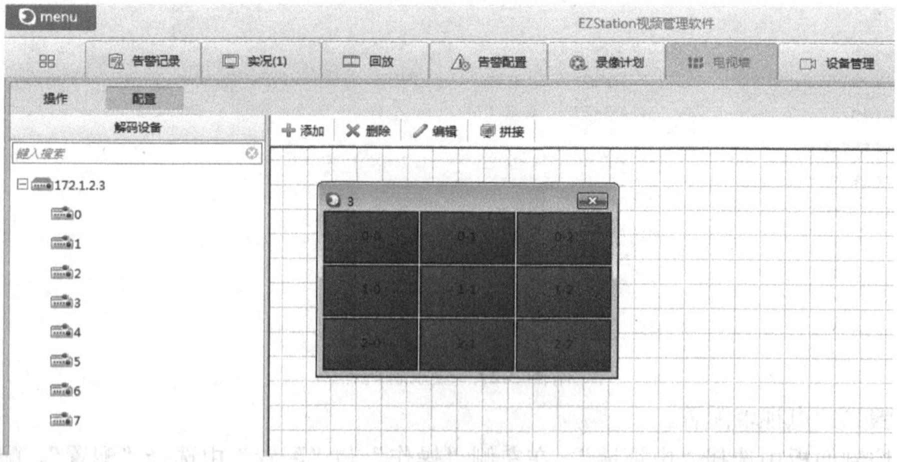

(b) 参数配置

附图 3.29　电视墙名称、行、列的配置将左侧解码设备的输出通道拖入指定的解码输出显示区域。配置如附图 3.30 所示。

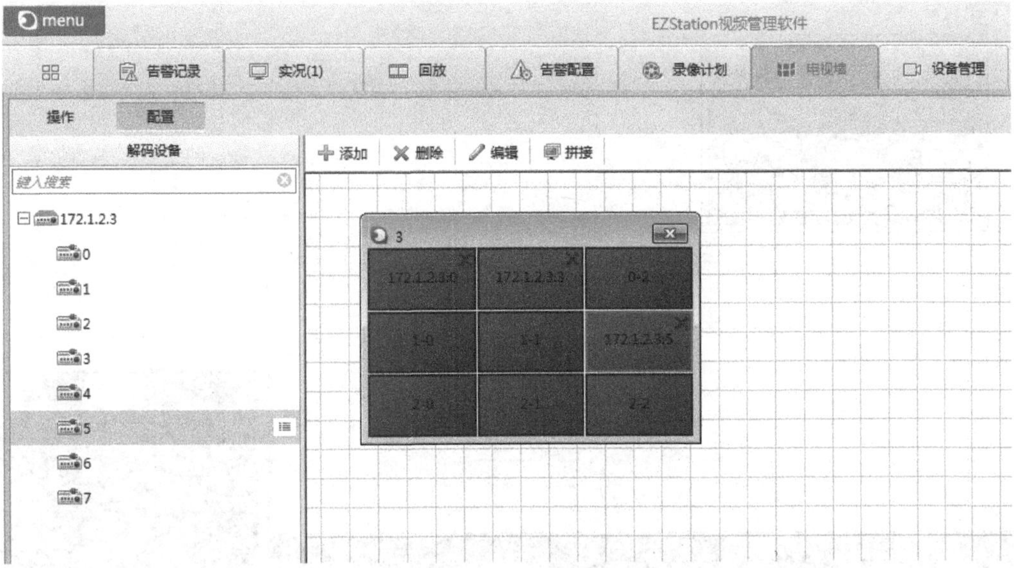

附图 3.30　显示区域配置

步骤三：电视墙操作。

在左侧“操作”与“配置”中选择“操作”。将监控点中需要上墙的 IPC 拖入已绑定通道的电视墙中，配置如附图 3.31 所示。

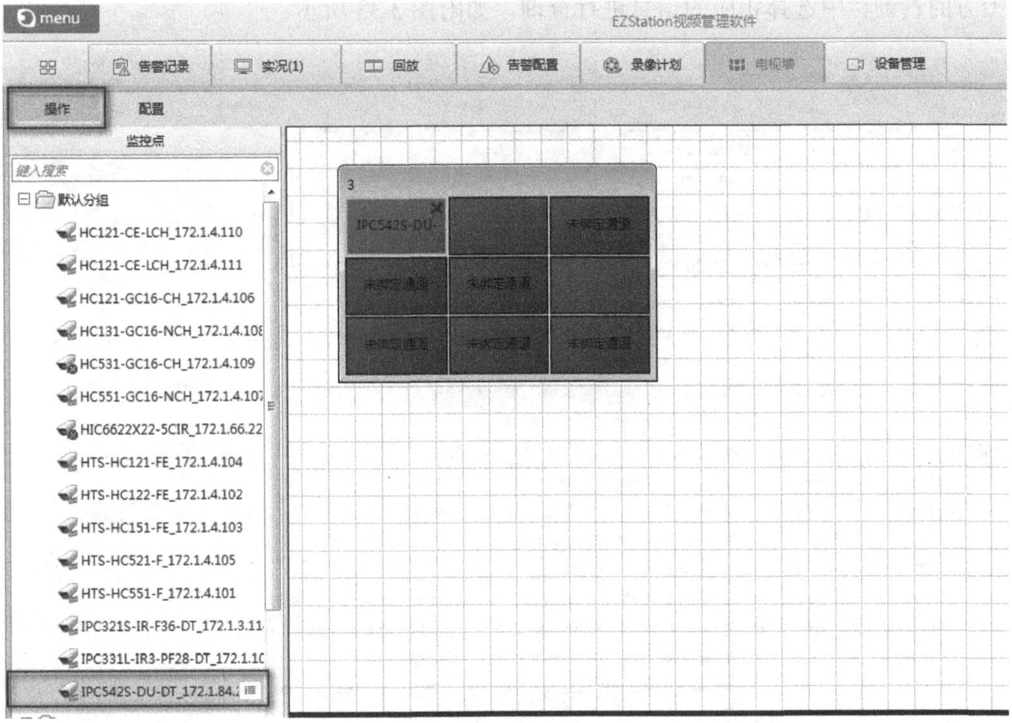

附图 3.31　电视墙操作配置

点开右下角的预览窗格，即可观看当前通道的实况，配置如附图 3.32 所示。

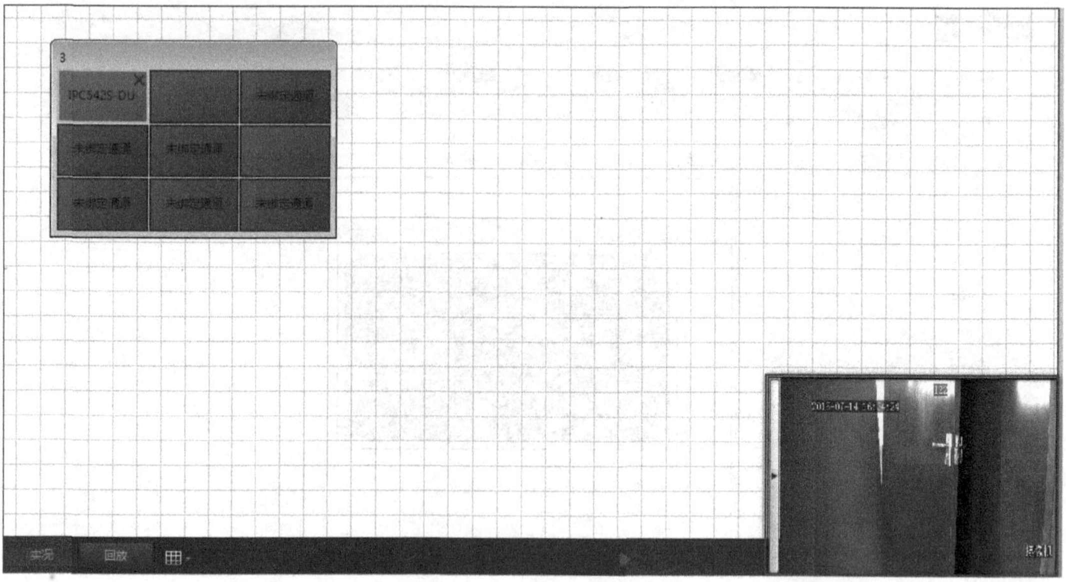

附图 3.32　预览窗格配置

5. 系统维护

操作日志查看方法如下。

在控制面板中选择“操作日志”，进入界面后，默认显示的是当天的操作日志，也可以在上方的查询栏中选择相应的信息进行查询，如附图 3.33 所示。

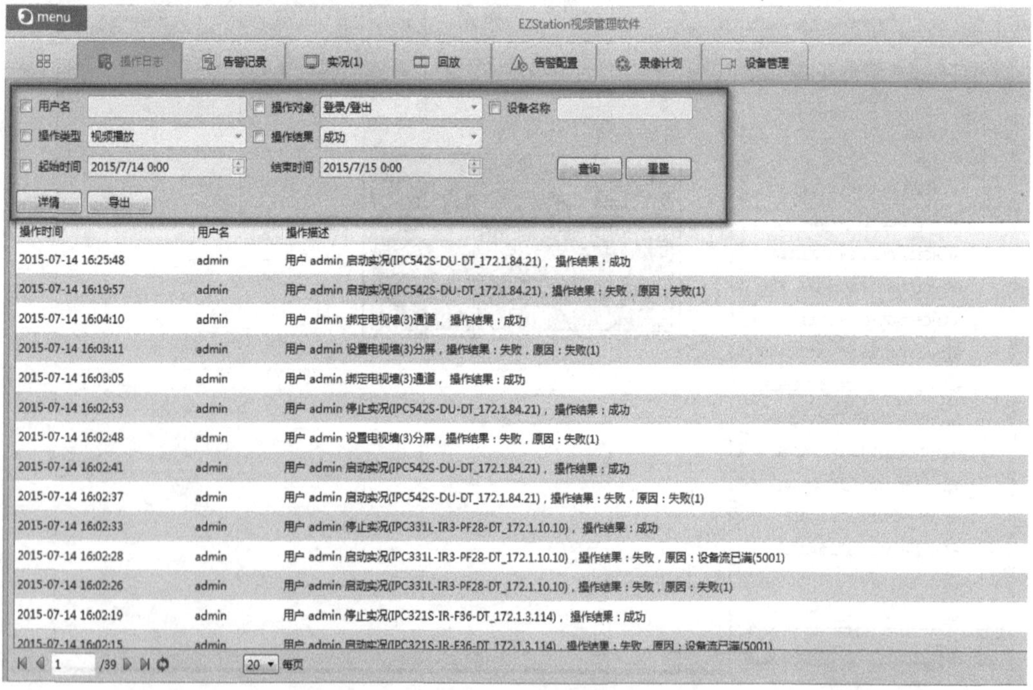

附图 3.33　操作日志查询

点击“导出”，可以对当前日志列表中的日志以 Excel 的方式进行导出。

实验小结

通过本次实验，读者能够掌握 EZStation 平台的基本操作及维护。EZStation 是宇视科技公司针对小型的视频监控系统解决方案而设计的设备管理套件，在我们学习中小型视频监控技术时，这是必须掌握的实验配置。本实验存在很多细节问题，注意细节、步骤与操作顺序是这次实验的关键。

实验中存在的问题：

(1) 【在线设备】添加 NVR 到【管理设备】显示离线状态，如附图 3.34 所示。

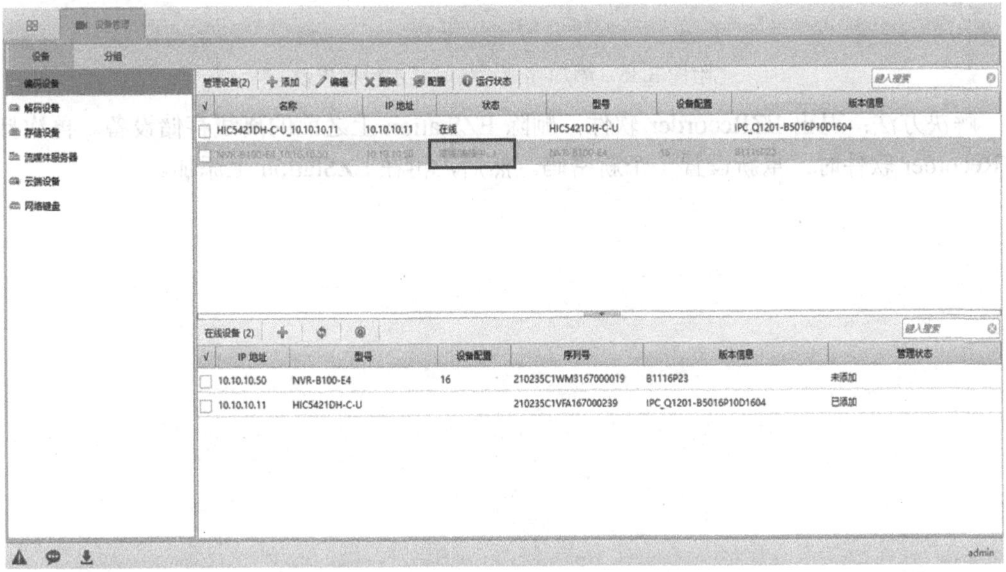

附图 3.34　添加 NVR 设备时显示离线状态

解决方法：删除离线的管理设备，勾选【在线设备】板块，重新进行【编辑网络网址】。

(2) 在存储配置中，添加存储服务器，显示网络不通，如附图 3.35 所示。

附图 3.35　添加存储设备时显示网络不通

问题原因：EZStation 软件版本不稳定，不能打开 EZRecorder 软件，且不能自动登录

windows。

解决方法：下载稳定版本的 EZStation 软件，打开 EZRecorder 软件时，用【以管理员身份运行】来操作。

(3) 在存储配置中，添加存储服务器，显示授权失败，如附图 3.36 所示。

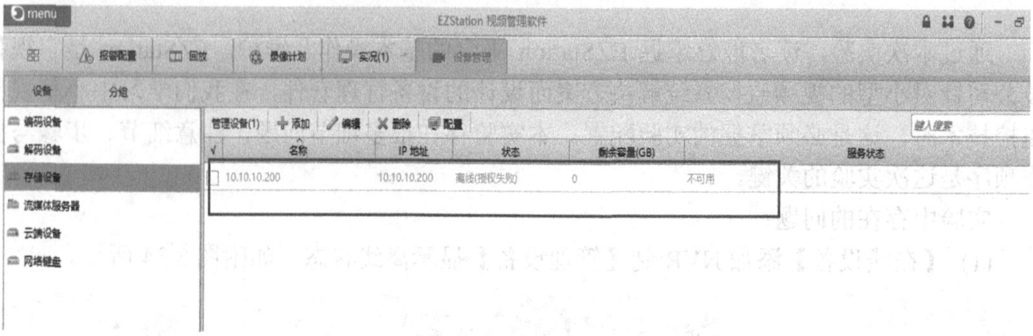

附图 3.36　添加存储设备时显示授权失败

解决方法：退出 EZRecorder 软件，删除 EZStation 上之前的离线存储设备。再次打开 EZRecorder 软件时，重新设置一个新密码。然后，再在 EZStation 上添加。